ラボ・ガール

植物と研究を愛した女性科学者の物語

ホープ・ヤーレン 著 / 小坂恵理 訳

化学同人

LAB GIRL

by Hope Jahren

Japanese translation rights arranged with Hope Jahren
c/o William Morris Endeavor Entertainment LLC., NewYork
through Tuttle-Mori Agency, Inc., Tokyo

私が書いたもののすべてを母に捧げる。

いろいろなものに触れ、その名まえや用途を学ぶほど、自分は周囲の
世界と結びついているという確信が強まり、心は喜びで満たされる。

ヘレン・ケラー

目次

目次

プロローグ

海は誰からも愛される。ハワイに暮らす私は、なぜ海を研究しないのかといつも尋ねられるが、海は空っぽで寂しい場所だからと答えることにしている。海に比べ、陸には六〇〇倍もの生命が存在しており、しかもその大半を植物が占める。海の標準的な植物は単細胞で、およそ二〇日間で生命を終えるのに対し、陸の標準的な植物は一〇〇年以上も生き続ける。海では植物と動物の質量比がほぼ四対一だが、陸ではほぼ一〇〇〇対一。植物の数の多さには圧倒される。アメリカ西部の保護林だけでも八〇億本もの木が存在しており、アメリカでは植物と人間の質量比が二〇〇対一をゆうに超える。ふだん、人びとは植物に囲まれて暮らしているが、実のところ植物を見てはいない。でも、そのとてつもない数を発見した私には、ほかのものがほとんど目に入らない。

ちょっとだけ、窓の外を覗いていただきたい。

何が見えただろうか。目に入ってくるのは、おそらく人間が創造したものだろう。ほかの人間、車、建物、歩道などだ。設計、土木、採鉱、鍛造、掘削、溶接、れんが積み、窓の取り付け、コーキング、配管、配線、ペンキ塗りといった作業を数年程度でこなし、一〇〇階建ての高層ビルは作られる。太陽が出れば、地上には三〇〇メートル以上の影が伸びる。その姿は圧倒的だ。

ではもう一度、窓の外に目を向けていただきたい。

何か緑色のものが見えただろうか。もしも見えたら、それは人間がいまだに創造できないわずかなもののひとつで、四億年以上も昔に赤道の近くで発明された。この発明品は木と呼ばれているが、現代の私たちは幸運にも木を身近に感じられる。木は、およそ三億年前に考案された設計図にもとづいて作られる。大気から材料を取り込み、細胞を配列し、蝋で表面を覆い、配管と着色をすませるまでの所要時間は、長くてもせいぜい数カ月。すべての作業が完了すると、まさに完璧な一枚の葉っぱが誕生する。一本の木を覆っている葉っぱの数は、人間の頭を覆っている髪の毛の数にほぼ匹敵する。何てすごいのだろう。

つぎは、一枚の葉っぱをじっくり観察してほしい。

人間は葉っぱの作り方を知らないけれど、こわし方は知っている。この一〇年間で、五〇億本以上の木が切り倒されてきた。かつて地球の陸地の三分の一は森に覆われていた。いまや一〇年ごとに森全体のおよそ一パーセントに相当する木が切り倒され、失われた森は二度と元通りにならない。それはフランスの面積にほぼ匹敵する。一〇年ごとに、フランスがひとつずつ地球上から消滅していく計算になり、その結果として毎日、一兆枚以上の葉っぱが栄養源である木を失っている。誰もそのことを気にかけていないようだが、無関心でいてはいけないのだ。人が人の世話をする義務があるのと同じ理由で、木のことも気にかけなくてはいけない。そうしないと死んでしまうのだ。

死んでしまうって？

私はそう確信している。これまで数えきれないほどたくさんの葉っぱを観察してきたが、観察しているとさまざまな疑問が浮かんでくる。まずは色について。ひと口に緑色と言っても微妙に異なる。

先端と下の部分では濃淡が違うのだろうか。中心と縁の部分はどうだろう。つぎに縁の形状は？　滑らかだろうか、それともギザギザだろうか。そして水分の状態はどうか。水分が足りなくてカサカサだろうか、それとも十分に潤っているだろうか。葉っぱは幹に対してどのような角度で生えているのだろう。そして葉っぱの大きさは？　私の手よりも大きいだろうか、それとも爪よりも小さいだろうか。食べられるだろうか、それとも毒を含んでいるだろうか。太陽の光をどれくらい吸収し、雨にどれくらい打たれているのか。病気にかかっているだろうか、健康だろうか。重要な存在だろうか、たいして重要ではないのだろうか。生きているのか。なぜ生きているのか。

では、つぎは、あなたがあなたの葉っぱについて問いかけてみよう。科学者になったつもりで。

科学者になるためには数学や物理学や化学を理解することが前提だと言われるが、そんなことはない。それが事実だとすれば、主婦になるために編み物を覚え、聖書を読むためにラテン語を習得しなければならない。確かに知識は役に立つが、それは後回しにしてもかまわない。まずは問いかけること、それが出発点だ。みんなが思うほど難しくはない。

私はこれまで科学者として生きてきた。そんな私の話に、ひとりの科学者として耳を傾けていただきたい。

第Ⅰ部

根と葉

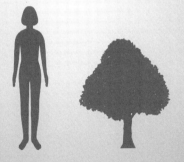

一　生い立ちとラボ

世の中に計算尺ほど完璧なものはない。光沢のあるアルミニウム製の計算尺を唇に当てると、ひんやりとした感触が伝わってくる。持ち上げて光にかざすと、神さまが創造した完璧な角度が四隅でみごとに表現されている。脇に差せば意匠を凝らした刀のようで、カーソルをつかに見立てて滑り尺を静かに動かせば、刀を抜いたり収めたりする真似事ができる。こうすれば小さな少女でも、計算尺を振り回すことが可能だ。私の記憶のなかでは、幼い頃に聞かされた物語と、計算尺を使った遊びが混ぜこぜになっている。アブラハムが幼い息子イサクをいけにえとして捧げる恐ろしい場面で、振りかざした手には凶器の計算尺が握られている。

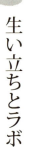

私は父の研究室で育った。作業台に背が届くようになるまでは、台の下に潜り込んで遊んだものだ。それはミネソタ州の片田舎にあるコミュニティーカレッジ内の心地よい研究室で、父は物理学と地球科学の初歩を四二年間にわたって教えていた。父は研究室をこよなく愛し、兄たちにとっても私にとっても、そこは大好きな場所だった。

壁は軽量のコンクリートブロック製で、半光沢のクリーム色のペンキが厚く塗られていたが、目を閉じて心を集中させると、ペンキの下のセメントの手触りを感じることができる。おそらく内部には、黒いゴムの羽目板が接着剤で張られていたはずだ。なぜなら、私が長さ三〇メートルの黄色い巻尺で壁をぐるりと測ったとき、釘を刺した痕跡がひとつも見つからなかったからだ。長い作業台の椅子には、五人の男子学生が一列に隣り合って座った。黒い作業台は墓石のようにひんやりと冷たく、時代を超越した素材で作られていた。それは酸に溶けず、ハンマーでも割れない（どうか真似しないように）。さらに、作業台の端に人が乗ってもこわれず、石でひっかいても傷つかなかった（これも真似しないように）。

作業台の上には、まぶしいほど銀色に輝くノズルが等間隔で引っかけられていた。「気体」と書かれているノズルは全身の力をこめてハンドルを九〇度回しても、接続されていないから何も出てこない。でも、「空気」と書かれているノズルからは勢いよく空気が飛び出し、口をつけて吸い込んでみたい衝動に駆られる（真似しないように）。場所全体が清潔で開放的でがらんとしていたが、引き出しのなかには興味深いものの数々が並べられていた。磁石、針金、ガラス、金属など、どれにも何らかの用途があり、見ていると想像力が膨らんでいく。扉の横の戸棚にはpHの数値を読み取るためのテープが入っている。手品の道具のようだが、マジックを披露するだけでなく謎を解明するのだから、手品よりもすごい。テープを引き出してちぎり、唾液、水、ルートビア【訳注／アルコールを含まない炭酸飲料】、尿などの溶液にひたし、変化した後の色を確認するのだ。ただし、血液は色が濃いので、紙の色の変化を確認することができない（だから真似しないように）。これらはどれも子どものおもちゃではない。大人が作業をするときに使うものばかりだが、父親が実験室の鍵をまとめて管理していたので、娘には特別の待遇が約束された。一緒に実験室に行けば、いつでも好きな装置で遊ぶことができた。私が何を使おうとしても、父は決してノーと言わなかった。

冬の夜長には、父とふたりで実験室の建物を独占したものだ。まるで城主と皇子のように実験室を歩き回りながら作業に熱中していると、外の凍てつく寒さなど忘れてしまう。父が翌日の講義の準備をしているあいだ、私は実験やデモンストレーションのために準備の整った装置をひとつずつ点検し、あとから学生たちが困らないように細心の注意を払った。ふたりで装置をていねいに調べ、こわれている部品は修理した。父は装置を分解し、各部品の機能について教えてくれた。あとで故障しないという保証はないのだから、いざというとき私が修理できるように教育してくれた。何かが故障するのはしかたないが、それを修理できないのは恥ずかしいことだと父からは学んだ。

私の消灯時間は九時なので、八時には家路についた。実験室を出ると、まずは窓のない小さな父のオフィスに立ち寄る。私が粘土で作ったプレゼントの鉛筆立てのほかには、ほとんど装飾品は置かれていない。この部屋で、コート、帽子、スカーフ、そして母が私のために編んでくれた防寒具を身に着けた。母は子ども時代、暖かい防寒具を持っていなかったので、娘に同じ不自由な思いをさせたくなかったのだ。私がソックスを重ねたうえから頑丈なブーツを履こうと奮闘しているあいだ、父は先が丸くなった鉛筆をていねいに削る。すると、温かく湿ったウールの香りと木の削りくずの香りが部屋のなかで混じり合う。父は作業が終わると、大きなコートのボタンを手早く留め、鹿革のミトンをはめてから、耳を帽子で隠しなさいと私に念を押した。

最後に建物を出るのはいつも私たちだったので、父は廊下を一往復した。最初にどの部屋もきちんと鍵がかかっているか確認し、戻りながら電気をつぎつぎと消していく。私は暗闇が恐ろしくて、父の後ろを一生懸命に追いかけた。最後に入口のところで、私は父の代わりに電源を切った。それから外に出ると父は扉を閉め、鍵がきちんとかかっているか二度点検した。

外に出ると、私たちはトラックヤードに立って寒い夜空を見上げた。この空の向こうには冷たく果てしない宇宙が広がっている。遠い銀河でいまだに燃え続ける巨大な火の玉から発せられた光が、何光年もの時間をかけて地球まで届き、暗い夜空を華やかに彩っている。昔の人たちは輝く星々に名まえをつけたが、私は星座について何も知らなかったし、父に尋ねることもなかった。おそらく父はそれぞれの星についても、それにまつわる物語についても知っていたと思う。三キロメートル以上の道のりを徒歩で帰宅するあいだ、私たちは会話を交わさないことが習慣になっていた。無言で寄り添うのは北欧系の家族にとって自然な形であり、おそらく最も心地よい。

父が勤務しているコミュニティーカレッジは小さな町の西のはずれにあって、町は、六・五キロメートルほど隔てた二つのサービスエリアにはさまれていた。私はメインストリートの南にある大きなレンガ造りの家で、両親と三人の兄と一緒に暮らしていた。四ブロック西には父が一九二〇年代に過ごした家が、八ブロック東には母が一九三〇年代に過ごした家がある。一六〇キロメートル南にはミネアポリスがあり、八キロメートル北はアイオワ州との州境だった。

町を歩いていくと、まずクリニックの前を通り過ぎる。ここでは私を取り上げてくれた先生が、ときどき喉に綿棒を突っ込み、連鎖球菌に感染していないか調べてくれた。クリニックを通り過ぎると、この町でいちばん高い建築物である、歯磨き粉のような青い色の給水塔がそびえている。さらに進むと高校があって、ここでは父のかつての教え子たちが教師を務めていた。やがて長老派教会の雨どいの下に差しかかる。この教会が一九四九年に主催した日曜学校のピクニックで両親は初めてデートして、一九五三年に教会で結婚式を挙げ、一九六九年に私が洗礼を受けた。私たち家族は日曜日にはかならず教会に通ったものだ。私は父にだっこしてもらって太い氷柱《つらら》を手で折ると、歩きながらそれをホッケーのパックのように蹴りとばした。一〇歩ほど進むたびに氷柱は両側の硬い雪の土手に当たってはね返り、鐘のような音が鳴り響いた。

シャベルで雪かきされた歩道をさらに進むと、断熱性の高い家が並んでいる。寒さから守られている家族は、私たちと同様に静かな雰囲気にひたっているはずだ。ほとんどの家の住人と、私たちは知り合いだった。私は赤ん坊のときから高校を卒業するまで、両親が子ども時代に遊んだ男の子や女の子の息子や娘と一緒に成長した。誰もが控えめな性格だったから、深くつき合うわけではなかったけれど、気がついたときには知らない人など誰もいなかった。一七歳になって大学で学ぶために故郷を離れて初めて、世の中の人たちのほとんどが他人だという事実を発見した。

町の向こう側からくたびれた怪獣のため息のような音が聞こえてくると、八時二三分になったことがわかる。この時間には毎晩、工場から列車が発車する。大きな鉄のブレーキレバーをひねってゆるめると、空っぽのタンクを乗せた列車は北をめざしてゆっくりと動き始め、セントポールでそれぞれのタンクに三万ガロンの塩水を詰め込む。そして翌朝戻ってくると、くたびれた怪獣は再び大きなため息をつき、工場でのベーコンの製造に欠かせない塩水を大量に吐き出すのだ。

線路は、小さな町の一角を縦断して南北に延びている。そのはずれには、おそらく今日でも中西部で最大規模の屠殺場がある。多いときで一日に二万頭の家畜がシュートから送り込まれ、肉に加工される。

我が家は工場で直接ひとりも雇われていない数少ない家族のひとつだったが、遠い親戚はおおぜい働いていた。この町のほぼすべての住民と同じく、私の曽祖父母は一八八〇年ごろに始まったノルウェーからの集団移住に参加してミネソタにやって来た。この町の住人の例にもれず、私も先祖について知っているのはそれだけ。先祖は地球で最も寒い場所ではないところに移住して、ヨーロッパで順調だった豚の屠殺を仕事として始めたのだろう。でも、昔話を聞かせてもらいたいとは思わなかった。

私はふたりの祖母のどちらにも会っていない。ふたりとも、私が生まれる前に亡くなった。祖父のほうは、ひとりは私が四歳とき、もうひとりは七歳のときに亡くなったので、どちらについても覚えているが、直接話した記憶はない。父は一人っ子だった。母には一〇人以上の兄弟姉妹がいたと思うが、全員に会ったわけではない。長い年月のあいだには叔父や叔母を何人も訪問したが、彼らの一部は私たちと同じ小さな田舎町に暮らしていた。三人の兄たちは大きくなると順番に家を出ていったが、実を言えば、いつの間にかいなくなっていた。お互いに何日も話す機会がなくても、我が家では決してめずらしいことではなかった。

北欧系の家族では子ども時代からお互いに感情的に大きな隔たりがあって、それは日々大きくなっていく。誰かに個人的な事柄を尋ねてはいけない文化で育つのがどんな経験か、想像できるだろうか。「調子はどう?」というのは個人的な質問と見なされ、訊かれても答える必要はない。悩みについて打ち明けてはいけないし、相手が自分の問題について打ち明けるまで待ち続けなければならない。おそらくそれは、昔のバイキングの時代から受け継がれてきた生き残るためのスキルなのだろう。長く暗い冬のあいだ、モノ不足に直面する集団のなかで不要な殺人行為を防ぐためには、長い沈黙が必要とされたのだ。

私は子どものとき、世界中どこでも自分の小さな町と同じような営みが繰り広げられていると思い込んでいた。だから家を離れ、誰もが温かい気持ちでさりげなく愛情を表現している様子を見て驚いた。私がずっと切望してきたことが実践されていたのだ。新しい世界では、人びとがお互いに口を聞かないのは知り合いだからではなく、知らない他人同士だからだった。

父と私が四番街（父は「ケンウッド・アベニュー」と呼んだ。父が子どもだった一九二〇年代、街路にはまだ数字が割り振られていなかったので、新しいシステムを受け入れられなかったのだ）を横切るころには、大きなレンガ造りの我が家の玄関が目に入ってくる。それは母が子どものときから住むことを夢見ていた家で、両親は結婚してから一八年間、この家を購入するための資金をコツコツ積み立てた。父に遅れまいと早足で歩く私の指はかじかみ、あとで温めたらジーンと痛みがやって来る。氷点下の一定レベルよりも気温が下がると、世界中でいちばん厚い手袋をはめていても手は温かくならない。もう少しで歩くのも終わりだと思うと、ようやくほっとする。我が家に到着すると、父は重い鉄のハンドルを回し、肩でオーク材の扉を押して開けた。そしてなかに入ると、そこには別の寒さが待っていた。

私は玄関で腰をおろすとブーツを苦労して脱いでから、コートとセーターを脱ぎ始めた。父は冷えきった服を暖房付きのクローゼットに掛けてくれたので、翌朝学校に出かけるときには、温かく乾いた状態で私を待っているはずだ。キッチンからは、母が食洗機の食器を取り出す音が聞こえてくる。

ナイフやフォーク類を引き出しに投げるようにしまうので、バターナイフがガチャガチャと音をたてる。全部しまうと、引き出しをバタンと閉じた。母はいつでも怒っているが、私にはその理由がわからない。子どもなので自分にしか思いが至らず、私の発言や行動が原因にちがいないと思い込み、今後はもっと言葉に気をつけようと誓うのだった。

私は二階に上がり、フランネルのパジャマに着替え、ベッドにもぐりこんだ。寝室は南向きで、凍った池に面している。気温が十分に上昇すれば、土曜日は一日中、この池でスケートを楽しんだものだ。ウールのカーペットはくすんだ青で、ダマスク模様の壁紙が雰囲気を引き立てていた。これはもともと双子の女の子のための部屋で、作り付けの机や洗面台など、どれもふたつずつ準備されていた。眠れない夜、私は窓に面した椅子に座ってガラスに指を押し当て、氷の結晶が夜空からひらひら舞い降りてくる様子をなぞってみた。妹が座るはずの隣の椅子は、努めて見ないようにしながら。

私は子ども時代に経験した寒さや暗闇を鮮明に記憶しているが、それは不思議なことではない。育った場所は毎年九カ月間も地面が雪で覆われていたので、冬が訪れては終わりを迎えるサイクルが生活のリズムとして定着していたのだ。世界中のどこの人びとも、束の間の夏が終わると、春に生命が復活することを信じつつ、氷に閉じ込められた暮らしを耐え忍ぶものだと思い込んでいた。

毎年、九月になると雪がちらちら舞い始め、しだいに本降りとなり、一二月にはしんしんと降りしきる。二月の終わりともなれば、降り積もった雪であたり一面真っ白な雪景色となるが、四月にはみぞれに変わって雪が解け、地面にニスを塗ったようになる。毎年このサイクルが、私の目の前で展開された。ハロウィーンのコスチュームやイースターのドレスは、防寒服のなかに着られるように工夫して作られ、クリスマスの季節にはウールやベルベットの服を重ね着にした。夏の活動では、鮮明に記憶しているもののひとつが、母との庭作業だ。

ミネソタでは、春になると一気に雪が溶ける。凍てついた大地に太陽が降り注ぐと、根雪がなかのほうからじわじわ柔らかくなっていく。春の初日には地面に手を突っ込み、柔らかい土の大きな塊をすくいあげることができる。それはまるででき立ての真っ黒なチョコレートケーキのようで、丸々太ったピンク色のミミズがもぞもぞ姿を現したかと思うと、楽しそうな様子で穴に戻っていく。ちなみにミネソタ州南部の土壌には、粘土層が含まれない。一〇万年をかけて石灰岩が豊かな黒土に覆われ、氷河によって定期的に表面が削られてきたが、この黒土は、ホームセンターで購入できるどんな培養土よりも肥えていた。ミネソタ州の庭では何でもよく育つから、水も肥料もいらない。必要なものを雨と虫がすべて提供してくれる。ただし生育期間は短いので、わずかな時間も無駄にできない。

母は庭からふたつのものを求めた。効率と生産性だ。フダンソウやルバーブなど、丈夫で手間のかからない野菜を好んだ。どれも産出量が多く、何度も収穫するうちに強くなっていく。レタスやプラムトマトをじっくり愛情深く育てる余裕はなく、ラディッシュやニンジンなど、地下でひっそりとニーズに応える野菜がお気に入りだった。花でさえ丈夫な品種が選ばれた。つぼみがゴルフボール大に膨らむボタンは、ピンクの花びらが開くとキャベツのように大きくなった。オニユリの花びらは革のようにしなやかで、ジャーマンアイリスは毎年春にかならず球根から芽を出した。

母と私はメーデーの日に種子を地面に蒔き、一週間後に育ちの悪い芽を間引きして、そのあとすぐに代わりの種子を蒔いた。六月が終わる頃にはすべての苗が順調に育ち、周囲の世界は一面の緑になった。それ以外の景色はちょっと想像できない。七月には、作物の葉っぱに溜まった水滴が蒸発して大気を震わせ、頭上の電線はパチパチ音をたててしなった。

庭の思い出としては香りでも景色でもなく、音が最も鮮明に残っている。おかしな話だと思われるかもしれないが、中西部では植物が成長する音を本当に聞くことができる。最盛期になるとトウモロコシは一日に二センチメートル以上伸びていく。こうして成長するとき、縦に連なる鞘が少しずつ移動するので、八月の静かな日にトウモロコシ畑のなかで耳を澄ませると、カサカサという低い音が聞こえてくる。そして庭で土を掘り起こしていると、蜜で満腹のミツバチが花から花へと重たそうにブンブン飛び回る音、エサ箱の中身をねらうショウジョウコウカンチョウのさえずり、土をザクザク掘り返す私たちのシャベルの音、毎日正午に工場で鳴らされる重々しい響きのサイレンなどが、あちこちから耳に入ってくるのだった。

母は何をおこなうにも正しい方法と間違った方法があると信じて疑わず、間違ったときはやり直すべきで、できれば数回で片づけるべきだと確信していた。ボタンをつけるときには、これから何回使われることになるのかよく考えてから、その回数に応じて縫い方に変化をつけた。月曜日にはエルダーベリーを最高の方法で摘み取るので、火曜日に一日かけて煮込んでから水曜日に裏ごししても、古い裏ごし器が茎で目詰まりすることはなかった。母は何事も正しい方向に二歩先んじて考えてから行動するので、万事において絶対の自信を持っていた。正しい方法を知らないものなど、この世の中に何もなかったのではないか。

実際のところ、母はたくさんの物事のやり方を知っており、それを実践し続けたが、なかには不要になったものも多く含まれていた。すでに大恐慌の時代は終わり、戦争によるモノ不足も解消され、これまでの悪夢はすべて終わったとフォード大統領は宣言していた。しかし母にとって、貧しい境遇から比較的裕福なレベルまで這い上がった人生は、邪悪なものとの激しい戦いのすえに勝ち取った勲章にほかならなかった。そのため自分の子どもたちもこの遺産にふさわしい人生を勝ち取るべきだと決めつけ、もはや来ることのない苦難に備えて厳しく鍛え続けたのだ。

私の目の前の母は話し方が上品で服装も洗練されている。薄汚れてお腹をすかせ、いつもおびえている子どもだったとは信じられない。唯一、手だけは貧しい少女時代をしのばせ、いまの生活にはふさわしくないほどだたくましい。我が家の庭を荒らすウサギがおろかにも母に接近してきたら、ためらわずに首を絞めていただろう。

口数の少ない人たちに囲まれて育つと、わずかな情報が鮮烈な記憶として残るものだ。母は子ども時代、モーア郡で最も貧しくて最も利発な少女だったそうだ。高校の最上級生のときには、毎年全米から頭脳明晰な学生を集めて開催されるウェスティングハウス・サイエンス・タレント・リサーチの第九回大会で、選外佳作賞を受賞している。田舎育ちの女子高生が受賞するのはきわめて異例だった。入賞にはあと一歩およばなかったが、これをきっかけに母は選ばれた人間の仲間入りをした。一九五〇年に母と一緒に選外佳作賞を受賞した人のなかには、後にノーベル物理学賞を受賞したシェルドン・グラショーや、一九六六年にフィールズ賞を獲得したポール・コーエンがいた。ちなみにフィールズ賞は、数学の分野で最高の名誉とされている。

ただし選外佳作賞のご褒美は、ミネソタ科学アカデミーに一年間ジュニア名誉会員としての参加を許されることだけで、母が希望していた大学への奨学金を給付されるわけではなかった。それでもあきらめるどころか、母は田舎町からミネアポリスにやって来て、ミネソタ大学で化学を勉強するかたわら学費を稼いだ。しかしまもなく、これでは午後に長い時間をかけておこなわれる実験に参加できないし、限られた時間内でベビーシッターとして働いても学費をまかなうことはできないという現実を思い知らされる。一九五一年当時には、大学生活は男性を対象にして設計されていた。しかも通常はお金に不自由しない男性が対象で、少なくとも学費を稼ぐために、住み込みのベビーシッターとして働く以外の選択肢のある男性に限られていた。結局母は故郷に戻り、父と結婚して四人の子どもに恵まれ、二〇年間を子育てに費やした。しかし、最後の子どもがプレスクールに入ったらミネソタ大学に再入学し、学位を取得する夢を持ち続けた。そして選択肢は通信教育に限られたので、英文学を自宅で学んだ。私はほとんどの日々を母の庇護のもとで過ごしたので、ごく自然に門前の小僧として学問の世界に入っていった。

私たち母娘はチョーサーの作品を苦労しながら学習し、私は中世英語辞典を使う作業を手伝ったものだ。ある年の冬には、ジョン・バニヤンの『天路歴程』に登場する寓意の各事例をそれぞれカードに書き出した。カードがしだいに増えて、積み重ねると本よりも高くなったのを見るのは良い気分だった。母は髪にカーラーを巻いたまま、カール・サンドバーグの詩のレコードを何度も繰り返し聴いて、そのつど、異なった解釈方法を教えてくれた。スーザン・ソンタグと出会ったときには、言葉の意味そのものが複合概念だと説明してくれたが……私はとりあえずうなずいて、理解したふりをすることを覚えた。

読書は一種の労働で、どのパラグラフも努力して学ぶ価値があることを私は母から教えられ、いつのまにか難しい本を理解できるようになった。しかし、そのあとまもなく幼稚園に通い始めると、それがトラブルの種になってしまった。授業の前に本を読んでしまったり、「お利口な」発言や行動をすることに抵抗したりしたため、よくしかられたものだ。女の先生はこわかったけれど、あこがれの対象でもあった。理由はよくわからないが、良い意味でも悪い意味でも常に気を引きたかったのは事実だ。すでに幼くして私は意志が強く、人々が望む以上のものになるというイバラの道をあえて選んだ。

私は母と一緒に家で庭いじりや読書を楽しんだが、何かが足りないという気持ちを禁じ得なかった。普通の母娘にとってはごくあたりまえの愛情表現が、欠けているように思えてならなかったが、私も、おそらく母も、それが具体的に何なのか理解できなかった。不器用に愛し合っていたはずだが、面と向かって言葉で表現をしたわけではないので、一〇〇パーセントの確信はない。母と娘の関係は常に、正解のない実験のように感じられた。

私は五歳になると、自分が男の子ではないという事実を理解するようになった。自分が何者なのか確信を持つまでには至らなかったが、男の子以下の存在であることだけは間違いなかった。私には五歳年長と一〇歳年長と一五歳年長の三人の兄がいたが、みんな外の世界であらゆる実習を楽しんでいた。カブスカウトでは模型の自動車の速さを競い、ロケットを作っては発射させた。実習のクラスで渡される道具は大きくて強力で、壁にかけたり天井から吊るしたりすることができた。そしてカール・セーガンやミスター・スポックやドクター・フーやヒンクリー教授を画面で見るときには、背後に控えているチャペル看護婦やメアリー・アンについては誰もコメントすらしない。だから私はますます父の研究室にこもるようになった。私にとってここは、機械の世界を思う存分探求することが許される場所だった。

ある意味、それは当然だった。私は父に似ていたからである。少なくとも自分ではそう思っていた。違うのは見かけだけで、父はいかにも科学者にふさわしかった。背が高くて青白く、ひげはきれいに剃り落とし、スリムな体を白いシャツとカーキ色のズボンで覆い、角縁の眼鏡をかけて、のどぼとけが上下に動く様子は科学者として非の打ちどころがなかった。私は外の世界では女の子を装っていたが、すでに五歳にして、父こそ自分の本来あるべき姿なのだと決めていた。

それでも女の子を装っているあいだ、私は身なりを女の子らしく整え、同性の友だちとゴシップに花を咲かせた。誰が誰を好きなのか、好きでなければどうなるかといった、他愛もない内容である。何時間も縄跳びをして遊び、自分の服は自分で縫い、みんなが食べたいものを三つの異なる方法でゼロから作ることができた。それでも夜になれば父と一緒に研究室を訪れた。誰もいないけれども明かりが灯っている建物に入ったとたん、私は科学者に変身する。ちょうどピーター・パーカーがスパイダーマンになるのと同じだが、私の場合は表舞台で華々しく活躍するわけではない。

私は父のようになりたいと切望する一方、不屈の精神の持ち主である母と同じ道を歩む運命を覚悟していた。自分にふさわしい人生をつかみそこねた母と同じ目標を掲げ、高校を一年早く卒業すると奨学金でミネソタ大学に入学した。母も父も三人の兄たちも、家族全員が通った大学だ。

最初は文学を専攻したが、自分にふさわしいのは科学のほうだということがすぐにわかった。ふたつの分野は対照的である。文学の授業では、教室に座ってみんなで話し合う時間が中心になるが、科学の授業は違う。手を使う作業が中心で、具体的な成果がほぼ毎日得られる。研究室での実験は完璧かつスムーズに進行するよう常に計画されていた。そして実験の経験を積むにつれて、大きな機械やめずらしい化学物質を使わせてもらえる。

科学の講義で取り上げるのは未解決の社会問題である。すでに消滅した政治制度のように、擁護する側も反対する側も過去の人になったテーマは選ばれない。昔の本の改訂版について分析している本などは、科学の興味の対象にならない。現在進行中の事柄や未来のできごとにもっぱら関心を寄せる。したがって、かつて私が先生たちから問題児の烙印を押される原因になった性格、すなわち、身の回りの現象を素直に受け入れられず問題をとことん追求する傾向は、逆に理系の教授たちから好まれた。私が女性であるという事実にもかかわらず評価してくれたので、かねてよりうすうす感じていたことの正しさが証明された。過去や現在の状況に対処するよりも、疑問に正面から立ち向かうことにこそ私の潜在能力は発揮されるのだ。私は再び研究室で心おきなく、あらゆるおもちゃで好きなだけ遊ぶ自由を許されたのだった。

人間は光に向かって伸びていく植物と同じようなものである。私が科学を選んだのは、私にとってまさに必要なものを与えてくれるからだ。科学は安全な場所であり、文字通りの意味で私の家だった。

成長するのは誰にとっても長くて苦しいプロセスだが、私はそのなかでひとつ、いつか自分のラボを持つことだけは確信していた。なぜなら、父がラボを持っていたからだ。小さな故郷の町で、父はその他おおぜいの科学者ではなく、唯一の科学者だった。父にとって科学者は仕事ではなく、アイデンティティそのものだった。私が抱いた科学者への夢は本能的なもので、それ以外の理由はない。存命中の女性科学者についての話は一度も聞かされなかったし、会ったことも、テレビで見たことさえもなかった。

私のような女性科学者はいまだにめずらしい存在だが、科学者以外の自分など私には考えられない。長年かけて私は三つのラボをゼロから立ち上げ、三つの空っぽの部屋に暖かみと生命を吹き込んだ。しかも、あとに行くほど規模は大きくなり中身も充実した。現在のラボはほぼ完璧だと言ってもよい。所在地は温暖な気候のホノルルで、立派な建物のなかにある。上空にはしばしば虹がかかり、一年中ハイビスカスの花が咲き乱れている。それでも、これで終わりにはしたくない。まだ新しいラボを作ってみたい。大学案内図では、私のラボは「T三〇九号室」と記されているが、そうではない。いつでも、どこにあろうとも、「ヤーレン・ラボ」なのだ。ラボは私の家なのだから、私の名をつけて当然だろう。

私のラボは常に電気がついている。窓がないけれど、そんなものは不要で、自己完結型の世界になっている。個々人が独立していながらも和気あいあいとした雰囲気に包まれており、こじんまりした所帯なのでお互いのことをよく知っている。私はラボにやって来ると、脳を全開にして作業に取り組む。そしてさかんに動き回る。立ち、歩き、座り、物を取って来て、運び、階段を上り、床を這い、とにかく忙しい。眠る時間など確保できない。それ以外にも、やるべきことは山ほどある。ラボでは、ケガをしたら一大事だ。身の安全を守るための警告やルールが定められていて、グローブや眼鏡やつま先が覆われた靴で重大な事故の被害を食い止めなければならない。そして、必要なものが必要以上に準備されている。引き出しには重宝するアイテムがぎっしり詰まっている。私のラボではどんなに小さなものも不格好なものも、たとえまだ目的がわからなくても、あらゆるものに存在理由がある。

私はずいぶんいろいろな事柄を後回しにしており、罪の意識も感じるが、ラボのなかでは現在進行中の作業が優先される。両親には連絡をとらないし、クレジットカードの支払いはまだだし、汚れた皿は洗っていないし、すね毛は剃っていないけれど、解明中の大きな謎に比べれば、たいした問題ではない。ラボで私は、自分のなかにまだ残っている子どもの部分をさらけ出すことができる。最高の友人と楽しみ、声を上げて笑い、何をやっても許される。一億年前の岩石の成分について翌朝までに知りたければ、徹夜で分析作業をおこなってもかまわない。納税申告書や自動車保険や子宮ガンの検査など、大人にはつきものの厄介ごとについて、ラボにいるときは忘れられる。電話は置いていないから、かかってこなくても心は傷つかない。ドアはロックされており、関係者は全員が鍵を持っている。外の世界が入り込めないので、ラボで私は本当の自分になることができる。

自分が信じているものを確認できる場所だという点では、ラボは教会にたとえられる。私が入っていくと、なかではいろいろな機械から発せられる音が混じり合って聞こえる。誰がいて何をしているのか、おおよその見当はつく。沈黙があり、音楽があり、友人を迎える時間があり、他人の黙想を妨害してはならない時間があり、どれも私の頭には入っている。なかには理解できないものもあるが、ここでは執りおこなうべき儀式が決められている。そして最高の状態に登りつめて、私はどんな作業も正確に進めていく。教会と同じくラボは、聖なる日に訪れる場所だ。休日に世の中のほかの場所が店じまいしていても、私のラボはオープンしている。ここは避難場所であり逃げ場でもある。学者たちが争う戦場から逃れてくる場所であり、冷静に傷を調べたり甲冑を修繕したりする場所だ。そして教会と同じく、ラボは私が育った場所なので、ここから立ち去るという感覚がない。

私のラボは物を書く場所でもある。五人の研究員の一〇年におよぶ成果を六ページにまとめて学術的な文章で綴ることも、私にとって苦ではない。できあがった論文の言葉を読める人はほとんどいないし、口にする人は誰もいない。私の研究についての詳細がレーザーメス並みの正確さで記されているが、無駄を省いた美しさは一種の工芸であり、ドレスをよく見せるために作られたマネキンが生身の人間と違って完全であるのと似ている。私の論文には普通なら見かける脚注がいっさい含まれないし、データ表も掲載されないから、院生が途中でやめたとき、担当していたデータ表を数カ月かけて作り直す必要はない。私と同じ人生を望まない学生は、あきれて退場していく。論文のパラグラフのなかには、予想外の葬式に向かう飛行機のなかで悲しみに打ちひしがれながら、五時間かけて書き上げたものもある。プリンターから出てきたばかりでまだ温かい初稿に、私の幼い子どもがクレヨンで落書きをしたり、アップルソースで表面を汚したりしたこともあった。

私の出版物には実際に成長した植物についての詳細、スムーズに進んだ作業、実現したデータなどは紹介されているが、その陰で、菌類が繁殖した庭がだめになり、実験中に電気信号が安定せず、プリンターのインクカートリッジを深夜に不正な手段で調達したことについては記されていない。楽に成功できる道があれば誰かがとっくに見つけているはずで、わざわざ実験する必要もないことはよくわかっているが、自分が科学に対していかに全身全霊で打ち込んできたか、その苦労を発表できるジャーナルはないのである。

朝も八時に近づくと、化学薬品を元の場所にしまい、小切手をきって、飛行機の搭乗券を購入しなければならない。それから頭を垂れていつものように報告書を執筆する。しかしそこには、痛み、誇り、後悔、不安、愛情、あこがれといった感情を言葉で表現することはできない。研究室で二〇年間働いていると、私のストーリーは二種類に分かれる。書かなければならないものと、書いてみたいものだ。

科学の世界には厳然たる価値観が存在しており、どんなものも簡単には放棄されない。それは私の父にも彼の持ち物だった計算尺にも当てはまる。父の計算尺は、実家の地下室で箱に入れて大事にしまわれ、「標準直線型計算尺［二五センチメートル］三〇本」というラベルが貼られていた。三〇本もあるのは、どの生徒も自分の計算尺を持たなければならないからだ。科学者はたくさんのことをおこなうが、そのときに装置を共有しないのだ。これらの古い計算尺は、二度と使われないだろう。最初は計算機に、つぎはデスクトップコンピューターに、そして最近では携帯電話に取って代わられ、すっかり時代遅れになった。箱には人の名まえが書かれておらず、ラベルに説明が記されているだけ。私はその箱を眺めながらなぜか、父が私の名まえを書いてくれればよいのにと願ったものだ。しかし、誰も計算尺を所有しているわけではなく、ただそこにあるだけで、もちろん私の持ち物でもなかった。

＊　＊　＊

二〇〇九年、私は四〇歳になった。教員になってから一四年目のこの年、私たちのラボは同位体化学の分野で画期的な進歩を遂げた。質量分析計と併用できる装置の製造に成功したのだ。

おそらくみなさんの家庭にあるヘルスメーターは、体重が八一キログラムの男性と八四キログラムの男性を区別できるだろう。私が持っている研究室用のはかりは、一二個の中性子を持つ原子と一三個の中性子を持つ原子の重さを区別することができる。実際、私はこのはかりをふたつ持っている。質量分析計という名称で、ひとつが五〇万ドルもする。大学が購入資金を提供してくれたのは、私がそれまで不可能とされてきた偉業を成し遂げて、科学の分野で大学の評判が上がることへの期待の表れだった。

大学が私への投資を回収するためには何が必要だろうか。おおよその費用便益を分析した結果によれば、私は過去に不可能だった偉業を毎年およそ四回も達成しなければならない。死ぬまでそれを続けてようやく、大学は私への投資を回収できる。やっかいなのは、化学薬品、ビーカー、付箋、質量分析計を磨く布など、ほかのすべての備品に必要な資金は私自ら文書や口頭で連邦政府や民間企業に寄付をお願いしなければならないことで、しかも提供してもらえる金額はどんどん先細りしている。ただしこれも、いちばんストレスの大きい部分ではない。いちばんのストレスは、私以外の、ラボのスタッフ全員の給与をこのメカニズムのなかで支払わなければならないことだ。科学と研究にすべてを捧げて週八〇時間労働も厭わないスタッフに、半年分以上の給与を安定的に支給できればよいと思うが、それは科学研究者の世界では簡単に許されない。この現状を知って、私たちを応援したいと気持ちを動かされたら、ぜひご一報いただきたい。私はどんなチャンスも逃すわけにはいかない。

さて、二〇〇九年は、手製爆発装置を起爆させたときに放出される気体から亜酸化窒素（一酸化二窒素）を取る装置の組み立てに、私のチームが取り組み始めてから三年目に突入していた。この装置がうまく作動したら、質量分析計のフロントエンドに取り付けて計測をおこなうつもりだった。そうすれば、テロリストの攻撃のあとに残された化学物質を法医学的に分析する際、新しい方法が提供される。というのも、いかなる物質においても中性子の数は、指紋のように決まっているからだ。爆発の残留物の化学的指紋を、爆発物が製造されたと思われる場所、たとえばキッチンの作業台などから採取した化学的な痕跡と比較して関連性が見いだされれば、有力な手がかりが得られるはずだ。

私たちはこのアイデアを二〇〇七年、全米科学財団にたまたま良いタイミングで売り込んだ。アフガニスタンに駐留している連合軍の死者の半分以上が、ＩＥＤ（即席爆発装置）の犠牲になっていると報じられた直後だ。私たちは資金を提供されたばかりか、その数字にはこれまで見たことがないほどたくさんのゼロが並んでいた。私の本来の研究対象は植物だが、戦争のための科学は知識を得るための科学よりも確実に金になる。そこで計画を練ったすえ、週に四〇時間は爆発物のプロジェクトのために費やし、残りの四〇時間は植物学の実験に副業として取り組むことにした。

しかし、爆発物の実験はやたらと疲れるばかりか、実験につきものの後戻りや半分失敗の連続で、絶望感は募るばかりだった。私たちが微調整している化学反応は非常に手ごわい。爆発の残留物から窒素を取ることは難しくない。しかし、酸素を変換するのは思ったよりもずっと難しいことがわかり、操作中に中性子を追跡することは困難であった。実際、何を分析しても、質量分析計に導入したとたん、ほぼ同じ値が表示されてしまうのだ。もう頭がおかしくなりそうだった。赤い点滅と緑の点滅を区別するようにと指示された被験者が、そのあとで、今度は何を見ても「緑」と答えるように指示されたような状態だと言えば、おわかりだろうか。

なかなか成果の出ないテーマはどの時点であきらめ、新しいテーマと取り換えるものだろうか。いやいや、私のような頑固者は決してあきらめない。作業のペースを落とし、これまで以上に細心の注意を払い、もっと安定した条件下の実験では許される程度のわずかな曖昧さも極力排除するように努めた。まもなく、二時間だった実験は完成するまでに四日間、そして正確に完成するまでに八日間かかるようになった。しかもその合間には研究室でのふだんの仕事が割り込んでくる。毎日一〇〇本あまりの植物に水や肥料をやり、成長の記録を書き留めなければならない。

爆発物分析装置と質量分析計が同調した夜のことは忘れられない。本来存在するはずの統一された値がついに表示されるようになったのだ。ただし、人生には同じような夜がほかにもたくさんあって、この日が特別というわけではなかった。日曜日の夜は更けて、月曜日は刻々と迫ってきた。いつものように、私の頭は予算のことでいっぱいだった。プロジェクトは終わりに近づいており、研究室の資金がいつ底を突くか正確に計算することができるほどだった。オフィスの椅子に座って化学薬品の価格をじっくり眺めながら、一〇セント銅貨に魔法をかけてドル紙幣に換えられたらよいのにと、叶わぬ願いを心に抱いた。それだって、破産の時期が数カ月引き伸ばされるだけなのだが。

そのとき、ラボのパートナーのビルがドアを開けて、オフィスに飛び込んできた。こわれた椅子に勢いよく座り、数枚の紙を私のデスクに投げつけるように置くと、大事な報告をおこなった。「ねえ、聞いて。あいつが言うことを聞いたんだ。お利口さんになった」

私は数値の記録された紙をパラパラめくって目を通した。そして、気体のサンプルごとに異なった値がようやく正確に表示されているところを見ても驚かなかった。私は通常、ビルよりもずっと前から実験の成功を宣言する準備が整っている。ビルは失敗を克服した事実を認める前に、念のためにもう一度だけ実験を繰り返し、同じ数値を手に入れなければ気が済まないタイプなのだ。

ようやく無事に成功したことがわかり、ビルと私はあらためて笑顔を交わした。研究室のプロジェクトは常にふたりの共同作業で、このときもそれが理想的な形で進行した。まず私が奇抜な計画を考案し、それを限界ギリギリの線まで脚色してから、アイデアを政府機関に売り込み、必要な備品を購入したうえでビルのデスクに委ねる。するとそこからビルは、第一、第二、第三のプロトタイプを製造し、斬新なアイデアが実現不可能な夢ではないことの証明に努める。五番目の設計で成功の兆しが表れ、七番目のプロトタイプがようやく機能すると（このとき青いシャツを着て東を向きながら、機械のスイッチを入れなければならない）、私たちふたりは成功の喜びを味わう。

ここからはつぎの段階に入り、私は昼間、ビルは夜間に実験を続ける。そして、自家製の機械の正確さと信頼性が、祖母のシンガー製ミシンと同程度に証明されるまで、ツイッターやメールやフェイスブックですべての数値を確認し合う作業が続けられる。そのあとビルが最終確認のためのテストを一度か二度、あるいは三度おこなって、ようやく実験は終了する。すると今度は、私が最終報告のために実験の経過についての記述を修正する作業に取り組む。このアイデアの実現がいかにスムーズに進行したかという点を強調し、投資に対するすばらしい見返りを具体的に紹介するのだ。この一連の作業は、新しい会計年度になると再び繰り返されるが、目標は前回よりも大胆になる。だが、たとえ倹約を心がけても、割り当てられた予算が道半ばにして底を突く可能性は否定できない。

事実をありのままに述べた誠実で信頼性の高いデータセットは世の中で一番清らかである。しかし、ビルと私は何か実行するときかならず、新たな逃走劇の成功を祝うボニーとクライド【訳注／映画にもなった銀行強盗】になった気分でこう言う。「思い知ったか！」

その晩、私は天井に向かってこぶしを突き上げてから、乱れた髪に指を通し、頭皮をマッサージして脳に新鮮な空気を送り込もうとした。これは大学院生のときから習慣になっている。「ねえ、私たちはふたりとも若くはないわ。長い夜の作業はもう無理かもね」と言って、時計に視線を向けた。息子は数時間前には寝ているはずだ。

「でもそれより、この装置の名まえはどうする」と、成功にすっかり気を良くしたビルは、おかしな名まえを提案し、それをさらにおかしな頭文字に凝縮した。「ニッケル触媒型の不均化反応（nickel-catalyzed disproportionation reaction）だから、『ＣＡＴ』はどうかと思うんだけれど」

世界中のどんな文筆家も、言葉に関して科学者のように悩んだりしない。科学者にとって、言葉は定義が明確でなければならない。何かを特定するためには確立された学術用語を使うが、普通に描写するときは一般に普及している言葉を使い、独自の方法で研究した成果を論文にまとめて執筆する際には、何年もかけてマスターした作法にしたがう。たとえば研究の成果を記録するときに「仮説を立てる」けれども「推測」はせず、「結論を出す」けれども「決断しない」。「重大な」（significant）という言葉は曖昧で意味がないと見なすが、「非常に」(highly)という言葉を加えれば、提供される資金が五〇万ドル増える。

新種、新しい鉱物、新しい素粒子、新しい化合物、新しい銀河に発見者として命名できる権利は最高の名誉で、どんな科学者もあこがれる偉大な仕事だ。科学の各分野では、命名に関するしきたりが厳密なルールや伝統にしたがって定められている。新しい発見や自分の住んでいる世界についての知識を総動員し、あらゆる記憶を引き出してから、どんな言葉なら親しみがわくか想像し、現代的でしかも永続性のありそうなものを思い浮かべながら、最後にようやく貴重な発見に名まえを授ける。そしてあとは、つたない名まえが末永く人々の記憶に残るようにと、見込みのない希望を持ち続けるのだ。でもその晩、私は頭がくたくたで言葉の意味について考える余裕がなかった。とにかく早く帰宅して、ベッドにもぐりこみたかった。

「ねえ、『四八万ドルの税金』というのはどうかな。あの装置にそれだけのお金をかけてきたんだもの」と、融通が利かない予算表について思い出しながら私は提案した。ようやくひとつプロジェクトが終わったけれど、新たな資金の提供をどこにお願いすればよいのだろう。手元の資金は前年に限度まで使い果たしてしまったし、各政府機関から研究に割り当てられる予算は縮小する一方だ。私は科学者という職業が大好きだけれど、それに伴う面倒な手続きには飽き飽きしている。もっと簡単にならないものだろうか。

ビルは私にちらりと視線を向けてから立ち上がり、両方の腿をぴしゃりと叩いてからこう言った。

「新しい言葉を創造する必要はないよ。きみの名まえをどこかに入れればいいさ。それで十分じゃない」。私たちは視線を交わした。お互いの目のなかには、一五年間にわたって共有してきた歴史が込められている。私がわかったとうなずき、お礼の言葉を探しているうちに、ビルは踵を返してオフィスから出て行った。

ビルは私の弱い部分が強いから、私たちはふたりでひとつの完璧な人間になる。どちらも必要な事柄の半分は世の中から、残りの半分は相棒から手に入れる。彼の給与を増やし、今後もふたりで良い研究を続けていくため、私にできることは何でもやるつもりだ。これまでと同様、何とか道を見つけていかなければならない。私たちはひとりではないことを再確認したこの夜、隣り合った部屋のなかでラジオを別の周波数に合わせ、それぞれの研究を再開した。

二 〈木の一生〉

ほとんどの人と同様、私には子ども時代から忘れられない特別の木がある。それは葉っぱが青色を帯びたトウヒ（*Picea pungens*）で、長く厳しい冬のあいだ、凛としたたたずまいを見せていた。針のように先端の尖った葉っぱが白い雪と灰色の空を突き刺すかのように伸びている姿は、私のなかに育まれた禁欲主義の完璧なモデルのように感じられた。夏には幹を抱きしめ、木登りを楽しみ、語りかけ、木と私は他人同士の関係ではないと想像した。透明人間になった気分で木の下にしゃがみ、地面に落ちた葉っぱを巣に運ぶためせっせと往復しているアリたちが、途中でアリ地獄の底に落ちていく様子を観察したものだ。大きくなると、実際のところ木は私の存在など気にかけていないことがわかり、水と空気から食べ物を確保しているのだと教えられた。私がよじ昇っても木は（せいぜい）振動を感じる程度で、たとえ枝を切り取られても、私が髪の毛を数本引き抜かれるほどにしか思わない。それでもさらに数年間、私はガラス窓の向こうの数メートル離れた場所にある木の存在を感じながら毎晩眠りについた。やがて大学に進学すると、故郷や子ども時代から離れていく長いプロセスが始まった。

大きくなると私は、私の木にも子ども時代があったことを知った。木になる前の胎児は何年もの歳月を土の上で過ごし、種子から発芽する時期が遅すぎも早すぎもしないよう、慎重に頃合いを見計らった。ちょっとでも間違えれば、確実に命を奪われてしまう。周囲の世界は過酷で容赦なく、どんなに丈夫な葉っぱも地面に落ちれば数日で腐るほどだから、小さな木の芽の命など呆気ないものだ。やがて育ち始めた木は、ティーンエージャーの時期も経験した。未来についてほとんど何も考えず、一〇年間はひたすら成長し続けた。こうして一〇歳から二〇歳のあいだに大きさは倍になるが、成長に伴う新たな課題や責任への準備はしばしばおろそかにされた。周囲の仲間に負けないように背丈を伸ばしすぎ、太陽の光を独り占めするときもあれば、成長に気をとられるあまり、種子の形成に必要なホルモンの摂取が滞るときもあった。一年の過ごし方は、ほかのティーンエージャーと変わらない。春にぐんと背丈が伸び、夏に備えて新しい針葉を形成し、秋には地面に深く根を伸ばし、退屈な冬にはしかたなく腰を落ち着ける。

ティーンエージャーから見れば、大人の木は延々と続く退屈な未来を象徴する存在でしかない。五〇年、八〇年、いや、おそらく一〇〇年ものあいだ倒れないことだけが目標で、毎日朝になると古い葉を落として新しい葉と取り換え、夜になると酵素の活動を停止させるという作業を繰り返す。成長が終わってしまえば、地下で領土を広げて栄養分をせっせと取り込む必要はなくなり、前の冬に形成した割れ目から、主根が必要な量を確実に摂取するだけにとどまる。大人の木は毎年胴回りが少し太くなるだけで、それ以外に年月の経過を感じさせるものはほとんどない。苦労して獲得したわずかな栄養分は枝まで吸い上げられ、常にお腹を空かせている若い世代に提供される。良い居住環境、豊かな水と土壌、そして何よりも十分な太陽の光に恵まれれば、木は潜在能力を最大限まで発揮していく。対照的に、環境が悪いと本来の半分の成果にも届かず、ティーンエージャーの時期の爆発的な成長はほとんど見られない。ただ生き続けるだけで、成長率は幸運な仲間の半分にも満たない。

八〇有余年のあいだに、私の木は何回か病気にかかってもおかしくなかった。隠れ家や食べ物を確保するために定期的に襲ってくる動物や昆虫から逃げ出せないので、針のように尖った葉っぱや有毒な樹液で武装して先制攻撃をかけ続けた。最もリスクが大きいのは根っこの部分で、腐った植物組織にすっぽり覆われてしまえば、呼吸ができずに衰弱していく。敵から身を守るためには、もっと充実した目的のために確保しておいたわずかな蓄えを使わざるを得ない。有毒な樹液を一滴作り出すために一粒の種子が、一本のトゲを作るために一枚の葉っぱが犠牲にされてしまう。

二〇一三年、私の木は大きな間違いを犯した。冬が終わったと勘違いして枝を伸ばし、夏に備えて新しい針葉をつぎつぎ成長させていった。ところが五月になると季節外れの春の大雪に見舞われ、週末だけで大量の雪が降り積もった。本来なら針葉樹は大雪に耐えられるのだが、新たに芽生えた葉っぱが負担になった。どの枝も大きくたわんでからポッキリ折れてしまい、あとには背の高い裸の幹だけが残された。両親はこの幹を切り倒し、根っこを掘り起こして私の木を安楽死させた。何カ月もたってから電話で報告を受けたとき、私は六四〇〇キロメートル以上離れた雪の降らない場所で、まぶしい太陽の光を浴びていた。皮肉にも、自分の木が生きていることに感謝していた矢先、死んだという知らせを受け取った。そこには重大な意味が込められている。私のトウヒの木はこの世での生涯を終えてしまったが、その人生は人間の私とは異なったものであった。残念ながら木としての人生の一里塚を過ぎてしまったが、木には木の時間があって、それが変化を引き起こしたのだ。

時間は私を変えた。木に対する私の認識も、木の自己認識に対する私の認識も変えた。私は科学を学ぶうちに、あらゆるものは第一印象よりも複雑なものであり、謎を解明して新たな発見に至ったときの喜びは、人生を充実させるために欠かせないレシピだということを理解するようになった。さらに科学を通じ、かつて重要だったものが消滅したあとも記憶に残るためには、あらゆる情報を書き留めておくのが唯一の防御手段だということを確信するようにもなった。私よりも長生きするはずだったのに叶わなかったトウヒの木も例外ではなく、書き留めておかなければ存在していた事実そのものが忘れられてしまう。

三　〈待ち続ける種子〉

種子は待つ術を知っている。ほとんどの種子は、少なくとも一年間待ってから成長を始める。桜の種子は、一〇〇年間待ち続けても何ら問題が発生しない。具体的に何を待っているのかは、種子にしかわからない。気温と湿気と光、あるいはほかの多くのものが何か独自の組み合わせになると、それに誘発されて種子は深い眠りから覚める賭けに出る。一度しか訪れない、成長するチャンスを逃さないために。

待っているあいだ、種子は生きている。地面にころがっているすべてのドングリは、頭上にそびえ立つ樹齢三〇〇年のオークの木と同様に生きている。種子も古いオークの木も成長せず、ひたすら待ち続ける。ただし、待つものは同じではない。種子は花開く日を、老木は死ぬ日を待っているのだ。あなたは森に足を踏み入れたときおそらく、それまで視界にはなかった高くそびえる樹木を見上げるだろう。わざわざ足元に目を向けないだろうが、地面を踏みしめる靴の下では何百もの種子が生きていて、ひとつひとつが成長するチャンスを待っている。実現の難しいチャンスにかすかな望みをかけているのだ。種子の半分以上は、成長するきっかけが到来しないうちに死んでしまう。厳しい年には全滅するときもある。でも、大量の命が奪われても困った事態にはならない。なぜなら高くそびえるカバノキは、一本で少なくとも二五万個の種子を作り出す。あなたは森に入って木を眺めるとき、一本の木が土のなかで少なくとも一〇〇本の木の生命を育んでおり、これらの木は殻を破って姿を現す日を心待ちにしているという事実を思い出してほしい。

ココナッツの種子は、あなたの頭と同じくらい大きい。アフリカの海岸から大西洋を越えて漂い、カリブ海の島に根を下ろして成長することができる。対照的に、ランの種子は小さい。一〇〇万個をまとめても、ペーパークリップ一つ分の重さにしかならない。このように大きさはさまざまだが、ほとんどの種子は実際のところ、なかで待機している胚の生命を維持するための食べものにすぎない。胚はわずか数百個の細胞の集合体だが、本物の植物を完成させるために必要な青写真であり、根っこも新芽もすでに形成されている。

種子のなかの胚は成長を始めると、待機しているあいだ折り曲げていた姿勢を伸ばし、何年も前から想定していた姿を形作るための作業を開始する。モモ、ゴマ、マスタード、クルミなどの種子が硬い殻で覆われているのは、胚の拡張を防ぐのが主な目的である。ラボで硬い殻に傷をつけて少量の水をかけてやると、それだけでほとんどの種子が成長を始める。私は長年のあいだに何千もの種子に傷をつけてきたが、それでも翌日に緑色の芽を見かけると、そのあざやかさにかならず心を奪われる。ほんの少し手助けしただけで、たいへんな作業が簡単に進行するのだ。だから正しい場所で正しい条件を整えれば、あなただって期待どおりに成長していく。

あるとき科学者がハス（*Nelumbo nucifera*）の種子の殻をこじ開けて胚の成長を促してから、空っぽになった殻を保管した。その後、不要になった外殻の年代を放射性炭素で測定したところ、このハスは中国の泥炭湿原のなかで二〇〇〇年も発芽の時期を待ち続けていたことが発見された。人類の文明が栄枯盛衰を繰り返しているあいだ、この小さな種子は未来への希望を失わずにじっと耐え忍んだ。そしてある日、ささやかな夢はラボで一気に花開いたのである。発芽したハスは、いまどこにあるのだろうか。

何かが始まるたび、待たされていた時間は終わる。私たちは誰もが待ち続けたすえ、一度きりのチャンスをつかんでこの世の中での存在を勝ち取る。誰もが信じがたいほどの試練を乗り越え、その当然の帰結として存在しているのだ。それは植物も変わらない。どんなに立派な木も最初は小さな種子で、待ち続けた努力が実を結んだのである。

四　病院の仕事

私が教室以外の場所で初めて実験をおこなったのは一九歳のときで、それはお金を稼ぐためだった。

ミネアポリスのミネソタ大学に在籍中、私はさまざまな仕事を一〇種類はこなしていたと思う。四年間というもの、私は一週間に二〇時間働き、休みのあいだはさらに労働時間を増やし、奨学金で足りない分を補った。大学の出版局の校正者、農学部長の秘書、通信教育プログラムのカメラマン、スライドガラスの洗浄係などいろいろな仕事に就いた。ほかには水泳を教えたり、図書館から本を探してきたり、キャンパス内のノースロップ講堂でお金持ちを座席に案内する係も務めた。しかしそのどれよりも、病院の薬局で多くの時間を過ごした。

私は化学の授業で一緒になった女子学生から、大学病院でのアルバイトを紹介してもらった。彼女の話によれば給料は高く、八時間のシフトを二回連続でやらせてくれるだけでなく、二度目のシフトでは賃金が五割増しになるという。私は上司と面接するとすぐに採用された。成績証明書をろくに確認されないので驚いているうちに、新品の青い作業着を二セット支給された。これで私も立派なスタッフだ。

翌日、午後二時半に授業が終わると、三時から一一時までのシフトに入るため病院に到着した。私の勤務先は病院の地階にある大きな薬局で、あらゆる患者に処方される薬が保管・分類され、原則として記録が残されていた。それは巨大な施設で、受付、処方箋の受け渡し場所、複数の保管部屋から成り、保管部屋には低温に保たれた冷蔵庫が設置されている。倉庫ほどの広さのオープンフロア型の研究所を中心に据えた設計で、病院のあちこちでおこなわれる複雑な治療には、ここでおおぜいのスタッフが調合するオーダーメードの処方薬が使われた。副主任薬剤師から、最初は「ランナー」をやってもらうと説明を受けた。ランナーの仕事は、鎮痛剤の含まれた点滴バッグをナースステーションに直接手渡すことである。

当時、医者は患者に投与する薬の情報を処方箋に書いて、それを病院の薬局まで届けてもらわなければならなかった。すると薬局のラボでは、不純物のない少量の鎮痛剤が柔らかいプラスチック製の点滴バッグに注入され、直ちに厳重なペーパーワークが始まる。病院のスタッフのあいだで受け渡されるたびに確認の署名が記され、タイムスタンプが押されていくのだ。薬の中身と量が何度もチェックされ、ファーム・ディー（医学部のドクターに匹敵する）の肩書を持つプロの薬剤師が最後に署名をすると、バッグはランナーに手渡される。するとランナーは署名をすませてからバッグを配達し、担当の看護師に直接手渡す。受け取った看護師は署名をしてから、患者に処置を施すのである。

引き渡しがすむと、ランナーはナースステーションの送信箱に医者からの注文書が入っていないかどうか確認し、見つけたらそれを薬局に持っていかなければならない。緊急のプロセスが私の署名なくして進まない状況は、私にとって刺激的だった。豊かな空想の世界に自然と導かれ、定期的に患者の苦しみを和らげ、魂を救済し、生命の尊厳を守るために献身的に奉仕している自分を思い描いたものだ。理系コースでAをとった経験のある少女の例にもれず、私は医学部への進学に心を動かされ、その可能性を真剣に考え、金額の大きな奨学金を何らかの形で手に入れたいと、かなわぬ希望を抱いたものだ。

ランナーとして働いていると、病院のあちこちの廊下を歩き回る。薬局とホスピス棟のあいだの通い慣れたルートの往復が仕事の中心だったが、各ナースステーションのユニークな特徴について学ぶことができた。そしてこの長時間におよぶ労働は、署名と受け渡し以外、他人と交流する機会がまず存在しない。周囲ではスタッフが忙しく働き、照明は消えることがなく、機械が常に音を立てていたけれど、私は完全に孤立していた。自分の呼吸と同じぐらい、周囲の活動はまったく気にならなかった。

さらに私はこの仕事を通じ、日々の決まった業務に意識を占められているときでも、潜在意識は別の作業に取り組めるものだということも発見した。採用面接のあいだ、私は立派なラボにあこがれのまなざしを向けた。そこではたくさんの技師がせっせと仕事に励み、注射器に液体を注入したり、小瓶の中身を入念に調べたり、殺菌したチューブの包装を解いている。何を作っているのですかと薬剤師に尋ねると、「ほとんどは抗不整脈薬と心臓発作の薬よ」と説明してくれた。

その説明に影響された私は翌朝、英語の担当教授に会って、学期末レポートの主題には「『デイヴィッド・コパーフィールド』【訳注／ディケンズの長編小説。引用はすべて中野好夫訳（新潮文庫）によった】のなかでの『ハート』という言葉の使い方と意味」を取り上げることにしましたと報告した。しかし作業に取り組み始めると、最初の高揚感は徐々に薄れていった。ページをめくったり、めくり返したりしながら、「ハート」だけでなく「ハーティー」(hearty) や「ハートフェルト」(heartfelt) といった派生語の目録づくりに没頭したものの、最初の一〇章までで、すでにその数は何百にも膨れ上がってしまったのだ。そして、第三八章で「どうしても、うまく言えないのは、あのとき、心の一番奥で、ひそかに感じていた、『死』に対してすらの嫉妬だった」という一節を見つけた時点でつまずいた。何とか理解しようと悩み続けているうちに二時が近づき、しかたなく出勤した。

その晩私はホスピス棟とのあいだを一〇回も二〇回も往復しながら、目と手を使って必要な作業を淡々とこなしていたが、夜が更けてくると、頭の奥で病院のスタッフとしての仕事を新たな視点からとらえ始めた。衰弱して命の火が消えた肉体を迎えにきた死神が、愛する人を伴って遠い黄泉の国へと向かうために、自分はサポート役として雇われているのではないかと考えるようになったのだ。指定された地点で旅立つ一行を待ち構え、長旅のために新しい差し入れを忠実に提供することが私の仕事だ。疲れ果てた一行が地平線の向こうへ消えてしまうと、私たちは元の場所に引き返し、悲しみに打ちひしがれた別の家族がまもなく到着するのを待ち構える。

医者も看護師も、そして私も泣いたりしない。動転した夫や悲しみに打ちひしがれた娘が、私たち全員に代わって十分に涙を流すからだ。死の恐るべき力の前では私たちなど無力な存在だったが、それでも薬局では作業に没頭した。患者や家族を悲しみから救済するため、二〇ミリリットルの鎮痛薬を準備して、それを何度も清めたうえで、赤ん坊のように大事に抱きかかえてホスピスへと向かい、供え物として捧げた。薬が静脈に順調に流れていく様子を家族は近づいて見守る。耐え難い痛みが、わずかな液体によって一時的に取り除かれる瞬間である。シフトが終了したときには、帰宅して何ページもレポートを書けるような気分になっている。ところが実際にはコンピューターの前に何時間も座り続けても、何も書くことができない。そのため私は本の難しい一節を暗記して、病院での勤務中、潜在意識を働かせながら文章に込められた意味を理解する努力を繰り返した。

病院ではどのスタッフも、八時間のシフトのあいだに二〇分間の休憩を三度入れなければならない。ランナーはそれが特に徹底しているので、予想外に忙しい状況ではランナーがひとりだけになる可能性もあった。そのため私は考え事にふけるタイミングと時間を自己管理しなければならず、結果として、上手に頭の切り替えをできるようになった。手作業を何時間も続け、つぎに二〇分間は頭のなかで考えを巡らせ、再び手作業に戻る。それは、半分まで水の入ったバケツに水を出したり入れたりする作業と変わらない。

休憩時間は、病院の建物のあいだに配置された小さな中庭で過ごし、天然の光と空気を存分に楽しんだ。ある朝私は、両足を上げた状態で芝生の上に寝そべっていた。この姿勢だと、下半身に溜まった血液が上半身に戻っていくのだ。そして、地面に落ちている吸い殻の数を数えてから、「朝の陽が、破風や格子窓を斜めに切って、美しい金色に染めていた。昔ながらの変らない平和な光を見ると、思わず胸はしめつけられる思いだった」という第五二章の一節を暗唱していると、監督官の同僚が中庭の壁づたいにやって来て、こちらに来なさいと手招きする。一瞬、私は時間を忘れたのではないかと思ったが、時計を確認すると休憩時間はまだ五分間残っている。薬局のラボに戻ると、真剣な表情の監督官とファーム・ディーから、「あなたは統制薬物の入った袋を持ち運ぶとき、なぜ正面の出入り口を使わないの」と尋ねられた。

た。

「裏の階段を使っているからです」

「でもその階段からだと、ホスピス棟への連絡通路に行かれないじゃない」と監督官から指摘された。

「いいえ、カフェテリアの搬入口を通り抜ければ大丈夫です」

「では、あなたはエレベーターを使わないの」と、ファーム・ディーが困惑した表情で尋ねた。

「近道なんです。それに、待つ必要がないし。このほうがずっと速いんですよ。時間を測ってみました。痛みに苦しんでいる患者さんが薬を待っているのだから、当然だと思います」。そう答えると、ふたりの監督官はあきれた表情で顔を見合わせ、本来の作業に戻っていった。

配達時間を短縮するためにこのルートを開拓したというのは事実だが、理由はほかにもあった。若さに特有の無尽蔵のエネルギーを消費するためには、常に動き続けていなければならなかったのだ。私のなかではエネルギーがほとばしり、ときには何日間もずっと眠りを妨げた。決められた仕事の繰り返しが中心の病院は私にとって安全な居場所であり、任務の遂行に集中していれば頭の混乱を抑えられた。

午後のシフトが終わりに近づくと、ランナーが誰かかならず病欠の連絡をしてくるので、疲れて眠そうな様子でなければ夜のシフトに入る選択肢が与えられた。夜のシフトが終わって帰宅するときは、眠くはないけれどくたくたに疲れている。それでも無事に夜勤を終えた達成感だけでなく、ふだんよりも豊かになった懐具合で心は満たされ、そんなときは「貝殻や小石を拾って歩いたことなど……そうした思い出が、にわかに蘇ってきて、私の心は、思わず和むのだった」という第一〇章の一節を思い出したものだ。私は重要な任務をこなしているのだと、自分を納得させた。

配達ルートについて説明してからおよそ一カ月後、私が薬局に到着するとファーム・ディーは振り向き、「リディア、あの子よ」と叫んでから、つぎに私のほうを振り返り、「これからリディアが薬の詰め方を教えてくれるからね」と言った。この言葉とともに、ランナーとしての私のキャリアは幕を閉じた。リディアは立ち上がると、上司をちらりと一瞥した。顔に浮かんでいる表情からは、私の出世を特に喜んでいないことが読み取れたが、給料を増やしてもらうために、彼女のトレーニングは避けて通れないハードルだった。

「さあ、早く。荷物を置いて！」とリディアは、私を歓迎するというよりはファーム・ディーを困らせるため、太くしゃがれた声で叫んだ。そのとたん、第二〇章の一節ではないが「私の心は、新しい喜びの希望に躍った」。静脈注射薬を運ぶ役目は卒業し、作る役目を任されたのだ。薬を詰めたバッグをほかの誰かに手渡し、二重チェックと配達をしてもらう。私はちょっぴりエラくなった自分の姿を想像した。これからは椅子を完璧な高さに調節し、ワークステーションの前にすました表情で座る。それから物々しい態度でストック台に何度も足を運び、そのたびに正しい薬の入った小瓶を正確に選び出す。それは、金持ちの女性がマニキュアを施す前に、完璧な色合いのマニキュア液を迷わず取り上げる様子にも似ている。最後に位置につき、背筋を伸ばして肩をいからせ、厳粛かつ迅速に魔法の仕事に取りかかる。いまこの瞬間、誰かの命が危険にさらされているのだから……

「さあ、髪を後ろでしっかり留めて」というリディアの声で私の白昼夢は中断された。私の顔の前に業務用のゴムバンドをぶらぶらさせながら、「これからは化粧をしてこないのよ。私みたいに不細工な顔になるかと思うと、がっかりするだろうけどね」と、おっかなそうな顔に作り笑いを浮かべた。きれいにセットした髪もマニキュアも装身具も、薬局では許されない。雑菌が混入する恐れのある表面積が拡大するからだ。そのため私も病院でよく見かけるスタッフと同様、くたびれた「素顔」で通すようになり、今日までその習慣は続いている。

薬局のスタッフは、まだ専門職に就く前の学生とキャリアを積んだ専門技術者にほぼ二分されたが、私はどちらにも当てはまらなかった。ほかの学生と同様、授業や試験のことが気がかりだったけれど、技術者のようにがむしゃらに働いた。とにかく自分の居場所が必要だった。リディアは薬局のラボでいわば「お局様」のような古株で、誰に尋ねても採用されたときにはすでに働いていたという。リュックをしまっていると、リディアが監督官のファーム・ディーに対し、これから私に貯蔵室の薬の違いについて教えるつもりだと話している声が聞こえた。貯蔵室には、薬が化学式に応じて分類され保管されている。さあ、これからいよいよ貯蔵室に向かうのだと思っていたら、予想に反してリディアは貯蔵室を素通りし、中庭に向かった。

リディアはふたつのことで有名だった。休憩の取り方と車の運転だ。八時間のシフトではかならず、最初の九〇分間で休み時間をすべて消化してしまい、そのあいだに三箱分のタバコを吸いきってしまう。本来なら、八時間かけてゆっくり味わうべきものだ。全部で六〇本のタバコを六〇分で吸い終わるためには、かなりの集中力が必要とされる。休み時間に彼女の姿を中庭で見つけるのは簡単だが、だいたいは喫煙に集中しているから会話を交わすことはできない。シフトが二時間目に入ると、リディアの注意力は研ぎ澄まされて作業効率が跳ね上がるが、そんなときはおよそ五時間後まで近寄らないほうが賢明だ。ほんの少し干渉されただけでも、癇癪を爆発させる。シフトの最後の二〇分間ともなれば、仲間の薬剤師でさえ彼女を敬遠する。時計とにらめっこしながら、震える手に消毒針を握りしめている様子には近寄りがたさを感じる。

そんな姿からは想像できないだろうが、夜のシフトが終わったとき、女性のスタッフには車で家まで送ってあげると声をかけてくれる。「くそったれのレイプ魔」がうろついているという説明は本当かどうかわからないが、そんな彼女の戦略にこちらも乗って、好意に甘えたものだ。氷点下二〇度の寒さに備えて厚着をしたレイプ魔が病院のまわりをうろついている姿は想像しにくい。午後一一時まで、疲れ果てた看護学生の一団が猟場に進入してくるのを待ち続けるものだろうか。しかし、この地域の一月の寒さは半端ではないから、車に乗せてもらえれば非常にありがたい。

リディアの車はタバコの煙が充満してガス室のようだ。解放されたら廊下で作業着を脱がないと、炭鉱労働組合のホールと同じような臭いが一週間、アパートのなかに残り続ける。リディアは車を降りたスタッフが家のなかに入り、ベランダ灯を点滅させるまで車を発進させなかった。「誰かのあそこをちょん切ってやる必要があるときは、二回以上点滅させるのよ」と母親のように世話を焼いてくれた。そんなときには、「もちろん、母の代わりというわけにはいかなかった。そんなことは、誰にだってできることではない。だが、いわば彼女は、私の心の空所にそっと入り込んで、そのままそこに包まれてしまったといってもよい」という第四章の一節を思い出し、私はひとり微笑んだ。

薬局のラボでの最初の六〇分のあいだに、リディアと私は中庭に行って、野外のテーブルに向かって金属製の椅子に腰をおろした。彼女は小物入れからウィンストン・ライツのタバコの箱を取り出し、手首の裏側の上でその箱をトントントンと三度叩いた。それから箱を私に手渡して一本勧め、自分のタバコには共同ライターで火をつけた。このライターは小さなカバノキの枝に鎖で結びつけられていたが、まわりをセメントで固められている木は思うように成長できない。リディアは両足を持ち上げ、目を閉じて煙をゆっくり吸い込んだ。私はタバコの箱を振って空っぽにしてから、再び中身を詰めて遊んだが、実際にタバコを吸うことはなかった。

私の目に、リディアは年配者のようにうつった。三五歳前後だったと思う。そして身のこなしから判断するかぎり、そのうちの少なくとも三四年間は厳しい人生だったのではないだろうか。おそらく恋愛にも恵まれず、そのために不幸を味わったようにも感じられた。というのも、彼女は主婦として完璧なタイプだったからだ。結婚生活をおくっていたら、キッチンテーブルに向かって座り、コーヒーカップになみなみと注いだジンをゆっくり飲みながら、子どもたちが学校から帰ってくるのを待っていただろう。第三六章の一節は、そんな彼女にぴったりだ。「芝生の片側の砂利道を、おそろしい早足で、ぐるぐると歩いていた。まるでそれは、長い鎖をひっぱって、あちこち激しく動きまわりながら、自然と憔悴してゆく、何か猛獣といった感じだった」。

意外にも、リディアのほうでも私に関心を示し、出身地はどこなのと尋ねてきた。私が故郷の名まえを教えると、「ああ、聞いたことがある。大きな屠殺場があるところでしょう。そうか、中西部の臭い場所の出身なんだ」と言うので肩をすくめると、「でもね、ひとつだけもっとひどい場所があるの。もっと北には、凍った肥溜めみたいな場所があってね。それは私の出身地」と言った。それから、まだ火の消えない吸い殻を地面に投げ捨て、時計を見てから、別のタバコに火をつけた。

そのあと五分間は、ふたりとも言葉を交わさなかった。最後にリディアは息を吐き出し、「そろそろ戻ろうか」と言うので、私は答える代わりに肩をすくめ、ふたりとも立ち上がった。「私のやり方を見倣えばいいの。わかった？　ゆっくりやるからね」というわけで、これが私にとって薬剤に関する正式な訓練となった。重病人の静脈に注入するため、殺菌された薬品をどのように混ぜ合わせればよいのか理論的にきちんと理解したわけではなかったが、やっているうちに覚えられそうな気分になった。

実際、リディアの隣に座って彼女の行動を注意深く真似するのは、殺菌の技術を学ぶうえで悪い方法ではなかった。この作業は何かを作るというより、手でダンスを踊るという表現のほうがふさわしい。屋外にせよ屋内にせよ、私たちが歩き回る場所の空気には、大量の微生物が含まれている。これらの微生物は人間の体の中身を好んで食べるが、脳や心臓などのおいしい部分に近づけないので、通常は危害を加えない。体全体が厚い皮膚に覆われており、目、鼻、口、耳など穴の開いている部分は粘液や蝋で守られているからだ。

そうなるとどんな病院でも注射針は、幸運なバクテリアにとって、当選番号付きの宝くじのような存在である。薬品と一緒に静脈に勢いよく注入されたときのショックから回復したあとは、血液の流れに乗って体内を順調に移動して、どこか静かな袋小路、たとえば肝臓に到着した時点で上陸すればよい。落ち着いたら子孫を増やし、つぎつぎと大量の毒物を作り出していくが、臓器の近くで作られたものは退治するのが難しい。しかも、バクテリアは敵対的な小グループのひとつにすぎず、ウイルスや酵母菌も独自の破壊活動を繰り広げる。一斉に殺戮行為がおこなわれる事態を防ぐために、注射針の殺菌は最高の手段なのだ。

看護士が注射をしたり血液を抜き取ったりする作業は、比較的短い時間で終了する。そのあと皮膚は穴を閉じ、再び侵入してくる異物に対する何重ものファイアウォールを修復する。注射針は殺菌されてから、プラスチックのキャップをはめて保護される。注射器を使うときにバクテリアがただ乗りしないよう、こうして万全の対策がとられる。皮膚をアルコール（イソプロパノール）で消毒するのは、針が注入されたとき、いちばん上の皮膚に付着したバクテリアが生きたまま体内に押し込まれるのを防ぐためだ。

点滴で静脈に薬を注入するときは、これとはやや異なる。看護師は皮膚を消毒してから針を刺し、そのまま何時間も放置する。事実上、取り付けられる針やチューブやバッグ全体が血液の延長となり、バッグのなかの液体すべてが血液の流れの一部になる。液体がバッグから患者に向かって流れ、逆流することがないよう、点滴バッグは患者の頭上に設置される。そして医者の指示があれば、看護師は点滴の落ちる速度を調整し直す。こうしてバッグの中身全体が血液と混じり合い、余った分は膀胱に蓄えられる。

このような状況では、バクテリアが行動を起こせる領土が拡大する。注射針の先端だけでなく、バッグやチューブの内面、さらには液体の薬品から感染する恐れがあり、その可能性は注射器の一〇〇倍以上にもおよぶ。もちろん、点滴の器具全体を殺菌しなければならないが、それだけでなく、薬品が混ぜ合わされるとき、いや、さらに遡って化学成分が合成され保管されるとき、接触する恐れのあるものを各段階ですべて殺菌しなければならない。

点滴静脈注射の優れた点は、必要な薬を体内に速やかに送り込み、しかも一定の期間持続できることだ。心拍停止状態になったら、二時間以内に脳に酸素を送り込まないといけない。患者が何とか錠剤を飲み込むと、そこから薬が体内にしみ出ていくが、最初に薬が到達するのは胃や腸で、心臓は後回しにされる。この一大事を乗り切るため、一リットルの液体と活性薬剤をうまく組み合わせ、患者の体重や病状に応じて投与していくわけだが、そこではすべてを無菌状態に保たなければならない。ＥＲやＩＣＵの場合には、およそ一〇分で作業をすませるスピードも要求される。しかし患者にとって幸運にも、病院の地下にはチェーンスモーカーの師匠のもとで修業に励む見習いがいる。この見習いは睡眠不足のティーンエージャーだけれど、いつでも行動する準備が整っている。

＊　＊　＊

まずは、清潔な作業空間を創造しなければならない。想像しにくいかもしれないが、バクテリアや酵母菌などの微生物は、穴の直径が人間の髪の毛の三〇〇分の一以下のメッシュを通して除去される。私が静脈注射薬を作っているとき、正面の壁の送風口からはメッシュを通して空気が送られてくる。そのため、私と壁のあいだのスペースは清潔で、無菌のアイテムを開封、調合して再び封印するプロセスを安全に進めることができる。

グローブをはめると、イソプロパノールを噴霧して作業環境全体をきれいに消毒する。カウンターやグローブには液体が流れ出すほど何度も噴霧して、ティッシュを惜しげもなく使ってふき取っていく。こうしてすべての表面がイソプロパノールで濡れた状態になったら、そのまま放置しておいて、吹き出し口から私の顔を目がけて流れてくる無菌状態の空気で乾燥させる。

つぎにテレタイプ端末に向かい、五センチメートル四方の薬の注文用紙を一枚選ぶ。そこには患者の氏名、性別、病室のほかに、調合される薬についての情報が具体的にコードで記されている。密封された点滴バッグは、形状も感触もパック入りの豚ロース肉に似ている。「バッグに液体を注入する」作業を専門とする技術者が、生理食塩水またはリンガー液一リットルをバッグに充填し、できあがったバッグを積み上げておくのだ。リンガー液は少量の糖分を含む塩類溶液で、名まえの由来になったシドニー・リンガーは一八八二年、死んだカエルの心臓を取り出してこの液体に何度も浸すと、鼓動を始めることを発見した。私は注文を読みながらバッグを取り上げてから、ステッカーの台紙をはがし、それをバッグの上の部分に貼り付ける。患者に点滴を施すときバッグは逆さまに吊るされるので、ステッカーに書かれた文字も逆さまになる。

それからバッグをストック台まで運び、薬品の濃縮液を必要に応じて選び出す。このとき自分がひんぱんに利用する薬品が足りないようなら、補充しておく。薬の入っている小瓶にはゴム栓がはめられ、識別しやすいように色分けされ、アルミキャップで蓋がきっちり閉められている。照明の消えないラボのなかで、ガラスも金属も光り輝いている。宝石のように美しい小瓶の中身は貴重なもので、なかには勇気ある人間のドナーや不幸な実験動物の体から抽出され濃縮された液状たんぱく質が、ごく少量だけ詰められているものもある。このきれいなミニチュアボトルの中身が一日、あるいは一週間体内に送り込まれたら、いくら残酷な腫瘍もたまらない。つらい思い出や憎しみのいっさいをこれらの薬が永遠に洗い流してくれるのだと、私は作業をしながら夢想したものだ。

ワークステーションに戻ると、ベンチの前に材料を一直線にずらりと並べる。これから必要な薬を補填する点滴バッグは左側に置くが、そのとき、送風口から送られてくる空気が薬の注入口に直接当たるように配置する。この状態だと、上下逆さまのステッカーの文字が元通りになるので読みやすい。薬品は左から右へ、バッグに注入する順番にしたがって間隔を空けて並べられ、各ボトルの横には、ステッカーに記された薬の必要量に応じてサイズの異なった注射器が置かれる。この時点で、準備に抜かりはないか二重のチェックがおこなわれる。左から右へと順番に、ステッカーに書かれた指示とボトルの文字を比較しながら、ひとつずつ確認していく。ただし、名まえを最後まで確認するのは時間の無駄なので、最初の三文字だけしか読まない。

こうして準備が整うと、私は大きく一回深呼吸してからアルコール消毒綿を準備する。この消毒綿は使いやすさを考え、開け口のついたパッケージに折りたたんでしまわれている。手をしっかり落ち着かせてバッグを取り、注入口のシールをはがす。つぎに、パッケージからアルコール消毒綿を一枚取り出し、針を刺すゴムの注入口を何度も拭いてきれいに消毒する。この作業のあいだは、吹き出し口のある壁と注入口のあいだに、自分の手が来ないよう注意しなければならない。それが終わると今度は消毒綿を取り換え、一本目の小瓶を同じやり方で消毒する。

消毒がすむと、薬品の入ったガラスの小瓶を左手に逆さまの状態で持ち、右手で注射器のカバーを外す。どちらのアイテムもしっかり握るが、聖なる光にさらすときのように、指が後ろ側に来るように持たなければならない。そのうえで、点滴バッグのステッカーにプリントされた薬の分量を瓶から正確に抜き取っていくが、ミリリットル単位の誤差が生じないよう、目線と液面を水平に合わせる。

正しい分量が注入されると左手の筋肉を緩め、ボトルを上に引っ張って注射器から抜き取る。このとき右手の筋肉も一緒に緩め、抜いた針の先端から一滴の薬品も漏れないように細心の注意を払わなければならない。

ボトルをそっと置くと、今度は注射針を点滴バッグの正面まで移動させ、私のほうに向かう形でバッグに刺しこんでいく。最後に抜き取ると、使い回しのできない針はその瞬間から役に立たなくなる。注射器のプランジャーを元の位置まで戻してから、ワークステーションの外にあるトレーに載せる。つぎに、使ったばかりの薬の瓶を慎重に密封し、使用ずみの注射器と同じトレーの右側に載せる。すべてのボトルに関してこの作業が終了すれば、必要なレシピが完成する。最後に点滴バッグをプラスチックのキャップで再び慎重に密閉し、針と向き合わないように気をつけて同じトレーに寝かせる。

ここでようやくグローブをはずし、ペンを手に取り、点滴バッグのステッカーのすみに自分の名まえをサインして、貢献度はともかく大事な作業の責任の一部を終了する。使用ずみのアイテムを載せたトレーはどれも、上司のファーム・ディーが常に二重チェックすることになっているので、ずらりと並んだトレーの最後尾に自分のトレーを並べる。ここではすべてのラベルと注射器とボトルが点検され、注文と中身が一致しているか厳重に調べられる。もしも間違いが見つかれば、バッグは廃棄処分にされて新しいステッカーに必要な薬品の情報が印刷される。すべての仕事が急ピッチで進められることになり、ベテランスタッフが応援に入る。

私にとってラボでの仕事が初日だろうが、そんなことはまったく考慮されず、練習用の点滴バッグなど準備されない。作業を正しく進めるか間違えるか、結果はそのいずれかである。勤務中は、テレタイプからわざと簡単な注文を選び取らないように、あるいは全部使いきらないうちに新しいボトルを開けないように厳しく監視され、いかなるミスも命にかかわるのだと常に忠告される。しかし薬の注文数は多く、制限時間内にはとても全部を準備できず、常にスケジュールは遅れがちだ。病欠の連絡をするスタッフが多いほど、ラボで勤務する人数は少なくなり、その分だけ作業を迅速に進めなければならず、遅れはどんどん大きくなっていく。

この恐ろしいシステムが機能していない現状について話し合う時間も、私たちスタッフは罪人でも機械でもないと訴える時間も、まったく存在しない。私たち以外には頼れる人間がいない疲れ果てた人たちから、薬の注文は延々と入り続ける。

こうして病院で働いていると、世の中には病人とそれ以外の人の二種類しか存在しないことを教えられる。そして病気でない人間は、黙って人助けをしなければならない。あれから二五年が経過してもなお、私はこれを間違った世界観として否定することができない。

＊　＊　＊

リディアがワークステーションでみごとな働きぶりを見せたのは、ほぼ二〇年間、同じ仕事を一週間に六〇時間繰り返してきたからだろう。彼女が材料を分類し、殺菌してからバッグに注入していく様子は、重力を無視して優雅に踊るバレリーナを見ているようだった。手が宙を舞うところを眺めていると、第七章のつぎの一節を思い出さずにはいられない……「道楽でも楽しむみたいに、教科書などは一切持たず（どうやらなんでもみな、暗記で覚えているらしいのだ）」。私は初日に、リディアが少なくとも二〇個の点滴バッグを、ときには目をつぶったまま仕上げているのを目撃したが、間違った場面は一度もなかった。おそらく一種のトランス状態だったのではないか。彼女の脳に十分な酸素が送り込まれていたとは思えないからだ。実験室で何よりもまずいのは、くしゃみなどで体液を無菌の空間にまき散らすことだ。そしてリディアにとっては、息を吐き出す動作さえ基本的にくしゃみと同じだったから、薬を調合するときには超人的な力で呼吸をコントロールしていた。

ワークステーションで働き始めてから最初の数時間、私は簡単な電解液のバッグをいくつか無事に完成させた。すると監督官から、もっと難しいものを選んで挑戦しなさいと指示された。とにかくスケジュールは大幅に遅れていたのだ。そこでシンプルな「ベンゾジアゼピンの点滴バッグ」の注文に取り組んでみたが、鎮静薬を注入したあとで自制心を失った。適量よりも多く注入すれば患者の不安がきれいさっぱり取り除かれ、予想外の効果が表れるのではないか。そう思うと罠にかかった動物のように追い詰められ、内緒でそれを実行し、バッグを載せたトレーを列に並べ、知らん顔していようかと一瞬誘惑に駆られた。しかしすぐ我に返り、すると今度はとんでもない発想にいたたまれなくなり、点滴バッグをシンクまで運び、ファーム・ディーがこわい顔でにらみつけているのもお構いなく、外科用のメスで切り込みを入れて中身を排水口にぶちまけた。それからリディアのもとへ戻り、休憩しませんかと提案した。

「この仕事、自分には無理じゃないかと思って」と私は、中庭に到着すると打ち明けた。「こんなにストレスのかかる経験は初めてです」。

リディアはおかしそうに笑った。「ちょっと考えすぎじゃないの。脳の手術じゃあるまいし」

「確かに、脳の手術は五階ですから」と私は彼女の言葉を引き継ぎ、ランナーたちが一日に少なくとも五回は交わす軽口を叩いた。「でも、だめなんです。自分の行動が正しいのか間違っているのか、半分は思い出せないんです」と私は不安を打ち明けた。

リディアは周囲を見回してから私のほうへ身を乗り出し、「いいこと、殺菌のテクニックのコツを教えてあげる」と言ってから、体を真っ直ぐに戻して低い声で続けた。「針でも何でも舐めてはだめよ。でもね、殺傷能力のあるものを手に持っていれば、いずれ敵は死んでくれるの」。私がどう答えてよいかわからずにいると、リディアは必要な事柄をきちんと説明できたと考えたようだ。彼女がタバコを吸っているあいだ、ふたりは一度も言葉を交わさなかった。

しばらくすると、私はこめかみをさすりながら尋ねた。「何だか頭が痛くなったみたい。ねえリディア、こんなに薬品ばかり吸い込んでいて、肺がおかしくならないかしら。心配じゃないですか」

一瞬リディアは口からタバコを離したが、顔の表情を見るかぎり、私のことをどうしようもないお馬鹿さんだと判断したようだ。ゆっくりゆっくりタバコの煙を吸い込んでから、「あなたはどう思うのよ」と煙を吐き出しながら尋ねた。

休憩が終わると私はやたら攻撃的な気分になって、複雑な化学療法のための点滴バッグの注文書を選びとった。実験室での初日の残された時間を、何とか充実させようという決意に燃えていたのだ。そして点滴バッグを正確に完成させ、そんな自分を誇らしげに感じていたとき、ファーム・ディーが怒りの形相で近づいてきて、高価なインターフェロンの入った小瓶を私の顔の真ん前に突きつけた。

「このボトルを台無しにするなんて、どういうつもり」と、ファーム・ディーは怒りで興奮しながら私を責めたてた。数分前、私は貴重な免疫促進剤のインターフェロンを注入した。そのとき作業空間からボトルを取り除くまではよかったのだが、蓋を密封するのを忘れて、まだ残っていた液体が汚染されてしまったのだ。一瞬のうちに、私は最低に見積もっても一〇〇〇ドルはする薬品を無駄にしたばかりか、文書業務でも大きなへまをした。こんな恥ずかしい経験は久しぶりだった。子ども時代、優等生からはほど遠い私に手を焼いていた先生から、授業に関係ないページを読んでいる現場を押さえられたとき以来だろう。私は第七章の「私は、心中深く後悔しながら、真っ赤になって、顔を上げた」という一節を実践してしまった。

ここで、自分の出番だと判断したリディアが登場し、頭に血が上っているファーム・ディーの怒りを鎮めようとした。「この子は休みが必要なのよ。一日中働きどおしだったからね。さあ、行こう」。そう言うと私を中庭に連れ出し、このシフトで繰り返されてきた休憩を再び始めた。

中庭で腰を下ろすと、私は両手で頭をかかえて「クビになったらどうすればいいの」と涙を必死でこらえながら訴えた。

「クビだって？　あんた、そんなこと考えていたの」とリディアは笑いながら言った。「ねえ、落ち着いたら。こんな掃き溜めみたいな場所を解雇されたスタッフなんて、これまでひとりもいないんだから。念のために言っておくけれど、クビになるよりも先に、とっくに自分からやめていくんだからね」

「私はやめられません。お金が必要なんです」

リディアはタバコに火をつけると、私に視線を向けてゆっくり煙を吸い込んだ。そして、「どうやら私たちはふたりとも、やめられないタイプの人間みたいだね」と言って、ウィンストン・ライツのタバコの箱を私に勧めた。私はこの日だけで六回続けて勧められたが、このときも断った。

その夜遅く、リディアが私をアパートまで送り届けてくれたとき、薬局で何時間も黙って働いているあいだ、何を考えていたのですかと尋ねた。

彼女は質問について一瞬考えてから、「昔の夫のこと」と答えた。

「当ててみましょうか。いまは服役中でしょう」と私は大胆な仮説を立てた。

「本人はそれを望んでいるけれどね。いまはあいつ、アイオワに住んでいるのよ」とリディアは面白くなさそうに話した。

帰りの車のなかで、誕生から一〇〇年以上たつミネソタ州に負けないほど古いジョークを笑いながら交わしていると、第七章の一節が脳裏に浮かんできた。「なんという情けない犬どもだ！　みんな真っ青な顔をし、心はまるで青菜に塩のようになりながらも、顔だけゲラゲラ笑っているとは！」。

薬局での薬の注文がひと段落して退屈すると、私は血液バンクを訪れたものだ。緊急処置室に運ぶ血液があれば、積極的に配達を買って出た。運ばれる血液製剤の数やタイプはすべての関係者によって繰り返し確認されるので、私はたっぷり与えられた待ち時間に廊下を行ったり来たりしながら、体内にくすぶっているエネルギーの一部を消耗することができた。

三時から一一時までのシフトに入っている古参スタッフはクロードという男性で、リディアほど古株ではないが、二八歳というのは十分に大人の年齢で、私の目には年長者としての資格を十分備えた人物に映った。クロードは私の知り合いのなかでただひとり服役経験のある人物であるうえに、人畜無害なナイスガイだったので、私はおおいに興味をそそられた。過酷な人生の影響で外見はやつれているが、心に不満を貯めこんでいるようには見えない。おそらく移り気で飽きっぽいのだろう。血液バンクのデスクでの勤務は、病院で間違いなく最も簡単な仕事だと、クロードはとまどいながらも誇らしげに説明してくれた。

クロードによれば、忘れてはいけない作業は血液を溶かし、血液を点検し、血液を廃棄することの三つだけ。各シフトが始まるとまず、クロードは複数のパレットを台車に乗せて運んでくる。どのパレットにも、冷凍血液を詰めたバッグがレンガのようにうず高く積み上げられている。冷凍庫から取り出され、摂氏五度の部屋で解凍されるのだ。そのあと血液は加工されると直ちに冷凍保存され、利用する際にはゆっくり時間をかけて解凍される。こうして血液を移動させることによって、クロードは三回のシフトで利用可能な分量の血液製剤を準備する。そしてあとはカウンターにおよそ七時間座って、誰かが血液の注文を持ってくるのを待ち続ける。持ち出し許可の署名をする前にはかならず、バッグの中身の血液が注文書の指示と矛盾していないかどうか、二重にチェックしなければならず、ときには手術室を呼び出して念入りに点検する。血液のタイプには「少なくとも四種類から六種類」あって、間違ったタイプを送り出すと「命が奪われて血液が無駄になってしまう」と私は説明を受けた。命が奪われれば血液が無駄になると、ふたつの結果を関連づける彼の発想は、私にとって素直に受け入れられるものではなかった。

血漿を詰めてグニャグニャの黄色いバッグの束をクロードが無造作に三等分していく様子を見てい

ると、故郷の町のメインストリートに並ぶ肉屋を思い出さずにはいられなかった。なかでも特に、夕食のお使いを頼まれた私が手渡すメモを見て、ナウアーさんが肉の塊を叩きつけるカウンターの光景が思い浮かんだ。シフトが終わりに近づくとクロードは、解凍しても使われなかった血液を廃棄処分にする。全部で何ガロンもの血液を詰めたバッグは危険物専用のダストシュートに放り込まれ、その日に発生したほかの医療廃棄物と一緒に焼却される。もったいない。そう感じた私は、善意の市民がわざわざ提供してくれた血液を腕にいっぱい抱え、ダンプスターに放り込んでしまうなんて、とても残念だとクロードに語った。

「そんな深刻に考えるなよ。怠け者が食費を稼ぐためにやっているだけなんだから」と説明するクロードの声には思いやりがこもっていた。

血液バンクの男性スタッフは薬局のランナーを口説くことで有名だったから、クロードが私に熱を上げても特にうれしいそぶりは見せなかった。「救急車が何台も到着する音が聞こえたから、きみがここに来るのを期待していたんだ」とある日、私が注文用紙を持っていくと話しかけてきて、画学生のボーイフレンドについて教えてくれとせがんだ。これは架空の人物で、こうして言い寄られたときのために準備しておいたものだ。

「ボーイフレンドがいるのに、なぜここで働いているの」と尋ねる様子からは、男女の関係について間違いなく私よりも深く理解している印象を受けた。芸術家って貧乏なんです。外見は素敵だし、影のある表情は一九四一年のオールスターゲームで打席に立ったテッド・ウィリアムスの写真を連想させるけれど、実像はかけ離れているのと私は説明した。

「ふーん、マリファナを買うためにはきみが必要なんだ」と本気とも皮肉ともつかぬ調子で言われると、架空のボーイフレンドを擁護する反論が思い浮かばず、そのままやり過ごした。

私は午後一一時から午前七時までのシフトが好きで、火曜日と木曜日の午前中は決まって病院に滞在し、薬品を詰めた「点滴バッグ」をまとめて精神病棟に届けるのが習慣になった。バッグの中身はドロペリドールという鎮静剤を含む生理食塩水で、電気けいれん療法のあいだに麻酔薬として使われる。この療法は介護士のなかで「ＥＣＴ」として知られるが、世間一般では「ショック療法」と誤解されている。一週間に二回、患者は早朝に起こされ台車付き担架で運ばれ、自分の順番が回ってくるまで廊下で待機する。やがてひとりずつ静かな部屋に連れていかれ、医師と看護師のチームによって片方の側頭部に電気による刺激を与えられ、バイタルサインが注意深く測定される。この治療のあいだ一貫して、患者は私が持ってきた麻酔薬を投与されるのだ。

したがって、水曜日と金曜日は精神病棟の雰囲気が著しく改善される。体は健康でもそれ以外は死んだような状態だった患者の多くが、起き上がって外出着でおしゃれをするようになる。一瞬だが、私の目を覗き込む患者もいる。対照的に、日曜日と月曜日は病棟の雰囲気が最悪で、患者はベッドに横になったまま体を前後左右に動かしたりかきむしったりするばかり。看護師は有能に見えるが、実際には何の役にも立たない。

二重に鍵をかけた扉を通って精神病棟に初めて足を踏み入れたとき、私は怖気づいた。確かな理由もないのに、このような場所には悪霊がひそんでいて、いつ何時私を襲ってくるかわからないと信じていたのだ。しかし、いったんなかに入ってみると、ここは地球上で最も時間の進み方の遅い場所だった。患者が健常者と異なるのは心に受けた傷で時間が止まってしまった点だけだが、その傷は決して癒えない。精神病棟には大きな痛みが手に触れて感じられそうなほど蔓延しており、ここの空気は外からの訪問者にとって、湿気をたっぷり含んだ夏の空気のように重たく感じられる。ほどなく私は、ここでの課題は自分の身を患者から守ることではなく、患者への無関心を膨らませないことだと悟った。かつて、「二人とも内攻ばかりして、いわば自分で自分の心臓を共食いしているとでもいうか、とにかくその方は、ひどい栄養不良のようなんでね」という第五九章の一節は不可解に思えたが、いまや素直に理解することができた。

病院のラボで仕事を始めて数カ月もすると、私は点滴バッグを作るのがかなり上達し、リディアに後れを取らないばかりか、ときには彼女よりも速く仕上げた。ついにはファーム・ディーの二重のチェックでも作業にエラーは見つからなくなり、すっかり自信をつけた私はほどなく退屈を覚えるようになった。そこで退屈を紛らわすため時間の節約に課題として取り組み、薬の並べ方やテレタイプに向かうまでの歩数の改善に努めた。ほかには、各薬品のラベルに記された名まえについて勉強し、同じ調合薬を毎日必要とする重病患者を覚えた。さらに、希釈液の調合が複雑な小さな点滴バッグの準備も手がけた。これは早産で生まれた赤ん坊のためのもので、ステッカーには通常のようなフルネームではなく、「ジョーンズ男児」「スミス女児」とだけ記されていた。

ときどき、二台目の静かなテレタイプから印刷された「カットスリップ」を手渡されることがあった。これは薬を投与されていた患者の死亡の通知で、薬局への注文が不要になったことを伝えるためのものだ。ファーム・ディーから肩を叩かれカットスリップを手渡されると、私は立ち上がってシンクに向かい、作業の途中だったバッグを「切り裂いて」中身をぶちまけ、帰り道に新しい注文用紙を選んだ。ある日、化学療法で使用される点滴バッグに関して受け取ったカットスリップには、私がたくさんの注文書のなかから習慣的に選び出していた患者の名まえが記されていた。私は作業を中断して周囲を見回した。なぜか、死者に対して素直に敬意を表したい気分になったが、そんな感情はここにはふさわしくなかった。

当初私は、自分が世界でいちばん重要な仕事に取り組んでいると確信していたが、その気持ちは徐々に変化して、空しさを感じるようになった。毎日毎時間、まるでラバの列に載せられた荷物のように階上に運ばれていく薬を調合する作業に、薬局の囚人として延々と取り組むのがいやになってしまった。そんな暗い視点に立つと、病院は病気の患者を閉じ込め、死ぬか、あるいは回復するまで薬を与え続けるだけの場所で、それ以上複雑な使命などないように思えてきた。私は誰かを治療できるわけではない。レシピにしたがって薬を調合し、その結果を待っているだけだった。

そして幻滅が頂点に達したちょうどその頃、世話になっている教授のひとりから、ラボで長期間の作業研究に取り組んでみないかとオファーを受けた。突然私は、学位を取得するまでに必要な資金を保証された。そこで病院の仕事をやめて他人の生命を救うための作業とは縁を切り、自分自身の生命を救うためラボで働き始めることにした。大学を中退し、故郷に戻って男性に肉体を束縛される恐れから、これでようやく解放された。小さな町で結婚式を挙げて子宝に恵まれ、成長した子どもたちに私が挫折した夢の実現を託し、結局は嫌われる運命ともおさらばになった。これから私は大人になるまでの長くて孤独な道のりを、パイオニアとしての不屈の精神で歩み続けるのだ。約束の地など存在しないことはわかっていても、いまよりもすばらしい場所が目的地では待っているのだと信じ続け、希望を捨てずに生きていこう。

病院の人事部に報告したその日、私はリディアと一緒に休憩時間を過ごした。彼女はタバコを吸いながら、「シボレーを買ってはだめよ、女性のドライバーにとって信頼できる車じゃないから」と説明した。本人は常にフォードにこだわっており、まだ一度も故障した経験がなかった。私は一瞬ためらってから、「ここより給料の良い仕事が見つかったので薬局をやめることにしたの」とリディアに報告した。私が病院で働いたのはわずか半年だったが、それでも実態をはっきりと理解することはできた。ここは恐ろしい悪の巣窟で、初対面のときリディアが教えてくれたとおりの場所だったのである。

いつか自分は、やめていく病院よりも大きなラボを持つんだと、私は壮大な未来を思い描いた。私と同じように研究に打ち込めない人材は、いっさい採用しないつもりだ。ちょっぴりうぬぼれていた私は、最後に第一〇章の一節を口にした。結局のところ「どこか他所の屋根の下だったならば、おそらく、私は、ずいぶん悲しい思いをして、その晩、寝に就いたことだろう」。

リディアには私の言葉が聞こえたはずだ。だからそれに対して何も言わず、視線をそらして煙を深く吸い込んだときは意外だった。しばらくすると彼女は灰をトントンと落としてから、車についての話を中断したところから再開した。ふたりとも午後一一時にシフトを終えたあと、私は少し彼女を待ったが、結局は徒歩でアパートに向かった。

晴れて底冷えのする晩で、歩き続ける私の足元で雪がキュッキュッと音を立ててきしんだ。新しい孤独を味わいながら、とぼとぼ歩いて数ブロック進んだ地点で、リディアの車が私の横を通り過ぎていった。そのとき心には、「何か大事なものを失った、何か大事なものが足りないという不幸な感じが、確かに胸の底にあった」という第四四章の一節が思い浮かんだ。リディアひとりを乗せた車のテールライトが橋の向こうに消えていくのを眺めてから、頭を下げて向かい風をよけながら、私は再び家路を歩き続けた。

五　〈最初の根〉

最初に根を張るときのリスクは、ほかとは比べものにならないほど大きい。幸運に恵まれれば、根っこは最終的に水を見つけられるが、真っ先に必要なのは胎児の段階の植物をしっかり固定させることで、周囲の環境に合わせて移動したがる不安定な時期を永久に終わらせなければならない。最初の根っこが伸びていくと、寒さや乾燥や危険の少ない場所に移動したいという（かすかな）希望は、植物にとって完全に潰えてしまう。逃げ出せない状態のまま、霜や日照りや欲深い外敵に直面していかなければならない。だから、まだ小さくて細い根っこの責任は重大だ。今後何年間も何十年間も、いや何世紀も、これから腰を落ち着ける地面に何が起きるのか、推測するチャンスは一度しか与えられない。そのときの光や湿度にもとづいて判断を下し、プログラミングされている情報と照らし合わせたうえで、文字通り地面に突っ込んでいくのだ。

最初の細胞（「胚軸」）が種皮を突き破ってくる瞬間には、あらゆるものがリスクにさらされる。根っこは茎が伸びる前に成長するので、そのあいだ緑色組織は何日間も、場合によっては何週間も、新しい食べものを作ることができない。根を張り巡らせていく作業のため、種子の蓄えは最後の一滴まで使い果たされてしまう。すべてはギャンブルで、負ければ命がなくなる。しかも成功する確率は、一〇〇万分の一よりも小さい。

しかし勝利を収めれば、途方もない報酬がもたらされる。小さな根っこは必要な条件が整うと主根に成長し、土のなかで定着する場所を確保する。それから大きく膨らんで固い土をどんどん砕き、毎日水を吸い上げる作業を何年間も続けるが、その効率の良さは人間が発明したいかなる機械式ポンプもかなわない。主根から枝分かれしていく側根は隣の植物の側根と絡み合い、危険に関する合図を送り合う。ちょうどシナプスを通じてニューロンが情報を伝える仕組みと似ている。この根系全体の表面積は、すべての葉っぱの表面積の合計の一〇〇倍を優に超える。地上部分のすべてを切り取られても、地下に一本の根が無事に残されているかぎり、ほとんどの植物はよみがえる。一度だけでなく、何度でも。

アカシアの木（genus *Acacia*）は精力的で、どの植物よりも深く根を張り巡らす。スエズ運河の工事が始まったとき、掘り起こされた小さなアカシアの木のもじゃもじゃの根っこは、トーマス（二〇〇〇年）によれば一二メートル、スキーン（二〇〇六年）によれば四〇フィート（一二・一九メートル）、レイヴンら（二〇〇五年）によれば三〇メートルも伸びていたという。これらの植物学の教科書の著者たちがスエズ運河の逸話を含めたのは、水力学について教えるためだったと思うが、むしろ私の心には、じめじめした薄暗い世界の妄想が鮮明に残されてしまった。

一八六〇年、地下三〇メートル以上まで掘り進んでくたびれた労働者たちの集団が、生きている根っこを偶然発見した様子を私は心に思い描いた。悪臭を放つ空気のなかで男たちが茫然と立ち尽くし、はるか地上の木をこの根っこが支えていたという事実を徐々に受け入れていく様子が目に浮かんだ。でも実際、この日は労働者だけでなく、アカシアの木のほうも驚きを表現したはずだ。地面にガッチリ食い込んでいる根っこを掘り起こされて驚き、その拍子に分泌されたホルモンが最初は一部の細胞に、最終的にはすべての細胞に行き渡ったことだろう。

地中海と紅海のあいだに新しいルートを創造するために土や岩を掘り起こしていた労働者たちは、大胆な植物がすでに独自のルートを切り開いていたという驚愕の事実を発見した。アカシアの木は地下で土と岩を動かし続け、何年も失敗を繰り返したすえに信じがたい成功を収めたのだ。

一八六〇年のこの瞬間、労働者たちは大きな根っこの周りに集まって、喜びを分かち合って写真でも撮ったことだろう。そして最後に、根っこを半分に切断する光景を私は思い浮かべた。

六　出会い

科学者は、できるかぎり自分の身を自分で守らなければならない。ラボへの私の興味が本物だとわかった担当教授は、そのまま博士号をめざしなさいとアドバイスしてくれた。そこで私は、複数の名門大学への入学を志願した。入学が許可されれば、授業料はむろん、ありがたいことに在学中は家賃や食費が不要になる。連邦政府から資金を提供されたプロジェクトのゴール達成に学位論文が役立つかぎり、科学や工学の分野で博士号の取得をめざす学生はこうした援助を受けられるのが一般的で、言うなれば学生として最低限の生活が保証される。ミネソタ大学から成績優秀者として学士号を授与された翌日、私はレイクストリートの救世軍で冬用の衣類を大量に処分して、ハイアワサ・アベニューを南に進んでミネアポリス・セントポール国際空港へ向かい、そこからサンフランシスコへ飛んだ。そしてバークレーに到着し、私はビルと出会ったと言うよりも、彼と意気投合した。

一九九四年の夏、私は大学院生をサポートするインストラクターとして、カリフォルニアのセントラル・バレー一帯でおこなわれたフィールドトリップの引率を任された。何か物体を地面に落としたときには、それを確認して拾い上げるまでの時間は二〇秒だから、平均的な人は土に二〇秒以上も目を凝らしているところを想像できないだろう。しかし私が受け持ったクラスの生徒は平均的な人間ではない。六週間ずっと毎日、五つから七つの穴を掘っては、そのなかを何時間も覗き込み、野宿をしてから、別の場所に移動して同じ作業を最初からやり直す。すべての穴のあらゆる特徴が複雑な分類法の対象となった。学生たちは自然資源保全局が開発した公式の説明書を使い、植物の根っこが形成した小さな割れ目をひとつひとつ観察し、記録を残す作業に熟達していった。

興味をそそられた溝を調べるとき、学生は六〇〇ページからなる『Keys to Soil Taxonomy（土壌分類の鍵）』を参考にした。小さな電話帳に似ている便利なガイドブックだが、読んで面白い内容とはほど遠い。（おそらく）ウィチタのどこかで、政府お抱えの農学者の委員会がこの本の書き直しと再解釈を命じられ、アラム語のテキストに取り組むかのように、長い時間をかけて延々と作業を続けるのだろう。一九九七年の改訂版の序文には、「低活動性粘土に関する国際委員会」による新しい発見が印象的な文章で綴られている。新しい発見のおかげで改訂版が必要になったが、この改訂版はあくまでも非常措置だという点を強調したうえで、「水中の水分状況に関する国際委員会」が手がけている研究の進捗状況を考えれば、一九九九年までにはさらなる見直しが避けられないだろうと指摘している。しかし一九九四年当時、私たち学生は一九八三年の改訂版をあてがわれ、「灌漑排水に関する国際委員会」がまもなく爆弾を落とすことなど知る由もなく、子どものように何も知らないまま作業に没頭した。

私たちは十数人の学生たちと一緒に溝を掘ってなかに入り、ひしめき合った状態で講義をおこなった。このカリキュラムは、国に雇われた農学者、公務員、国立公園の森林監督官などが、世間から見えない場所で土地管理をいかに実践しているか、学生たちに紹介するために企画されたものだ。土壌に関する記録を作成する訓練の大詰めでは、「最善の利用法」について決定される。それぞれの土壌には「住宅構造」「商業構造」「インフラ」のどれを建設するのが最もふさわしいか判断したうえで、学生たちは「具体的な施設」を提案するのだ。土とにらめっこする状態が四週目に入ると、どの穴に頭を突っ込んでも、こんなところに浄化槽を設置するのは贅沢に思えてしまう。だから頭のなかではきれいに舗装された情景を無理に思い浮かべ、だだっ広い駐車場を想像する。もしかしたらアメリカ合衆国の一部は、このような経過をたどって誕生したのではないだろうか。

一週間ほどすると、ひとりの大学生の存在が気になり始めた。若い頃の（シンガーソングライターの）ジョニー・キャッシュに似ていて、摂氏四〇度を超える暑さのなかでも常にジーンズとレザージャケットを身に着けている。そしてかならず集団の隅からさらに数メートル離れた場所で、自分専用の穴を黙々と掘っていた。このときの実習のリーダーを務める教授は私の論文のアドバイザーでもあったので、私は教授のアシスタントとしてだいたいは裏方の仕事に専念していた。あちこちの穴を訪れては学生たちの進捗状況を確認し、何か質問があれば答えた。私は参加者の名簿に目を通し、知っている名まえをつぎつぎ消去した結果、孤独な学生の名まえがビルであることを突き止めた。そこで、作業の邪魔になることを承知でビルに近づいた。「どう、調子は。何か質問はある？」

ビルは作業から目を上げずに、「いや、平気です」と素っ気なく答え、私の手助けを拒んだ。私はすぐにその場を立ち去り、別のグループの作業を観察し、進捗状況を評価してからいくつかの質問に答えた。

およそ三〇分後、ビルがふたつめの穴を掘っていることに気づいた。ひとつめの穴はきちんと埋められ、表面はきれいにならされている。彼のクリップボードに目を通してみると、土壌の評価は細部までちんと完成されていた。ページの右下の別の欄には、彼の考える次善の回答が記されている。そしてレポートの冒頭では「インフラ」への適性のところがチェックされており、具体的な用途として「少年鑑別所」と几帳面な筆跡で書き加えられていた。

私は穴のそばに立った。そして「金でも探しているの」と冗談を言って、会話の糸口をつかもうとした。

「いや、穴を掘るのが好きなんです。穴に住んでいたから」とビルは、作業の手を休めずに説明した。

さりげない口調からは、その言葉を文字通り解釈してよいことがわかる。「それと、頭の後ろから見られるのは好きじゃないな」とビルは言った。

察しの悪い私はしばらくその場を離れず、ビルが穴を掘る様子を観察し続けた。よく見ていると、シャベルで一度にかき出す土の量が半端ではなく多い。針金のように細い体からは想像できないが、ずいぶん力持ちのようだ。シャベルも変わっている。古い捕鯨用の銛の先端を平たくしたような、言うなれば剣を打ち直して鋤《すき》にしたような印象を受けた。「そのシャベル、どこで手に入れたの」と私は尋ねた。古い石炭置き場の隣の建物の地下には備品置き場があるが、そこから私が運んできたがらくたの山から見つけたのだろうと思った。

「これは僕のものです。実際に使ってみれば、良さがわかりますよ」

「じゃあ、家から持ってきたわけ」と、意外な事実をほほえましく感じた私は自然と笑顔がこぼれた。

「そうです。六週間もほうっておくなんて、もったいないでしょう」

「なるほど」。どうやら私は、明らかに必要とされていないようだ。「何か困ったことや、質問があったら教えてちょうだい」と言ったものの、立ち去りがたくて躊躇していると、ようやくビルは目を上げた。

そしてため息交じりにこう語った。「実は、ひとつ質問があります。あいつら、なぜ何もできないんですか。もう一〇〇個ぐらい穴を観察しているでしょう。ミミズを見つける方法を学ぶのに、どれだけの時間をかけるつもりなのかな」

私は大きくうなずき、肩をすくめた。「目は見えず、耳は聞こえないのよ」

「それってどういう意味です」

私は再び肩をすくめた。「わからないけど、聖書の言葉よ。あなたも知らなくていいわ。誰も知らないのだもの」

ビルは一瞬、怪訝そうな表情を見せたが、私がこれ以上何も言わないことがわかると、安心した様子で穴掘りを再開した。その晩遅く、みんなで一緒に準備したディナーが割り当てられたあと、私はピクニックテーブルにビルと向かい合って座った。彼は生焼きのチキンと奮闘している。「すごい、私には食べられない」と私は自分のプレートを確認しながら話しかけた。

「その気持ちはよくわかるな。でも、お金を払う必要がないんだから、毎晩たくさん食べなくちゃ」

「愚か者は愚かな行為を繰り返す」と私は言って、目の前で十字を切った。

「アーメン」とビルは口いっぱいに肉をほおばりながら言って、セブンアップの缶で私と乾杯した。

このあと、私たちはそれとなくお互いを求め合うようになり、ペアとして行動するほうが、どちらにとっても基本的に快適であることを発見した。ふたりはグループのすみのほうに居場所を見つけた。まだグループの一部ではあるけれど、中心の活動からは外れた場所だ。一緒にいれば言葉をほとんど交わさなくても不自然ではなく、ふたりとも居心地がよかった。

毎晩、私が読書をして何時間も過ごすあいだ、ビルは古いバックナイフの刃についた泥をふき取った。ナイフの刃は、へらのように丸くなっている。粘土質の土壌を掘り返すときにはシャベルよりもナイフのほうが役に立つことを、私に事細かく説明してくれた。

「それ、何の本？」とある晩、彼に尋ねられた。

私はこのとき、ジャン・ジュネの新しい伝記を読んでいた。一九八九年にミネアポリスで戯曲『屏風』の上演を見て以来、すっかり魅力に取りつかれていたのだ。私にとって、ジュネは自然体の作家として完璧な存在だった。執筆という行為を純粋に楽しみ、何かを伝えようと骨を折ることはなく、世間から認められることを期待せず、認められても意に介さない。教育がない分だけ発想は独創的で、何百冊もの本を読んでいるが、無意識にその内容を模倣しているわけではない。ジュネの幼年期を見るかぎり成功とは無縁としか思えないのに、どんな経験が彼の成功を運命づけたのか、何とか突き止めたいと夢中になっていたのである。

「ジャン・ジュネの本よ」と私はおそるおそる答えた。彼の名まえを出すと、ちょっぴり変人に見られることがわかっていたからだ。ビルは何か意見することはなく、なんとなく関心さえ示した。そこで今度は思いきって説明した。「同世代のなかでは図抜けた作家で、豊かで限りない想像力の持ち主だったわ。でも有名になったあとも、本人は自分のレベルの高さに気づかなかったのよ」

それから私は、おおいに解せない点について打ち明けた。「彼は成長期に意味のない犯罪を繰り返したおかげで投獄されて、他人とは異なる倫理観を持つようになったの」。こんなふうに、本について誰かと語り合うのは何て心地よい経験なのだろう。外で新鮮な空気にあたりながら死んだ作家の動機について考えているうちに、いまやあらゆる意味で遠い存在になった家族のことが思い出された。ビルがナイフの泥をこすり落としている様子を眺めていると、母と庭で過ごした夏の日々の情景が思い浮かんだ。

「ジュネは男娼として働き、クライアントの持ち物を略奪し、獄中で本を書いたの」と私は説明を続けた。「ここが変なんだけれど、裕福になってからも彼は店を訪れては、必要もないのに商品をあれこれ盗み出したのよ。パブロ・ピカソが保釈金を払ってくれたおかげで釈放されたこともあったわ……筋が通らない話でしょ」

「いや、いたって筋が通っていると思うな」とビルは反論した。「自分でもわけがわからないまま、とんでもないことをやらかす経験は誰にだってあるじゃない。やらずにはいられないんだ」。そうか、そんな考え方もあるんだ。

「おーい、おふたりさん！　冷たいドリンクはいかが？」と、酔いの回った学生が近づいてきたので、会話は中断された。ギターを抱えているが足取りはおぼつかない。ビールのようなものを持った手を振り回している。田舎で一ケース六ドルで買えるような代物だ。

「いや、やめておく。小便みたいな味なんだろ」とビルは素っ気ない。

私は角の立つビルの発言をフォローした。「ごめんね、私はビールが好きじゃないの。でも、そんなにひどいものには見えないけどねえ」

「そんなやつ、ジャン・ジュネだって盗まないさ」とビルは肩越しにどなった。その言葉に私は笑みがこぼれた。だって、このジョークは私たちふたりだけにしかわからないのだから。

学生たちの小さな集団は体を寄せ合い、何かこそこそ話し合っていたかと思うと、私たちのほうを向いて忍び笑いをした。ビルと私はあきれた表情で見つめ合った。ふたりの関係について周囲の人間が誤解したのはこれが初めてだったと思うが、最後ではなかった。

つぎの一週間は作業中のかんきつ類の果樹園を訪れ、樹木から果実を機械で振り落す方法がたくさんあることを知って驚かされた。包装施設では、女性たちがベルトコンベヤーの前にずらりと並び、青みがかった緑色の果実が収穫され山積みにされている場所から、大きくていびつな球体が一秒につき一〇個の割合で運ばれてくるのを待ち構えていた。この女性たちはレモンを仕分けしていますとガイドから説明されたとき、私たちは困惑の表情を浮かべたに違いない。ベルトコンベヤーで運ばれてくるときに飛び跳ねて大きな音を立てるのだから、この球体はビリヤードのボールだと説明されたほうが納得できるものだった。

ガイドは見学の手順について大声で説明し、この工場がいかにすばらしい職場かおおげさにしゃべり続け、最後は敷地内の住宅施設についての説明で終わった。この小さな町が異様に感じられたのは、その配置のせいだったようだ。やがて私たちは摂氏五度の「熟成室」に案内された。まるで窓のない貨車のようで、硬くて青い果実が床から天井までうず高く積み上げられている。ガイドの説明によれば、今夜のうちに扉は密閉され、エチレンガスが噴霧されるので、なかのレモンは成長を早めて一〇時間で成熟するのだという。確かに隣の部屋に保管されている何千個もの果実はどれもサイズが同じで、どれも皮が完璧な黄色で、まるでプラスチックで作られているようだ。

見学が終わると、私たちは駐車場で時間をつぶした。「ずいぶん退屈な作業なんだな。学校が退屈だなんて文句は言えないね」とビルはレモンの仕分け作業について感想を述べ、冷凍室で冷えた体を温めるためにジャンプを繰り返した。

「ベルトコンベヤーもひどかったわ。私が育った町には、あれが何マイルも続いているの」と私は言いながら手をこすり合わせた。兄が三年生の見学で血だらけの屠殺場を訪れたときに聞かされた話の忌まわしい記憶がよみがえったのだ。「実際、ベルトコンベヤーは組み立てるためじゃなくて、分解するためにあるのよ」

「工場で働いた経験はあるの」

「ううん、私は大学に進学したからラッキーだった。一七歳のとき実家を離れたの」と相手を全面的に信用したい衝動を抑えながら言葉を慎重に選んだ。

「僕は一二歳で実家を離れた。と言っても遠くじゃない。庭に移ったんだ」

それが世界中で最も正常なできごとであるかのように、私は大きくうなずいてから言った。「そのとき、穴で暮らしたわけ？」

「穴というより、地下の要塞だった。カーペットやら電気やら、あらゆるものを持ち込んだんだ」とぶっきらぼうに話すが、その口調にはささやかなプライドが込められていた。

「素敵ね！　でも私はそんな要塞で眠れないと思う」

ビルは肩をすくめた。「僕はアルメニア人なんだ。アルメニア人にとっては、地下がいちばん快適なのさ」

このとき私は気づかなかったが、実は彼はお父さんの過酷な体験についてジョークでさりげなく触れていたのだ。お父さんの幼年時代にアルメニアでは虐殺事件があって、井戸に隠れたお父さんは難を逃れたが、ほかの家族は皆殺しにされてしまった。後に私は、ビルが先祖の亡霊に悩まされながら生きてきたことを知った。亡霊たちに年がら年中追い立てられた結果、彼は何かを築き、計画を立て、蓄え、何よりも生き残ることに常にこだわり続けたのである。

「アルメニアってどこにあるの。場所も知らない」

「ほとんど存在がない。それが問題なのさ」

私は彼の言葉をきちんと理解できなかったが、言葉に込められた重みは感じ取れたので、大きくうなずいた。

フィールドトリップが終わりに近づいたころ、私は翌日の作業に使う装置を準備しているアドバイザーに近づいて提案した。「お願いです。ビルという学生をラボで採用してもらいたいんです」

「いつもひとりでいる、あの変わり者か」

「そうです、このクラスではいちばん優秀で、ラボには欠かせない人材です」

アドバイザーは仕分けしていた装置に視線を戻した。「うーん、どうしてそれがわかるの」

「わかりません、でもそう感じるんです」

いつもと同様、このときもアドバイザーは折れてくれた。「わかった、いいだろう。でも、書類事務はきみがやってくれよ。もうやることが多すぎて、余裕はないんだ。きみが責任を持って、ちゃんと働かせるんだぞ。いいな」

私は感謝の気持ちを込めて大きくうなずいた。未来への希望で胸は躍ったが、その理由はわからなかった。

三日後、フィールドトリップが終わってようやく町に戻ると、私は学生たちを送り届け、それぞれが荷物を抱えて家路についた。最後にビルが残った。夜も更けており、私は彼からリクエストされたBART駅に車を止めた。

私はラボでの仕事について彼に伝えた。「あなたに興味があるかどうかわからなかったけれど、私のラボで働くように段取りはできるの。お金をもらえるし、いろいろと便利じゃない」

ビルは私の提案にすぐには反応せず、視線を落としてしばらく考えこんでから、真面目くさった様子で「わかった」と答えた。

「じゃあ、決まりね」

私はビルが車から降りて別れのあいさつをするのを待っていたが、彼はしばらく座席を離れず、足元をずっと見つめた。やがて視線を上げると、さらに数分間、窓から外を眺めた。何を考えているのか、私にはわからない。

ようやくビルは振り返ると、こう提案した。「ねえ、ラボに行ってみない」

「いま？　これから？」私は新しい友人に微笑みかけた。

すると思いきって決心した様子で「僕にはほかに行くところがないんだ」と打ち明けてくれた。「それに、自分用のシャベルをもう買ってしまったんだ」

このとき何ともおかしなタイミングで、かつて読んだ本の一場面がよみがえった。やはりディケンズだったが、今回は『大いなる遺産』だった。私はエステラとピップが登場する最後の場面について考えた。ふたりは疲労困憊していたが、荒れ果てた屋敷を再建する仕事を任され、殺風景な庭で希望に胸を膨らませていた。このときふたりともつぎに何をすべきかわからなかったけれど、もう決して離ればなれにならないことだけは理解していた。

七　〈葉と成長〉

最初に誕生する葉は新しいアイデアの結晶である。種子は定着したとたんに優先順位をシフトさせ、伸びていくことに全エネルギーを注ぎ込む。ただし種子に蓄えられていたエネルギーは、根を張るためにほとんど使い果たされてしまう。生命を維持するプロセスを進めるためには、是が非でも光を確保しなければならない。森のなかでいちばん小さな植物は、日陰の苦境に立たされながらも自分より背の高いどんな植物より一生懸命働くことを求められる。

胚のなかには子葉が折りたたまれている。二枚の小さな子葉はすでに葉っぱとして完成されており、応急措置として利用される。スペアタイヤでは最寄りのガソリンスタンドまで行くのもおぼつかないのと同じで、小さな葉っぱは十分に機能するわけではない。しかし地上に姿を現すと、ほんのり緑がかった子葉は凍てつく冬の日の朝の古い車のように勢いよく光合成を始める。おおまかな計画にもとづいて植物全体をゆっくりと成長させ、最後は本葉、すなわち本物の葉っぱの創造に取り組む。そして本葉が登場する準備が整うと、仮の存在だった子葉はしおれて役目を終える。子葉は、あとからどんどん作られる葉っぱとは、外見もまったく異なっている。

本葉には遺伝子のパターンが厳密に当てはめられるわけではなく、即興の可能性がほぼ無限に存在する。目を閉じて思い浮かべてみよう。先端に棘のあるヒイラギの葉、星の形をしたカエデの葉、ハート型のツタの葉、三角形のシダの葉、手の指を広げたような形のヤシの葉。あるいは、オークの木について考えてみよう。一本の木にはゆうに一〇万枚の葉がついているが、まったく同じものはたったの一枚も存在しない。実際、ほかの二倍の大きさの葉っぱも見られる。地球上のオークの葉はすべて、大雑把な青写真を共有しており、そこからそれぞれ独自の形で成長していく。

世界中に何十億、いや無数に存在する葉っぱは、あるたったひとつの作業を実行するために設計されたひとつのシンプルなしくみであり、その作業は人類が生きるために欠かせない。葉っぱは糖を作るのだ。命を持たない無機物から糖を作ることができるのは、宇宙広しと言えども植物しかない。あなたが食べものとして摂取する糖はすべて、最初は葉っぱのなかで作られる。脳にブドウ糖が常に提供されなければ、あなたは死んでしまうだろう。強制されれば、肝臓はたんぱく質や脂肪から糖を作ることもできるが、そのたんぱく質や脂肪はそもそも、ほかの動物の体内にあった植物の糖から作られたものだ。人間は葉っぱから逃れられない。いまこの瞬間にもあなたの脳のシナプスでは、葉っぱ由来のエネルギーで葉っぱのことを考えているのだ。

葉っぱには葉脈が網の目状に張り巡らされており、表皮の内側には、葉緑体を持った細胞がびっしり並んでいる。葉脈によって地面から葉っぱまで運ばれてきた水は、光のエネルギーを用いて分解される。こうして水を分解することによって生み出されたエネルギーは、光合成によって作られた糖をつなぎ合わせていく。すると今度は別の葉脈を通じて糖が葉っぱから根っこに運ばれ、そこで直ちに使われる分と長く保存する分とに仕分けされる。

主脈に沿って連なる細胞が細胞分裂を繰り返すことによって、葉っぱは成長していく。細胞分裂を終える時期は、外側の細胞が最終的にそれぞれ独自に決定する。すると今度は側脈が発達を始め、最終的には茎とつながるネットワークが完成し、植物の成長する箇所は上から下へと移っていく。葉っぱの最も大事な部分が完成されると、つぎに植物は下のほうに注目し、根っこを増やすために糖分を送り出すのだ。根っこが増えれば吸収される水の量が増え、その分だけ新しい葉っぱが成長し、たくさんの糖が作られる。こうして四億年のあいだ、同じプロセスが一貫して繰り返されてきた。

ときとして植物は、あっと驚く新しい葉っぱの創造を思いつく。たとえばウチワサボテンの棘は釣り針のように鋭く、カメの硬い皮膚を突き刺すほど丈夫だ。この棘はサボテンの表面の周囲を流れる空気の量を減らすので、水分の蒸発が抑えられる。おまけに、小さな棘は茎を光からさえぎるので、表面には水滴がたまる。実のところ、棘はサボテンの葉っぱで、緑色の部分は茎が拡大して葉っぱのように見えるだけだ。

おそらくこの一千万年のあいだのどこかで植物は新しいアイデアを思いつき、葉っぱを外に広げる代わりに内側に密集させ、今日のウチワサボテンのような棘を形成したのだろう。この新しいアイデアのおかげで、新種の植物は乾燥した場所ではあり得ないほど大きく成長して長生きすることができた。何キロメートルも続く荒涼とした砂漠のなかで、この緑色の植物は唯一の食べものなのだから、これは驚くべき成功として評価できる。ひとつの新しいアイデアのおかげで植物に新しい世界が開かれ、新しい空から甘い糖を作り出すことが可能になった。

八　発見、挫折、希望

科学者としての地位を確立するまでには、気が遠くなるほど長い時間がかかる。この作業は多くのリスクを伴うが、なかでも最もたいへんなのは、真の科学者像を理解したうえで、その目標への第一歩をおそるおそる踏み出すことである。でこぼこ道が舗装道路に変わり、どこかでハイウェイに乗れば、いつか目的地にたどり着けるかもしれない。真の科学者は決められた実験をおこなわない。自分で実験を考案し、まったく新しい知識を生み出す。指示どおりに行動する段階から、自分の行動を自分で決める段階へ移行する時期は、概して博士論文の作成中に当たる。いろいろな意味で、それは学生にとって最も困難であり、最も恐ろしい経験だ。ここで成果を出せずためらっているうちに、博士課程取得プログラムから脱落するケースは多い。

私は科学者になった日、ラボで朝日が昇ってくる瞬間を眺めた。すごい達成感で気分が高揚し、電話をしても迷惑がられない時間になるのが待ち遠しかった。特に相手がいたわけではないが、自分の発見について一刻も早く誰かに伝えたかった。

私は博士号の学位論文で *Celtis occidentalis*（セルティス・オクシデンタリス）をテーマに選んだ。一般にはエノキとして知られる木で、北米のいたる場所でその姿を見かける。バニラアイスクリームのように平凡で、見かけもパッとしない。エノキは北米の原産で、ヨーロッパ人が新世界を征服して数々の災難を引き起こしたあと、その復旧対策として各地の都市に植えられた。

甲虫は、ニューイングランドの対岸の港に新世界での第一歩を記して以来、何百年ものあいだ、人間の船に便乗してヨーロッパからアメリカ合衆国へと海を渡ってきた。一九二八年、大胆不敵な六本脚の昆虫のパイオニアたちが故郷のオランダを離れ、アメリカ大陸に降り立つと、無数の *Ulmus*（ニレ）の木の樹皮の下を住みかに定めた。木に侵入した虫たちは血流（葉脈）に致命的な菌類を直接送り込み、すると木は対抗手段として、維管束系を順々に閉鎖して感染を最小限にとどめようとした。そのため、まだ使われない栄養分を根っこに残したまま、木は徐々に枯れていった。今日でも、ニレ立ち枯れ病はアメリカやカナダで猛威を振るい続け、毎年何万本もの木が命を失っている。これまでの合計は、ゆうに何百万本を越えるだろう。

対照的に、エノキはあまり犠牲にならない。エノキは丈夫で、早霜や秋の干ばつに襲われても、葉っぱをまったく失わないことが観察されている。ニレ属ではあるが、ニレの木がぐんぐん伸びて一八メートルにまで達するのに対し、その半分の九メートル程度までにしか成長しない。周囲の環境から多くを求めるわけでもなく、そんな謙虚な生き方が科学者の注目を集めている。

私がエノキに興味を持ったのは、大きな果実に惹きつけられたからだ。外見はクランベリーに似ているが、手に取って中身を押し出そうとしても岩のように硬い。実のところ、赤みがかったピンク色の皮のすぐ下には種子があって、これはカキの殻よりもさらに硬い。種子は発芽するまでに動物の消化器官を通過し、雨や雪を耐え忍び、容赦ない菌類と戦いを繰り広げて何年も費やすが、この過酷なプロセスでは岩のように硬い構造が役に立つ。どの木も一生のあいだに何百万個もの種子を作るので、発掘調査で掘り起こされた土の堆積物のなかからは、コチコチになったエノキの種子の化石が大量に発見される。こうして化石化した種子を分析すれば、中西部での間氷期の夏の平均気温がわかるのではないかと私は仮説を立てた。

少なくともこの四〇万年のあいだ、氷河は北極から拡大してきては収縮するパターンを、まるで時計のように規則正しく定期的に繰り返してきた。大平原が氷から解放される短い間氷期には、動植物が移動してきて異種交配をおこない、新しい食糧供給源や生息環境が創造された。では、この間氷期の夏はどれくらい暑かったのだろう。今日のように、うだるような暑さだったのだろうか。それとも、雪が降らない程度の気温で、さわやかな毎日だったのだろうか。中西部で暮らした経験があれば、この違いがどれだけ重要なのか理解できると思うが、生活が土地と密着していた大昔の人たちにとって、この違いがいかに重要なものか想像してもらいたい。身にまとうものは動物の皮だけで、食糧供給源となる生き物は移動を繰り返していたのだから、影響は計り知れない。

果肉のなかの種子はどのくらいの気温で化学反応を起こし、化石になるのだろうか。私は学位論文アドバイザーと一緒に、さまざまな可能性を想像してみた。化石化が一定の温度で促されるという理論は斬新だが謎の部分が多く、回答は簡単に得られない。この大きな疑問を解決するためには、実験を積み重ねて小さな作業を順番にこなしていかなければならない。そこで手始めに、エノキの種子がどのように形成され、何から作られているのか正確に理解することにした。

そのために私は、ミネソタ州とサウスダコタ州で観察対象となるエノキの木を数本選び、寒い環境と（比較的）暖かい環境を比較することにした。一年間、定期的に果実を収集し、それをカリフォルニアのラボに持ってきてから、何百個もの果実を紙のように薄くスライスし、顕微鏡で覗いて写真を撮影するのだ。

三五〇倍に拡大した顕微鏡で覗くと、エノキの種子の滑らかな表面はハチの巣のようで、なかには硬くて砕けやすいものがぎっしり詰まっている。まずはこの中身を溶かしてから、あとに残った構造を観察することにした。そこで、少なくともモモの種子を溶かしてしまうことが確認されている酸のなかにエノキの種子を浸してみると、ハニカム構造のなかの詰め物はきれいに溶けて、レースのように白い格子状の足場だけが残された。つぎに、この小さな白い構造物を真空状態で摂氏八〇〇度まで熱すると、二酸化炭素が放出された。ということは、白い格子のなかには何か有機物が含まれているわけで、新たな謎を突き付けられた。

木は種子を作るとき、種子の周囲に細かいネットを張り巡らし、そのネットを骨格で覆ってから、桃の種子と同じ物質をなかにギッシリと詰め込む。こうして厳重に守られていれば、種子が発芽して木に成長し、子孫が九〇世代にわたって続く可能性も高くなる。化石の種子から長期的な気候のデータを手に入れるうえで、骨格を成す白い格子は情報の宝庫になり得る。種子の最も基本的な要素なのだから、その成分を確認すれば研究は大きく前進するはずだ。

ちなみに岩は種類によって形成される方法が異なるが、分解される方法もそれぞれ異なる。それは岩を構成する無機物の種類が異なるからで、どんな無機物で構成されているか確認するためには、サンプルを粉々に砕いてエックス線で撮影しなければならない。たとえば、食塩はどの粒も拡大してみると、完璧な立方体をしている。一粒の塩を細かい粒に砕けば、さらに小さな粒が何百万個もできあがるが、やはり完璧な立方体のままだ。塩の立方体が絶対に崩れないのは、純粋な塩を構成する原子が立方格子を作りながら、際限なく連なり結びついているからだ。結びつきの弱い平面でこの構造が断ち切られても、そこからさらに多くの立方体が生まれ、最小の構成要素に至るまで同じパターンを繰り返す。

実際、無機物は種類によって原子の数とタイプはむろん、原子同士の結びつき方が異なるので、それを確認すれば無機物の正体を突き止めることができる。しかも、形状の違いは粒のレベルでも崩れない。だからゴツゴツと複雑な形をした岩でも、それを構成する小さな粒の形状を確認できれば、どんな無機物から成り立っているのか理解できるのだ。

では、小さな結晶の形を具体的にどのように確認すればよいのだろう。たとえば、海の波が灯台に打ち寄せると、さざ波が海に跳ね返っていくが、このさざ波の大きさと形状には、波と灯台についての情報が含まれている。もしも私たちが波の大きさ、エネルギーとタイミング、進む方向について十分な知識を持っていたら、沖合に停泊させているボートに打ち寄せるさざ波を手がかりにして、灯台の底面が四角いのか丸いのか区別することができる。鉱物の粉末の形状も同じで、エックス線と呼ばれる非常に小さな電磁波が寄せては返したり、回折したりするときに作られるさざ波によって確認することができる。エックス線のフィルムはさざ波の頂点をとらえ、波と波の間隔や波の強さによって、結晶の形状が再現される。

一九九四年の秋、私はエックス線回折研究所の使用許可を申請した。この施設は私のラボと同じキャンパス内にあるが、場所は離れている。エックス線源を数時間使用する許可が得られると、分析作業が待ち遠しく、野球観戦の前日のように胸は期待で膨らんだ。時間がかかることは覚悟していたが、きっと何かが起きる予感がした。

よく考えたすえ、私は機械を使用する時間帯を夜中にしたが、それが最善の選択だという自信はなかった。実は、この研究所にはちょっと苦手な博士研究員がいて、感じの悪さが癇に障った。ちょっとでも視線を向けたり質問したりするだけで、すぐに腹を立てるのだからたまらない。自分の領域にたまたま侵入してきたおかしな女性には、特にそれが露骨だった。私はふたつの選択肢のあいだで悩んだ。昼間に研究所を訪れれば、確実にこの男と顔を合わせるが、周囲の人たちが盾となって私を守ってくれる。一方、夜にはこの場所を独り占めできるが、この男が突然やって来る可能性がないわけではない。しかもやって来たら、私はあっという間に標的にされてしまう。最終的には深夜のシフトを選び、小さなラチェット・レンチを持ち込んだ。不測の事態が発生したとき、実際にそれが身を守ってくれる保証はなかったが、後ろのポケットにレンチの重みを感じるだけで、気持ちは落ち着いた。

私はエックス線回折研究所に到着すると、カウンタートップの上にガラスのサンプルスライドを置いて、それをエポキシ樹脂で固定してから、エノキの種子を砕いた粉末をそこに振りかけた。そしてスライドを回折機のなかに入れてすべてを慎重に配置すると、エックス線源を作動させた。ストリップチャートを準備して、外から見えないインクが途中でなくなりませんようにと祈りをささげ、じっと成り行きを見守った。

研究室での実験がうまくいかないときには、たとえ全力を尽くしても物事が順調に運ばないものだが、逆に、どんなに試しても絶対に失敗しないケースもある。このときエックス線から読み出された値は、測定を何度繰り返しても回折線の角度がまったく同じで、ピークにずれはなかった。

インクが描く軌跡はとがった波がけいれんするように振幅を繰り返すのではないかと私もアドバイザーも予想していたが、そうではなかった。底のほうでずっと停滞していた波がいきなり膨れ上がるパターンで、そこからは、実験対象の鉱物がオパールであることが確認された。私は読み出された情報にじっと目を凝らした。これは私にかぎらず、誰が見てもオパールで、疑いの余地はない。はなまるをつけて、真実だと証言してもよい。グラフを眺めながら、私は感激に浸った。わずか一時間前にはまったくわからなかったことが、いまやはっきり理解できるようになったのだ。これは人生の転機だという現実を、頭は徐々に受け入れていった。

活動の絶えない大学のなかで、この粉末の成分がオパールであることを知っているのは私ひとりしかいない。想像できないほどおおぜいの人たちでいっぱいの広い世界のなかで、私はちっぽけで未熟な存在ではあるが、特別な人間でもあった。独特の遺伝子の集合体であるばかりか、存在そのものが比類のないものだった。なぜなら、私は天地創造についてのささやかな真実を突き止めたのだから。すばらしいものをこの目で見て、その意味を正確に理解したのである。すべてのエノキの種子を厳重に守っている鉱物がオパールだという真実は、誰かに電話するまで私ひとりしか知らない。この発見が世間に公表するだけの価値を持つかどうかは、ここでは問題ではない。それはいつか改めて考えればよい。私は茫然と立ち尽くし、人生の新たな一ページを開いてくれた事実を発見した喜びをかみしめた。どんなに安物のプラスチックのおもちゃでも新品のときにはピカピカしているのと同じで、私の最初の科学的発見は光り輝いていた。

私はこの研究所の人間ではないから、もう何も触れるつもりはなかった。だから立ったまま窓の外に視線を向け、朝日が昇ってくるのを待っていたが、そのうち数滴の涙がほおをつたった。なぜ泣いたのか、理由はわからない。結婚して子どもがいるわけではなかったからか、誰かの娘としての実感がなかったからか。それとも表示された波形の完璧な美しさに胸を打たれたのだろうか。なぜなら、これは私の発見したオパールとして永遠に記録されるのだ。

私は研究に打ち込み、ようやくこの日を迎えた。新しい謎の解明によって、少なくとも自分自身にとっては大事なものの存在を証明した。そして、本当の研究とはどういうものか、ようやく実感することができた。こうして心は充足感で満たされたが、その一方、これは私にとって、人生で最も孤独な瞬間でもあった。科学者としての未来に夢を膨らませながらも、心の奥深くでは、周囲の女性たちと同じ人生を歩むチャンスが永遠に失われた現実を受け入れていた。

これから私は自分のラボのなかで、科学者としての人生を新たに創造していく。実の兄たちよりも親密な男性と、家族同然につき合っていくだろう。彼とは一日のどんな時間にも連絡をとれるし、女友だちと一緒にいるときよりも楽しくうわさ話に花を咲かせることができる。研究に論理的矛盾点が見つかれば、ふたりで一緒に解消に取り組み、相手のおかしな点については遠慮なく指摘し合う。そして、私はつぎの世代の学生を育てなければならない。なかには意欲的な学生もいるし、私の目に狂いがなければ、潜在能力を立派に発揮しそうな逸材もいる。でもこの夜、私は、あふれる涙を手でぬぐった。ほとんどの人にとっては取るに足らないことでなぜ涙が出てくるのだろうと困惑しながら。

窓の外では、暁光がキャンパスを徐々に照らし始めた。いまこの瞬間、こんなにすばらしい夜明けを経験している人間は、世界中でほかに誰もいない。

結局は午前中のうちに、あなたは特別な発見をしたわけではないと伝えられることだろう。先輩の科学者から、あなたの発見は自分の推理と変わらないと言われるはずだ。あなたの観察結果は事実を明らかにしたのではなく、疑問の余地がない仮定の正しさを確認しただけだと説明されるあいだ、私はおとなしく耳を傾けるのだろう。でも、何を言われようと関係ない。宇宙が私ひとりだけに教えてくれた小さな秘密を一瞬でも体験できた喜びに私は圧倒されていた。もしも自分が小さな秘密に値する人間ならば、いつか大きな秘密に値する人間になれるかもしれないことが本能的にわかっていた。

朝焼けがベイエリアの霧をピンク色に染める頃には、私は感傷的な気分を克服し、新しい一日を始めるためラボに戻ることにした。キャンパスに漂うひんやりと冷たい空気は、ユーカリの香りを含んでいる。ユーカリの香りがすると、ああ自分はバークレーにいるのだと思い出すが、早朝のキャンパスはまだ静まり返っている。ラボに入ると、意外にも電気がついていた。ビルが部屋の中央に古い折りたたみ式の椅子を置いて、そこに座って殺風景な壁を見つめながら、小さなトランジスタラジオでトーク番組を聞いていた。

「やあ、マクドナルドの裏のごみ箱で、この椅子を見つけたんだ。まだ使えるみたいだったから」と言いながら、満足そうに椅子を点検している。

ビルがいてくれてよかった。少なくともあと三時間、誰かと話をするまで待たなければならないと覚悟していたのだから。

「いいじゃない。ほかの人が座ってもいいの」

「今日はだめだよ。明日だね。いや、明日もだめかな」

彼の口から飛び出す言葉はどれも、なんだかちょっぴりズレている。

寡黙なスカンジナビア人の本能に逆らって、私は人生の大事件についてビルに話す決心をした。

「ねえ、オパールをエックス線で記録したものを見たことがある？」とグラフの描かれた紙を手に持って尋ねた。

ビルはラジオに手を伸ばし、九ボルトの乾電池を取り出してラジオを消した。スイッチはとっくに昔にこわれていたのだ。ラジオをしまうと、私を見上げてこう言った。「何かが起きる予感がしていたから、ここで座って待っていたんだ。これだったんだね」

＊　＊　＊

エノキの種子にオパールが含まれていることを発見すると、種子のなかでオパールの形成が促されるときの温度を逆算するのがつぎの目標になった。エノキの種子の立方格子はオパールで作られているが、格子の内部には、アラゴナイトという崩れやすい性質の炭酸塩鉱物が詰め込まれている。カタツムリの殻に含まれている鉱物とまったく同じものだ。純粋なアラゴナイトを研究室で沈殿させるのはやさしい。ふたつの過飽和溶液を混ぜ合わせるだけで、雲のなかで霧が凝縮するときのように、透明な混合液のなかで結晶が沈殿していく。この結晶の同位体の化学的構造は温度によって厳密にコントロールされているので、ひとつの結晶の酸素同位体の化学的特性を測定すれば、溶液が混じり合ったときの正確な温度を予測できるわけだ。実際、ラボでの実験は百発百中の成果を挙げたので、疑問の余地はなくなった。そこでつぎは、木のなかでも、そして果実のなかでも同じプロセスが進行し、混合液がアラゴナイトの結晶を形成する可能性について確認する段階に入った。

私の担当教授はこのアイデアを一五ページの助成金申請提案書にまとめ、全米科学財団に売り込んでくれた。査読者はこれを気に入ってくれたので、助成金獲得のための推薦も無事に受けられた。やがて一九九五年の春、私は中西部を再び訪れ、研究対象にふさわしい完璧な木を探し、十分に成長した三本のエノキを選んだ。コロラド州スターリングの近くのサウスプラット川の土手で見つけたもので、私の常宿から車で一日もかからない場所にあった。このときの空は、まさに抜けるような青空だった。その空の下で、川の組成物と夏に熟した果実の組成物を手がかりに、この季節の平均気温を割り出せるという仮説を立てて、実際に成功する自信もあった。私は三本の木に目印のひもを結び、観察を始めた。子どもの誕生を待ち望む父親と同じで、プロセスの進行に自ら関わることはできないが、期待で胸は膨らんだ。ところが、物事は思い通りにならない。この夏のあいだ、この近辺では花が咲いたエノキも実をつけたエノキも一本もなかった。

花が咲かない木ほど、人間の無力さや愚かさを思い知らされるものはない。物事にせよ人間にせよ、自分の思い通りにならない展開に慣れていなかった私は、事態を深刻に受け止め、ローガン郡で唯一の友人と一緒に状況を分析した。バックという名まえの男性で、踏切の近くにある酒場の店員だった。実を言えば、この店に入ったのはビールがほしかったからというよりは、エアコンの効いた場所で涼みたかったからだ。でもバックは私の身分証明書を調べたあと、「年齢のわりに若いじゃない」としぶしぶ認めてくれたので、店でひまつぶしをしてもかまわないという意味に解釈した。木の問題で悩み続ける私を尻目に、ビルはインスタントくじで幸運に恵まれたので、気まずさを感じているようだった。でも、私がくじ引きの統計について講義してあげたことを皮肉って、嫌味を言うような真似はしなかった。

バックは近くの農場で育った。だから、木が花を咲かせない緊急事態に対応してくれるか、少なくとも疑問に答えてくれるはずだと期待して、「でも、なぜ花が咲かないの。なぜ今年はだめなの」と疑問をぶつけた。私は地元の気候に関する記録にもじっくり目を通したが、天気に関して目立った変化は見つからなかった。

「ときどきこんなこともあるさって、このあたりの人間は話すだろうね」と言って同情してくれる顔には、カウボーイらしからぬ厳粛な表情が浮かんでいる。

木は何かサインを送っている、将来のキャリアは白紙に戻る。そう思うと頭はパニック状態になった。解体された豚の頭がベルトコンベヤーで運ばれてくると、ほお肉を切り取る作業を一日に六時間、延々と続ける自分の姿を思い浮かべた。子ども時代の友人の母親は、これを二〇年近く続けてきたのだ。「それじゃあ、答えにならないわ。何か理由があるはずよ」と私は粘った。

「木は理由なんて持たない。自然にそうなるだけさ」とバックは反論した。「実際、何もやらない。木はそこにあるだけさ。いいかい、生きているわけじゃない。あんたともおれとも違うんだ」。そしてついに、バックは愛想を尽かした。私の存在や質問が彼をいらだたせたのだ。

「もうよせよ。ただの木じゃないか」

私は店を出たまま、二度と戻らなかった。

結局、何の成果も挙げられないままカリフォルニアに帰ってきた。「僕ならコンコルドブリッジの向こうまで車を走らせて、一本燃やしてしまうな」とビルは、ラボに備え付けのじょうごを使い、レイズのポテトチップの袋の底からかけらを集めながら言った。「燃えるところをほかの二本に見せて、ほら、花を咲かせる気持ちになったかと尋ねてみるよ」

ビルは私のアドバイザーのラボで欠かせない存在になっていた。毎日午後四時ごろ現れて、本人の気分や私たち研究員のニーズしだいで八時間から一〇時間滞在した。一週間につき一〇時間分の報酬しか受け取っておらず、それが妥当な評価だと納得していたのかは定かでない。でも毎晩一緒に勤務しているあいだ、私が木について何時間も憑かれたように話し続けても、驚くほど満足そうに耳を傾けてくれる。私がコロラドを最後に訪れる前には、空気銃を持参するようにと強く勧めてくれた。午後の数時間、葉っぱや枝にBB弾を打ち込めば気晴らしになるよと言って。

私はせっかくの提案を断った。「私は樹医じゃないけれど、役に立つとは思えないもの」

「いや、気分がスカッとするよ。本当だから」

コロラドで過ごした夏はデータ収集で失敗続きだったが、科学について最も大事なことを教えられた。たとえ世の中を変えたいという希望を持っていても、実験はそのための手段ではないということだ。その年の秋、私は傷を癒しながらも、惨めな結果から立ち直り、より良いゴールを新たに設定した。これからは植物を外側ではなく、内側から研究するつもりだった。植物が行動するときの理由をきちんと解明し、植物の論理的思考を理解するように努めれば、自分の論理にこだわって行き詰まるよりも良い結果が得られるはずだと結論したのである。

過去においても現在においても、地球上に存在するすべての生物種は、単細胞の微生物から巨大な恐竜にいたるまで、デイジーも木も人間も、存続するために達成しなければならない五つの課題を共有している。成長し、繁殖し、改造し、資源を蓄え、身を守らなければならない。このとき二五歳だった私はすでに、かりに自分が繁殖行為に関わるとしても、簡単にはいかないだろうと覚悟していた。生殖能力、資源、時間、欲望、愛情といった要素がすべて正しい形で結びつくことを望むなんて、調子がよすぎる。ほとんどの女性は最終的にこの道を歩んでいくが、自分には想像できなかった。それなのに私はコロラドに滞在中、木が何を実行しないかという点に集中するあまり、何を実行しているのか観察する余裕を失ってしまった。その夏、木にとっては何か優先事項があって、花を咲かせて実をつけるという行為が後回しになったのだろう。私はその優先事項に気づかなかったのである。木は常に何かを実行している。この事実をしっかり確認した私は、問題の解決に一歩近づいた。

これからは新しい思考様式が欠かせない。私は世界を植物と同じ目線で眺め、植物の立場になって、仕組みを解明しなければならない。でも、植物の世界にとって究極の部外者である私が、どれだけ内部に入り込めるだろう。そのためには、人間の世界に植物を当てはめるのではなく、植物の世界に人間を当てはめなければならない。そんな世界観にもとづいた新しい環境科学はどのような形で発展するのか。これまで私はいくつかのラボで働き、すばらしい機械や化学薬品や顕微鏡からたくさんの幸せを与えられたが……これから始まる未知の冒険には、どんなハードサイエンスがふさわしいのだろう。

この風変わりなアプローチは魅力的である一方、「科学的でない」点を指摘されるかもしれない。「植物になるのはどんな気分か」をこれから研究すると話したら、ジョークとして受け取る人もいるだろう。でもなかには、冒険を支持してくれる人たちもいるのではないか。ひたむきに努力すれば、科学の不安定な土台を安定させられるかもしれない。そうなれば、どんなにすばらしいだろう。新しい未来を思い描きながら、私の心はかつてないほどの充足感で満たされた。新しいアイデアを手に入れた私は子葉を捨て去り、ようやく本葉の段階に入った。世界中で成長し続ける苗木と同じように、私も自分という木を大切に育てていこう。

九 〈茎の形成〉

すべての植物は、葉、茎、根の三つの部分から構成される。そして、どの植物の茎も同じように機能する。藁をひとつに束ねたようなもので、内側には小さな導管が走り、根っこからは土壌水を吸い上げ、葉っぱからは砂糖水を根っこに向かって送り出す。木が植物のなかでもユニークな存在なのは、茎が木質部という驚くべき物質で作られていて、ときには九〇メートル以上に成長するからだ。

木質部は強くて軽く、毒性がなく耐候性に優れている。人類の文明は何千年にもわたり、木質部から優れた多目的型の建築材料を作り出してきた。たとえば木製の梁は、鋳鉄の梁と同じぐらい丈夫だが柔軟性に優れ、重さはわずか一〇分の一にすぎない。先端技術を駆使した人工の物体が幅を利かせている今日においても、住宅の建築材料として好まれるのは木を伐採して加工された材木のほうである。アメリカだけでも、この二〇年間に使われた木材をすべてつなぎ合わせると、地球と火星を結ぶ歩道橋ができあがっておつりがくるほどだ。

人間は木の幹を薄く切断し、それを釘でつなぎ合わせて箱の形に仕上げ、そのなかに入って眠る。しかし木は、木質部を別の目的に使う。ほかの植物と戦うために利用するのだ。タンポポからラッパズイセン、シダからイチジク、ジャガイモから松の木にいたるまで、陸で育つすべての植物はふたつの褒美を手に入れることをめざす。空からの光と地下からの水である。ふたつの植物同士の戦いは一瞬のうちに終わり、勝者は敗者よりも空高く、地下深くまで成長していく。この戦いで、木質部がいかに大きなアドバンテージになるか考えてほしい。硬いけれども柔軟性に優れ、強いけれども軽い支柱が、葉っぱと根っこをあるときは分割し、あるときは結びつけてくれるおかげで、樹木は四億年以上も勝利を独占してきたのである。

木質部は静的かつ実用的な化合物で、いったん形成されると、不活性な組織として未来永劫存続する。木の中心（「心材」）からは放射組織の細胞ネットワークが、木部、師部、形成層と順番に外側へ広がっている。そして形成層は、樹皮のすぐ内側に生きた細胞層を形成する。木は新しい層をつぎつぎ形成することによって成長していくのだ。ある層が成長を止めるとそれは木の骨格となる材として残される。木を伐採したときの断面には、幾重もの年輪が確認される。

木の木質部は過去の語り部でもある。輪の数を数えれば木の年齢を確認できるのは、季節が終わるたびに形成層から新しい細胞層が形成されるからだ。ほかにも年輪には貴重な情報がたくさん詰め込まれているが、現時点では科学者がまだ十分に使いこなせない言語で符号化されている。うんと幅の広い年輪は、成長が順調だった良い年や、まだ若い時期を象徴している。遠い場所から馴染みのない花粉が飛来して、成長ホルモンが季節外れに分泌された可能性も考えられる。一方は幅が広く、もう一方は幅が狭い年輪からは、枝が折れたことがわかる。枝が折れると木のバランスが崩れるので、不安定になった樹冠を支えるため、幹の内部で必要な部分の細胞の発達が促される。

木にとって、手足を失うのは原則であって例外ではない。どんな木が作り出す枝もその大半は、十分に大きくならないうちにもぎ取られてしまう。風、稲妻、単なる重力など、だいたいは外部からの力が原因である。回避できない災難は耐え忍ばなければならず、そのために木は計画的な戦略を準備している。枝が失われてから一年以内に木質部では、枝が損傷を受けた部分に該当するところで形成層が健康な細胞層を新たに形成する。それが毎年繰り返されるうちに、表面の傷はすっかり消えてしまう。

ホノルル市のマノアロードとオアフアベニューが交差する場所には、大きなアメリカネムノキ(*Pithecellobium saman*)がそそり立っている。幹の高さは一五メートル以上にも達し、巨大なアーチのように広がった枝はにぎやかな交差点をすっぽり覆い尽くすほどだ。その枝に目を凝らしてみると、野生のランが着生している。パイナップルの先端の形をした、かわいらしい花のかたまりが枝にちょこんと腰かけているようだ。しかも、むきだしの根っこが枝からぶら下がっている。野生化したオウムはレモンライム色の翼を羽ばたかせて花から花へと飛び移りながら、下にいる歩行者に向かって悪態をついている。

熱帯樹の例に漏れずアメリカネムノキは、一年を通じて花を咲かせる。観光客が、有名なマノア・フォールズに向かって谷を進む途中で木の下で足を休めて写真を取っていると、滑らかで糸のように細いピンクや黄色の花びらが、雨のように降り注いでくる。マノアロードとオアフアベニューが交差する場所のアメリカネムノキの写真は、世界各地で制作される豪華な写真集のなかに収められている。美しい花で彩られた、差し渡し七四〇平方メートルの壮大な樹冠を下から見上げた写真は、数えきれないほどたくさん撮影されている。

旅行客から見れば、この木は完璧な姿に成長している。期待ほど成長しなかった木や、手足をもぎ取られて成長がいびつになった木は、観光客から相手にされない。このアメリカネムノキが切り倒されたら、節がいくつ形成されているか数えられるし、この一〇〇年間に何百本もの枝が失われた傷跡を確認することもできるだろう。しかし現在のところ、この木は元気に立っている。こうして立っているかぎり、私たちの目に入るのは立派に成長した枝だけで、失われた枝をなつかしむ気持ちにはなれない。

あなたの家にあるすべての木材は、窓の敷居から家具や梁にいたるまですべて、かつては生きていた木の一部で、広々とした環境で繁殖して躍動感に満ちあふれていた。これらの木材が年輪に対して平行に切り取られていれば、変化に富んだ模様を観察することができる。年輪が描く微妙なラインは、この数年間のできごとについての情報を教えてくれる。それに耳を傾ける方法がわかっていれば、雨がどのように降り、風がどのように吹き、太陽が毎日どのように昇ってきたか、ひとつひとつの年輪は貴重な話を語ってくれる。

十
初めてのラボ

一九九五年の残りの日々は、飛ぶように過ぎていった。学位論文を執筆するために必要な科目をすべて無事に終了し、三時間におよぶ厳しい口述試験にも合格すると、あとに残されたのは実際に論文を書く作業だけになった。私は何時間も下書きに没頭し、タイプで清書するときはテレビをつけて孤独を紛らわせ、短期間で完成させた。そして学位論文を書き終えてまもなく、大学院を無事に修了した。博士号取得のために費やした四年間は、瞬く間に過ぎていった印象だ。男性の同僚の少なくとも二倍は綿密に戦略を立てて積極的に活動しなければならないと覚悟していたので、すでに三年目から教授職のポストへの応募を始め、まだ新しいけれども将来性のある州立大学で働き口を確保した。ジョージア工科大学だ。私の新しいキャリアの幕開けだと、誰もが励ましてくれた。

一九九六年五月、私は華やかな式典で博士号を授与され、同じ場所でビルは学士号を授与された。ふたりとも家族は出席しなかった。ほかの卒業生たちがハグし合って記念撮影を楽しみ、誰もが卒業証書を手に満面の笑みを浮かべているなか、私たちはすみのほうで手持ち無沙汰だった。そんな状態が一時間も続くと、ただで提供されるシャンパンを無理に飲み続けることにも魅力はなくなり、私たちはラボに戻った。そして卒業式のガウンを脱ぐとクシャクシャに丸め、すみのほうに放り出した。それから白衣を着用すると、ようやくすべてが正常に感じられた。まだ宵の口。ようやく九時になったばかりだから、本格的な研究はこれからだ。

この夜は、ガラス管を加工して過ごすことにした。これは私たちにとって、深夜の研究で格好の気晴らしになっていた。およそ三〇本のガラス管を準備して、そのひとつひとつに純度一〇〇パーセントの二酸化炭素の気体を少量入れてから密封するのだ。質量分析計を使うときにこれは欠かせない。これらのガラス管の中身は数値がわかっているから、数値のわからないサンプルと比較すれば実験がはかどる。こうした「リファレンス（対照標準）」づくりは面倒な作業だが、およそ一〇日ごとに繰り返さなければならない。しかも、研究室の舞台裏でおこなわれる多くの作業と同じく、あまり楽しいものではない。それでも非常に大切だから、間違いのないように細心の注意が求められる。

ビルは近くに座り、第一段階として細長いガラス管の一方の先端を溶かした。ガラスを溶かすためにはトーチセットで小さな炎を発生させ、アセチレンガスと純粋な酸素ガスで火に勢いをつける。するとバーベキューグリルが威力を増すときのように、小さな開口部から炎がパッと飛び出してくる。もちろん、顔を背けていなければならない。トーチから発生する炎はとても明るいので、直視すると目を痛めてしまう。ふたりとも色の濃い安全眼鏡をかけていた。

ガラスは室温では硬くて砕けやすいが、高温に熱するとあめ菓子のようにドロドロになってしまう。溶けたガラスは非常に熱く、紙や木が触れれば発火する。皮膚に一滴垂らすだけで、あっという間にやけどになり、骨まで達するとようやく血液によって冷やされる。大学の方針にしたがうなら、私はこんなに危険で高度な任務を大学生に任せるべきではなかった。でもビルは簡単な仕事を教えるとすぐに習得した。つぎに、こわれものの修理を一手に引き受け、最後は予防保守にまで取り組んだ。しかもすべて自発的に。彼はやることがなくて手持ち無沙汰だったから、重要度の高い仕事を任せないのは不当にしか思えなかった。そこでガラス管作りの基本を教えたのである。

その晩作業を続けながら、私はこれからの人生に思いを馳せ、永遠にレファレンス用のガラス管を作り続ける自分の姿を想像した。いま目の前にあるものと同じような測定器の針の動きを眺めている私は小さく縮み、髪は白くなっている。そんな未来について考えると気が滅入ったが、同時にほっとする部分もあった。ひとつだけ確実なことがあったからだ。それは研究に没頭する以外の自分は想像できないということだ。

やがて白昼夢から覚めると、私は液体窒素トラップから測定器へと視線を移した。針が水平だから、気体は空っぽになっている。すべての気体はガラス管のなかで液体になり、トラップの内部で冷凍された。私はガラス管を溶かしてから閉じて密閉した。これで凍った中身が溶けていくあいだ、溶けたガラスはゆっくり冷えていく。

振り返ると、ビルはガラス管作りに没頭している。「ラジオをつける？」と私は陰謀でも打ち明けるかのように誘いかけ、余分な雑音で退屈さを紛らわせる絶好のチャンスを提供した。ラボでは原則として音楽が禁じられており、危険で難しい作業のあいだは特に徹底されている。ひとつひとつの動作が身の安全と成功に大きく関わっているときには、脳のあらゆる部分が進行中の作業に集中するべきで、それを妨害するものの存在はいっさい許されないことを理解するようにと、私たちは徹底的に教えられてきた。

「いいね。でも、NPR（ナショナル・パブリック・ラジオ）だけはごめんだよ。地図で確認もできないような場所で漁師がどんな苦境に立たされているかなんて聞かされたら、作業がはかどらない。自分だって十分に問題を抱えているんだから」

うん、わかると言いたいところだったが、あえてコメントを控えた。最近ビルを車で送って薄汚いアパートの前で降ろしたが、そこはオークランドでも治安の悪さで知られる地区の近くだった。だから、本当に彼がホームレスではないとかなり確信はしていたけれど、その場所に良い印象はなかった。私たちはずいぶん一緒の時間を過ごしてきたが、ビルは相変わらず謎めいた部分が多い。長いつき合いから、ドラッグをやったり、授業をさぼったり、道路にごみを投げ捨てるような人物でないことは確かだった。不満はため込んでいそうだけれど、なぜかそれ以上は考えられなかったし、知る由もなかった。

私は安全眼鏡を外してステレオの後ろに回り、AMラジオのトークショーに周波を合わせ始めた。これならしばらく楽しい時間を過ごせるはずだ。スイッチがこわれているのでチューニングのメカニズムが働かず、ダイアルを動かして調整しなければならない。このとき最後に記憶しているのは、信じられないほど大きな音がドカンと聞こえたことだ。誰かが頭のなかでかんしゃく玉を破裂させたような感じで、そのあと五分間は何も聞こえなかった。まったく。自分の呼吸も、建物の空調システムが唸りを上げる音も、頭のなかで血液が脈打っている音も、何も耳に入らなかった。

私は恐ろしくなって立ち上がった。ついさっきまで作業をしていた場所に視線を向けると、ガラスの破片が散乱している。ラボを見回したが、自分以外には誰の姿も見えない。ビルがいない。私はパニックに襲われ、彼の名まえを大声で呼んだ。でも自分の叫び声が聞こえず、パニックはさらに募った。そのとき、ビルの頭がカウンターの向こうからゆっくり現れた。目を皿のように見開き、私に視線を向けている。弾丸が発射されたような音が至近距離で聞こえると、机の下に飛び込んで、名まえを呼ぶ私の声が聞こえるまでうずくまっていたのだ。

突然、私は事態を呑み込めた。ガラス管のなかに二酸化炭素を必要以上に詰め込みすぎたのだ。ぼんやり白昼夢を見ているあいだに一分間長く放置したため、ガラス管の許容範囲をはるかに超える量の気体が閉じ込められてしまったのである。私がガラス管を密閉したあと、凍結した気体は温められ、急速に拡大してパイプ爆弾のように爆発した。しかも、ビルが備蓄していたほかのガラス管にまで被害はおよび、数日間の労作は粉々に砕け、ガラスの破片が部屋じゅうにまき散らされてしまった。

ガラスの小さな破片はラジオの裏側にまで無数に飛び散っていたが、なかにはそれほど小さくない破片もある。そしてステレオは、私の顔を奇跡的に爆発から守ってくれた。目当てのラジオ局を探す作業に没頭していなければ、私の目は確実にガラスの直撃を受けていただろう。この部屋の何もかもが爆発するのではないかと、私はわけもなく不安に襲われ、夢中で周囲を見回した。そして、ガラスはすべて割れてしまったが、身の安全を確保できたことをようやく理解した。聴力が徐々に回復してくると、今度は耳が猛烈に痛くなってきた。まるで外耳道が破れて出血でもしているかのようで、ささやき声を聞くだけでも燃えるように熱くなった。

とんでもないことをしてしまったと思ってから、なぜこんなことをしたのだろうと考えた。もうだめ、最悪だ。

ビルはトーチを消してから、部屋のあちこちを計画的に点検してまわり、すべてのプラグを抜いた。私は茫然と立ち尽くしたまま、すっかり途方に暮れた。ガラス管と一緒に、自分の全世界が爆発してしまったような気分だった。科学者はこんな真似をしない、こんなことをしでかすのは馬鹿だけだと思うと、ビルの目をまともに見ることもできない。

「ねえ、タバコを吸ってもいいかな」とついにビルが沈黙を破った。その口調は驚くほど冷静だったので、目の前の災難を現実とは思えない気持ちがさらに膨らんだ。

私はうなずいて、耳の猛烈な痛さにたじろいだ。

ビルは雨あられのごとく周囲に散乱しているガラスの破片を上手によけて歩きながら、ドアのほうへ向かった。そして、たどり着くと振り返り、「ねえ、おいでよ」と私を誘った。

「私はタバコを吸わないもの」と打ちひしがれた様子で答えた。

ビルはホールのほうへ頭をぐいと向けて、「大丈夫。教えてあげるから」と言った。

私たちは外に出て、テレグラフ・アベニューを数ブロック歩き、縁石に腰を下ろした。ビルはタバコに火を付けた。北カリフォルニアの底冷えのする夜のなかで、Ｔシャツ姿の私たちは寒さに震えた。まわりでは、バークレー周辺での夜の散歩をいつもと同じ顔ぶれが楽しんでいる。歩きながら、夢中で独り言をつぶやいている人たちもいた。

私は両膝を胸に引き寄せて、手の甲を噛み始めた。これは他人には見せないように気をつけてきた習慣だった。通常、ラボでは手袋をはめてしまえばごまかせるが、このときは大きな不安に圧倒されていた。私は右手の指の関節を歯にはさみ、薄いかさぶたが口を開けるまで噛み続けた。口のなかに血の味が広がっていく。破れた皮膚の感触は、私をどんなものよりもやさしく慰めてくれた。なおも歯が骨に達するほど関節のあいだの皮膚を噛み続け、慰めを必死で求めた。数カ月もすれば、私は教員になっている。でもこの晩は、自分は何もできない人間だとしか思えなかった。

ビルはタバコを吸いながら言った。「そう言えば、前足を噛む犬を飼っていたときがあったな」

「お行儀が悪いのはわかっているのよ」と答えながら、私は恥ずかしさでいっぱいになった。そして両手を折りたたむとTシャツの下に押し込み、口から無理やり引き離した。

「いや、利口な犬だったから、まったく気にしなかったね。良い犬に出会ったら、何でも好きなようにさせればいいのさ」。私は立てた両膝の上に頭を置いて、目をぎゅっと閉じた。そしてビルがタバコを吸っているあいだ、何もしゃべらずに時間を過ごした。

ようやくラボに戻ると、事件の痕跡をいっさい残さないように注意しながら、ガラスの破片をきれいに掃除した。真夜中のできごとだったのは幸運だったが、こんな大失態を置き土産に残していくのかと思うと胸が痛んだ。

「ねえ、来年どうするのか決めているの」と、私は掃除をしながらビルに尋ねた。彼が土壌学の学位を優秀な成績で取得したと知っても驚かなかった。それに、私たちの学部は卒業生の面倒見の良さで有名だったから、就職口の確保には困らないだろう。

「ぼくの計画か」と言って、ビルは淡々と話した。「実家の庭にもうひとつ穴を掘って、そこに引っ越す」。私は相槌を打った。「それでタバコを吸う。最後の一本までね」。私は再び相槌を打った。「そのあとは、そうだなあ、手を噛むかな」と言って肩をすくめた。

私は一瞬ためらったが、思い切って話した。「ねえ、アトランタに来ない。私がラボを始めるのを手伝ってくれないかな」と誘ってから、「お金は払うわ。きっと大丈夫」と約束した。

ビルはしばらく考えてから、「あのラジオを持っていける？」と尋ね、裏のごみ箱に捨てるつもりだった安物でボロボロのステレオを指差した。

「うん。持っていきましょう」

＊　＊　＊

二カ月後、私たちは荷物をまとめたが、荷物と言っても、私のピックアップトラックに簡単に収まる程度しかなかった。それから南カリフォルニアに車を走らせ、ビルを実家まで送り届けた。まず私がジョージア工科大学の秋の学期の開始に合わせて引っ越してから、数カ月後にビルが合流する段取りになっていた。

ビルの両親はとても温かくフレンドリーで寛大で、ホストとして私を手厚くもてなしてくれた。そして初対面の瞬間から、しばらく音信不通だった娘と再会するように私を歓迎してくれた。このときお父さんは八〇歳ぐらいで、興味深い話をたくさん聞かせてくれた。彼はフリーの映画制作者として生涯を過ごし、自ら体験したアルメニアの虐殺をテーマにしたドキュメンタリーも手がけた。それは子どものときに家族を襲ったたいまわしいできごとだった。国家芸術基金から定期的に資金援助を受けていたので、映画の制作には家族が総動員された。だからビルも兄弟たちも、過酷な環境のシリアを旅しながら映画スタッフとして働きながら成長したのである。ハリウッド近郊の自宅にはスタジオがあって、そこでフィルムの編集作業がおこなわれた。大きな庭は手入れが行き届いている。お父さんは何でも自分で育ててしまう。我が家の最高のオレンジを食べたらほかのオレンジは食べられないからと、お母さんは自慢げに話した。

訪問の最終日、私はビルのお姉さんの寝室でベッドに横たわって天井を見上げ、未来について考えた。翌朝になったら車をバーストーまで走らせ、そこからインターステート四〇号線に合流し、カリフォルニアを永遠にあとにする。二度と戻らないと知りつつ、慣れ親しみ愛着を抱いたもののいっさいと別れを告げるのは、初めての経験ではなかった。実家を離れて大学に入学したときも、大学を卒業して大学院に進んだときも同じだった。いつも他人には頼らず、ひとりで決めて行動した。でも、今回は違う。新しい場所に相棒と一緒に向かう。私はそれを神様に感謝した。

＊＊＊

一九九六年八月一日、私はジョージア工科大学の助教に任命された。このときまだ二六歳で、右も左もわからない状態だったけれど、身なりも行動も地位にふさわしくしなければならない。一時間の教室での講義の準備に六時間費やすことも多かった。そのあとは、オフィスに座って必要な化学薬品や装置を選んでから注文する贅沢に恵まれ、ギフト・レジストリーから好きなものを選ぶ花嫁のように幸せな気分を味わった。注文の品が届くと地下室に保管したので、ほどなく段ボールが山積みになった。中央のメールルームには郵便箱があって、私宛の荷物が届くと箱には「ヤーレン」という文字が走り書きされた。私は壁に寄りかかり、山積みの荷物を幸せな気分で眺めた。ビルは一月に到着する予定だった。そこから私たちは本格的な準備を始め、カリフォルニアで何度となく語り合った夢の実現をめざす。彼が合流するまで荷物の梱包を解きたくはなかったが、クリスマスの朝を待ちきれない子どものように落ち着かなかった。箱を拾い上げては、カサカサと振ってみて中身を想像する。そして開けようとするが踏みとどまり、元に戻すのだった。

私は一年生に地質学を、三年生に地球化学を教えたが、それは想像以上にたいへんな仕事だった。最初の学期では、宿題に関して学生よりもたくさんの間違いを犯したと思う。そして結局、誰にでもAをあげたがるような、優しくて気前のよい教員をめざすことにした。厳しくするより、そのほうが自分には向いていた。私はほとんどの大学生とたいして年齢差がなかったし、多くの大学院生よりも年下だった。正直、講義は好きになれなかった。私が学んだ重要な事柄はすべて、手作業から得られたものだったのだから。

ただし、講義の義務は忠実にこなした。黒板に方程式を書いて、宿題を出して採点し、生徒からの質問や相談に応じ、最終試験をおこなった。それでも新年は待ちきれなかった。ビルと一緒に、ふたりだけのラボを完成させる作業がようやく始まるのだ。

ビルが到着する日、私はアトランタ空港に予定より一時間も早く車で到着し、手荷物受取所に立って、回転式コンベヤーに視線を釘づけにしていた。とそのとき、なつかしい声が聞こえた。「やあ、ホープ。来たよ」。振り返ると、ビルがふたつ向こうのコンベヤーのところに立っていた。ビルの荷物は重いスーツケースが四つもあって、しかも旧式なのでローラーもストラップも付いていない。

「あら、いたんだ」

私は手荷物受取所を間違えていたのだ。まったくもう！　そう言えば、コンベヤーの番号を確認していなかったことを思い出した。車を駐車した記憶もないが、パーキングビルのチケットを持っているからそれは大丈夫。自分の筆跡でC2と場所が書かれている。私にはこんなことがしょっちゅう起きるので、あちこちで少しずつ時間を無駄にしてしまう。失われた時間を取り戻して失敗を隠そうとすると、事態はますます悪い方向に進んでしまう。心配になって、医師の診察も受けた。医師はちょっと診察してから、働き過ぎですねと告げて、弱い鎮静剤のリフィル処方箋を書いてくれた。

「きみは様子が変わったね」とビルが言った。

その通りだった。あまりよく眠れず、体重もかなり落ちていた。私は常にテンションが高いけれど、今回はいつもと違うように感じられた。

「不安なの。新しいことばかりで」と私は、目を大きく見開いて説明した。「二五〇〇万人以上のアメリカ人が同じ症状に苦しんでいるのよ」と、医師がくれたパンフレットの言葉を引用した。

「大丈夫さ」とビルは周囲を見回して言った。「ここはアトランタだからね。これからどうするの」

「ここは平和のための最後の希望！」と、私は『バビロン5』の冒頭のセリフをSFのナレーションの口調で引用した。私は自分のジョークに笑ったが、ビルは笑わなかった。

私たちは高架道路を横断して駐車場に向かい、車を見つけた。ビルは荷物を後部座席に押し込むと、助手席に乗った。「こんな東まで来たのは初めてだよ。このあたりでもタバコを売っているの？」と尋ねた。

私はマルボロライトライトをひと箱、開封せずに何カ月間もハンドバッグにしまっておいたので、それをビルに手渡した。それから「なかなか馴染めなくて苦労したけれど、このおかげでようやく良くなってきたの」と言って、処方されたロラゼパム錠を見せてから、瓶を振ってガラガラと音を立てた。

「人の好みはさまざまだよ」とビルはつぶやき、タバコに火をつけてから、窓ガラスを開けてマッチを放り投げた。私は煙を間接的に吸い込み、懐かしい臭いで気分が和らいだ。南部では冬が厳しくないことを知って、ビルは喜んだ。私たちは窓を開けたまま、シートベルトを着用せずに車を走らせて環状道路に入ると、地平線の彼方のアトランタをめざした。もうひとりではないと思うと素直にうれしく、心は深い幸福感で満たされた。

しばらくして、ビルをどこへ連れていけばよいのかわからないことに気づいた。そういえば二年半前の夏、フィールドトリップから戻ってきた学生たちを送り届けたときには、彼が最後まで残っていた。

そこで私は提案した。「ねえ、住む場所が決まるまで、うちのソファを寝床にしてくれても大歓迎よ」

「いや、いい。あとで繁華街のどこかに降ろしてくれれば、何とかできるから。それより、早くラボを見たいな」

「わかった。じゃあ、行こうか」

私たちは大学に向かい、ラボのある建物の外に車を止めた。この建物は「旧土木棟」として知られるが、土木課はとっくにもっと良い場所に移っていた。私はビルをエスコートして踊り場を下がって地下に向かい、これから私たちのラボとなる部屋に案内した。鍵を外して扉を開けるとき、私は興奮を抑えきれなかった。

でも扉を開けると、わざわざ見せるほどのものがないという現実を思い知った。五五平方メートルの部屋は窓もなく、訪問者の視点で眺めてみれば、先端技術の粋を集めたまばゆいスペースとはほど遠い。カリフォルニアで何度も思い浮かべ、ビルに説明した環境とは似ても似つかない。

この薄汚い部屋は、これまで乱暴に使われてきたあげく、打ち捨てられたものだ。石膏ボードは小さなくぼみが目立ち、ところどころ亀裂が走っている。電気のスイッチは壁から飛び出し、ぶらぶら垂れ下がっている。電源出力のワイアーはばらばらに崩れ、足元に放り出されている。何もかも白いカビに覆われており、頭上では蛍光灯がチラチラ点滅している。周囲を見回しても、羽目板のあるはずの場所には、かつては接着剤だったと思われる物体が乾いて大きなシミを形作っている。ドラフトチェンバーのあたりは、ホルムアルデヒドが腐ったような悪臭が鼻につく。ドラフトチェンバーは、化学物質を嗅いだり吸い込んだりしないために設置されるのだから、これは良からぬ徴候だった。

ビルを見ると、この不手際のいっさいを謝罪したい気持ちがこみ上げてきた。ツアーはまだ始まったばかりだったが、早くも申し訳なさでいっぱいだった。この程度のもののために、こんな遠い場所まで来てほしいと誘うなんて。バークレーの研究室とは大違いだし、あれだけのものを作れるはずがない。

ビルはコートを脱いで、すみに放り投げた。そして大きく深呼吸すると、両手で頭を押さえて髪の毛を上から下までなぞり、つぎにゆっくりと横に移動させながら、電気の差込口の数を数えた。そしてつぎに、変圧器と電力変換装置に注目した。どちらも部屋のすみに無造作に設置されており、真っ赤な緊急用の遮断装置が取り付けられている。彼はそれを指差して言った。「これはすごいね。二二〇ボルトでも、安定して供給される。質量分析計にはピッタリだ。完璧じゃないの」

私たちが最初に鍵を手渡されたラボはこんな具合だった。ちっぽけで薄汚れた場所だったかもしれないが、とにかく私たちのラボだ。私はビルに感謝した。いつも計画していた理想の姿と目の前のぼろい部屋を比較せず、ありのままに評価して、将来を楽しみにしてくれたのだから。過去の夢と現実には大きな落差があったけれど、彼は私たちの新しい生活を愛する心の準備が整っていた。私もくよくよしている余裕はない。

十一 〈新天地への定着〉

めったにないが、一本の木がふたつの場所に同時に存在することがある。そんな二本の木が一キロ半以上も離れて存在するケースもあるが、それでもまったく同じ生命体だ。一卵性双生児よりも似通っているし、実際のところどこまでも、ひとつひとつの細胞にいたるまで同じに作られている。両方の木を切り倒して年輪を数えてみると、一方のほうがずっと若い。しかしＤＮＡの配列を確認してみると、違いはまったく見られない。なぜなら、どちらもかつては同じ木の一部だったからだ。

ヤナギの木には簡単に恋心を抱いてしまう。豊かな金髪を長く伸ばした優雅な姫君で、植物の世界のラプンツェル【訳注／グリム童話に登場する美少女。髪長姫とも言う】にもたとえられる。ちょうどあなたみたいな人物が現れて相手をしてくれるのを川岸で待っているが、おとぎ話のヒロインのような姿にだまされて、このヤナギは特別な存在だと考えてはいけない。おそらくその可能性はないだろう。上流に向かって歩いていくと、別のヤナギの木を見かける。そしてこの木は、あなたの愛しのヤナギと組成がまったく同じかもしれない。立ち姿も高さも胴回りも異なるが、最初の木と同じように、長年のうちにたくさんの王子を誘惑してきたのだろう。

しかしヤナギの木はラプンツェルというより、シンデレラのほうにずっと似ている。というのも、生涯を通じて姉たちよりも一生懸命働くよう運命づけられているからだ。さまざまな木の成長の割合を科学者が一年かけて比較した有名な研究がある。ヒッコリーやセイヨウトチノキはいきなり大きくなり始めたかと思うと、早くも数週間で成長をやめてしまう。ポプラは成績が良く、まるまる四カ月間成長を続ける。しかし、ヤナギが静かに成長していくペースは、ほかのすべての木を上回っている。秋に日が短くなっても、冬の訪れが近づいても、半年間ずっと成長し続けるのだ。研究対象になったヤナギの木は最終的に、平均すると一年間で一・二メートル成長した。これは最も強力なライバルのほぼ二倍におよぶ。

植物にとって、光は生命に等しい。木が成長するにつれて下の部分の枝は古くなり、上の部分の新しい枝に陽射しをさえぎられ、もはや役目がなくなってしまう。ヤナギはこれらの古い枝を大事に取っておく。太らせて丈夫にしたうえで、付け根の部分の水分を取り除くと、枝はきれいに折れて川に落ちていく。こうして枝は川を運ばれていくが、何百万本もの枝のうちの一本は土手に打ち上げられて地面に定着する。そしてほどなく、まったく同じ木が別の場所で成長するのだ。かつての小枝は思いもよらなかった場所に放り出され、幹として機能していくことを強制される。どのヤナギの木にも、このような形で枝が折れるポイントが一万カ所以上もある。こうして毎年、枝の一〇パーセントを処分していく。数十年のうちには、そのうちの一本、運が良ければ二本が川下で根を張って、まったく同じ遺伝子を共有するドッペルゲンガー【訳注／本人の分身】に成長するのである。

地球上に生き残っている最も古い植物の科は *Equisetum*、すなわちトクサだ。今日ではおよそ一五の種が残っているが、これらの植物は地球三億九五〇〇万年の歴史を知っている。最初の木が空に向かって伸びていくところも、恐竜が誕生して滅亡していくところも、花が初めて咲いたかと思うと地球を埋め尽くしていったところも、すべて目撃している。ちなみに、*ferrissii* という名まえで知られるトクサは実をつけない雑種なので生殖できないが、ヤナギと同じく、体の一部を切り取って別の場所に定着しながら繁殖していく。大昔から存在し続け、しかも生殖能力を持たないにもかかわらず、*ferrissii* はカリフォルニアからジョージアにかけての一帯で姿を見かける。もしかしたら新天地に赴任した博士と同じような気持ちで、アメリカを横断してきたのだろうか。この博士は創立間もない工科大学にやって来て、モクレンの木やおいしいお茶、じっとりした闇夜に瞬くホタルの歓迎を受けながら、不安に圧倒されている。いや、*Equisetum ferrissii* は違う。生物としての本能にしたがって広い国土を横断し、新天地を見つけると、そこで最善を尽くすことしか考えない。

第Ⅱ部

幹と節

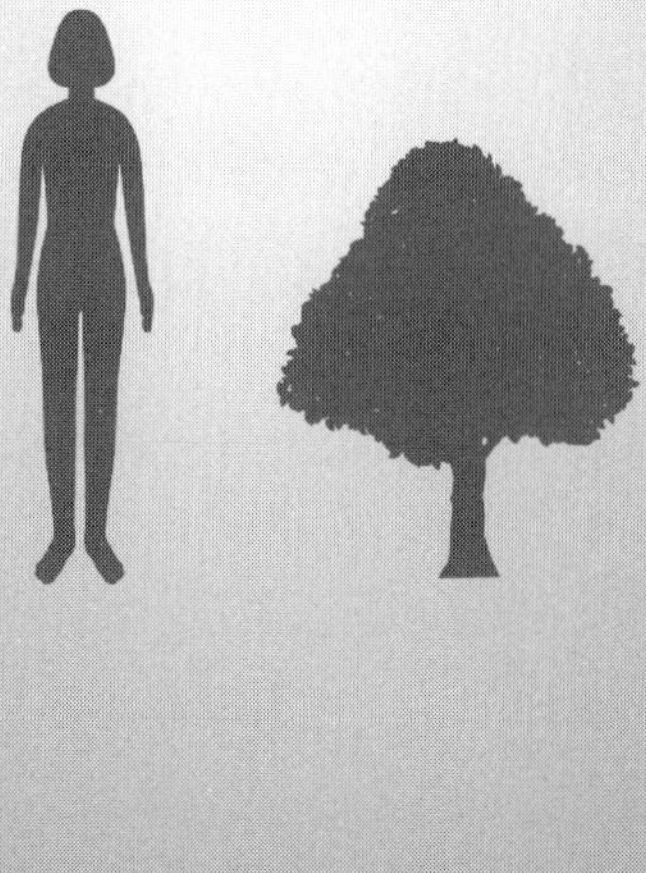

一 〈アメリカ南部〉

アメリカ南部は植物にとってエデンの園である。夏は暑いけれど、それはたいした問題ではない。雨が多く、太陽の光がふんだんに降り注ぐ。冬は寒いというよりは涼しく、気温が氷点下になるときはめったにない。そして、人間にとって息苦しいほどの湿度は、植物にとって生命の酒のようにありがたい。脱水症状になることを気にせず、植物はリラックスした状態で気孔を開き、大気中の水分を吸い取っていく。南部では、ほかとは比べものにならないほどたくさんの植物が全土で成長する。ポプラ、モクレン、オーク、ヒッコリー、クリ、ブナ、アメリカツガ、カエデ、スズカケノキ、モミジバフウ、ミズキ、サッサフラス、ニレ、リンデン、ヌマミズキといった木々がすっくと伸び、背丈の低いエンレイソウ、ボドフィルム、月桂樹、ノブドウが生い茂り、ツタウルシが手に負えないほど繁殖する。落葉樹にとって、冬は葉っぱを落としてゆったりとする時期であり、春に爆発的に成長してドラマを展開する準備を整えていく。二月、南部ではたくさんの葉っぱが芽吹き始め、長い夏があわただしく進むにつれ、その一枚一枚が大きく分厚く成長し、緑は色濃くなっていく。秋にはたくさんの実が熟し、種子があちこちに広がり、最後にすべての葉っぱが落とされ、来る冬に備える。

落ち葉をかき集めて山にしてから観察してみると、どれも茎の基部近くの同じ場所で、きれいに切り取られていることがわかる。落葉は綿密に演出されているのだ。まず、茎と枝の境目に狭く連なった細胞の後ろで、緑色の色素が後退していく。すると、ある日いきなり、列をなしている細胞は水分を失って脆くなり、葉っぱの重みを支えきれなくなる。その結果、葉っぱは枝から切り離されていく。一年間の成果である葉っぱを、木はわずか一週間で処分してしまう。ほとんど袖を通していないけれど、流行遅れでこれ以上は着られないドレスのように投げ捨ててしまう。所持品を処分しても数週間で代わりの品々が手に入る保証があって、一年に一度すべてを惜しげもなく捨てている自分の姿を想像できるだろうか。木がこの世の宝物のいっさいを地面に落とすと、そこに蛾やサビ菌類が集まってきて、腐食作用が直ちに進行する。心の住みかである天国に翌年の宝を蓄える方法について、聖人や殉教者の知恵を総結集したよりも小さな生物たちは多くの知識を持っている。

アメリカ南部で爆発的な勢いで成長するのは植物だけではない。一九九〇年から二〇〇〇年にかけて、ジョージア州で毎年徴収される所得税の総額は二倍以上に増えた。コカコーラ、AT&T、デルタ航空、CNN、ユナイテッド・パーセル・サービス（UPS）をはじめ、何千もの聞き覚えのある企業がアトランタ地域に移転してきたからだ。いまや大企業に勤務する人の数は増え続け、それを教育の面から支える必要性が生じている。そのニーズを満たすための手段である大学に、新たな財源の一部は提供されている。教育機関の建物が雨後のタケノコのように出没し、教員も入学する学生も人数がどんどん増え続けている。一九九〇年代のアトランタからは、あらゆる種類の成長が可能な印象を受けた。

二　愉快なクリスマス

最初の数年間、ビルと私は初めてのヤーレン・ラボの設計を毎晩のようにやり直した。ちょうど、お気に入りの人形のドレスを飽きずに着せ替え続ける少女と同じ情熱で取り組んだ。まずはドライウォールを設置して、スペースをふたつの部屋に分割した。どちらも面積は二七平方メートルにも満たない。つぎに、ふたつの部屋に質量分析計一台、元素分析装置一台、真空ライン四本といった具合に、必要な器具類を詰め込んだ。それから、酸のなかでも特に危険なフッ化水素も使用できるように、排気フードを一新した。カウンターの下とキャビネットの内部にはすべて、スペースを有効活用するための間仕切りをビルが作ってくれたので、必要なものはむろん、それ以上に不要なものを整理するために役立った。

最初から台所事情は苦しく、ビルはそれを前向きに受け止めてくれたが、ふたりとも本能的に無駄遣いを控えた。救世軍に出かけ、研究室のために古いキャンプ用具を、私のオフィスのためにアマチュアが描いた古い絵画を手に入れた。自治体の払い下げ品が保管されている倉庫にも足を運んだ。ジョージア州職員のＩＤカードを持っていれば誰でも、自治体組織が廃棄処分にした古い備品の山のなかから、好きなものを選ぶことができる。私たちはここから35ミリフィルムカメラ四台、謄写版一台、警棒二本を持ち帰った。これからあと五〇年も科学者を続けるとしたら、長いあいだには何が役に立つかわからない。

一年目に当たる一九九七年の一二月初めのある晩のことは、特に記憶に残っている。後にも先にも同じような夜はたくさんあったが、なぜか忘れられない。

「メリークリスマス！　何か変わったことは？」と私は研究室に入りながら大きな声で呼びかけた。ビルは質量分析計の下から頭を持ち上げ、「エルフのことだったら、今日は来なかったよ」と、空気圧縮機の音に負けない大声で叫んだ。おんぼろ車のエンジンをかけるときのような、すごい音が圧縮機から聞こえてくる。「この騒音が続いたら、若いうちに耳が聞こえなくなるよ」とビルは嘆いた。

「ねえ、それでどうしたの。聞かせて」と私はせがんだ。

私たちがエルフと呼んでいるのは、キャンパスの向こう側にある大きくて超多忙なラボの責任者を務める大学院生のことだ。ラボの雰囲気は風変わりで、ビルはここを「サンタのワークショップ」と命名した。なかに入ったとたん、せわしげな学生たちの姿に圧倒される。誰もが研究に没頭しており、あいさつする余裕もない。私たちはこのラボのために気体サンプルの分析をおこなっていたが、それを毎日届けてくるのがエルフだった。

「私たちにただ働きを期待するなら、せめてスケジュールは守ってほしいな」と私は不平をこぼした。

ビルは肩をすくめ、「エルフはこの時期、忙しいんだよ」と言いながら、カレンダーのほうに顎をしゃくった。

「おそらく、研究に打ち込めないのよ。本当は歯医者になりたかったみたいだから」

実のところ私は、エルフについてそれほど気にしているわけではなかった。原稿の改訂版をようやく共著者に引き渡したところで、重荷から解放されていたのだ。「ランチにしない？」と明るい声で誘った。

「いいね」とビルは答え、私たちは顕微鏡室に移動した。ビルは「僕のおごりだからね」と気前がよい。

部屋のすみに置かれたバスケットから私の愛犬、体重三一キログラムのチェサピーク・ベイ・レトリーバーのレバが起き上がり、大きく伸びをした。私を見ると喜んで、尻尾を振りながらゆっくり歩いてくる。「お利口ね、お腹は空いていない？」と、頭のてっぺんの硬い後頭骨を撫でてやりながら語りかけた。私たちは耳が垂れ下がったこの頭を「獣のヒレ」と呼んでいた。

カリフォルニアからジョージアに引っ越すとき、インターステート一五号線から四〇号線に移ろうとしてバーストー近郊で道に迷った。バーストーの東部を南北に走るダゲットロードの近くで私は車を止め、駐車中のＲＶ車に道を尋ねようとしたが、このＲＶ車には、「旅の道連れに子犬を」という貼り紙があった。そこで私はしゃがみ込んで、茶色いイガグリ頭の子犬の集団に向かい、一緒にアトランタに行きたいワンちゃんはいないかなと尋ねた。すると、やせたブチの子犬が真剣なまなざしで近づき、私の膝に上ろうとする。あとから五〇ドルと引き換えに（このときは小切手で支払った）、彼女は晴れて私の犬になったのである。

私と同じくレバは、子犬時代の大半をラボで過ごした。ベンチの下で眠り、クラッカーにツナを載せたディナーのおすそ分けをビルにせがんだ。新しい学生が研究室にやって来るたび、今回の新人はレバに匹敵するほど賢いかどうか、ビルと私は真剣な議論を繰り返したものだ。レバはいつも議論に加わるのを拒んだ。職業倫理に反する私たちの行為にあきれたからか、比較などしても意味はないと思ったからか、あるいはその両方が理由だったのかはわからない。

私はポータブルの小型テレビを戸棚から持ち出し、三台の顕微鏡を脇に寄せて、テレビのためのスペースを確保した。あと数分で午後一一時になると、ジェリー・スプリンガー・ショーが始まる。ポップコーンを電子レンジで温め、ダイエットコーク二本のプルトップを開けた。ビルがマクドナルドの冷凍のチーズバーガーを九個持って入ってきた。三つは私、三つは本人、残りの三つはレバの分だ。キャンパスの食堂が二五セントの特別価格で販売したとき、四〇個ほどまとめ買いしたもので、ありがたいことに解凍しても、物理的性質が大きく変化するわけではなかった。

ビルも私もカリフォルニアを出発するとき、かなり大きな借金を抱えていた。中身は異なるが、同程度にくだらないものを何年も購入し続けた結果だ。だから「本当の仕事」を始めたら、できるかぎり早く返済しようと誓っていた。まもなく、一週間にどれだけ出費を切り詰められるか見当をつけ、それでも生活が成り立つかどうか確かめるため、長期間におよぶ実験を始めた。そして、冷凍食品は私たちが摂取する食事の大きな構成要素になったのである。

私たちはテレビの前に座ってランチを始めた。画面にはおむつだけ身に着けている男性が登場し、憲法修正第一条で保障された権利にもとづいて「アダルトベイビー」としてのライフスタイルは守られるべきだと、哺乳瓶を振り回しながら訴えている。

「いいな。ジェリーの番組に出演するためなら、何でも、、、するつもりよ」と、私はうらやましそうに言った。

「それは以前にも聞いたよ」とビルは、バーガーを頬張りながら言った。画面では、男性が恋人に介護され、おむつをとりかえてパウダーをはたかれている様子がモザイク入りで放映されている。

ランチがすむと後片付けをしてから、私はこう提案した。「ねえ、いいこと考えたわ。今晩は気分転換に、自分たちのサンプルを実験してみない」

ビルは興味を示した。「いいね。でもまず、けだものに外の空気を吸わせてくれよ」。そこで私たちは外に出て、夜空の星を眺めた。ビルはタバコを吸いながら、「これはひと箱で二ドル以上する。給料を上げてほしいな」と不満をこぼした。

大学キャンパスはどこも毎日一晩じゅう明かりが灯されるが、週末には寂しさがクローズアップされる。平日の大学はごった返し、人の出入りが激しいけれど、金曜日の深夜は別の場所のようだ。こんなときは大学を独占することができる。半径八〇キロメートル圏内で働いているのは自分ひとりだと自己満足に浸っているうちに、どんないたずらも許されるような気分になってくる。もちろん金曜日の夜だって、科学は誠実かつ謙虚なリズムで活動を続けるが、そこにちょっぴり遊び心を加えてみたくなる。発見といたずらは表裏一体だと言われるではないか。

「変色したペニー硬貨が、溝のなかでごみに半分隠れている」と、私は空気圧縮機のフィルターを掃除しながらつぶやいた。

「それでノンファットのソイラテを買えるかな。いや、誰かが三ドル八四セントを貸してくれないとだめだね」とビルがあとを続けた。

この一週間、私たちは有機炭素の抽出に取り組んできた。この作業は言葉から受ける印象よりもずっと面白い。およそ二億年のあいだ恐竜は大きな集団で地球を徘徊してきたが、ごく少数は死んでから泥のなかに閉じ込められて化石になった。そして数百年前、モンタナ州で地主がその一部を偶然発見した。恐竜の骨は慎重に発掘され、詳細について記述されてから、特殊な接着剤を使って大昔の姿が再現され、一般公開されるだけでなく、後世のための研究材料として利用されてきた。それにひきかえ、強烈な個性を持たない化石はあまり重宝されないが、それでも大きな重要性を秘めている点は認めなければならない。

化石が閉じ込められている岩の内部には茶色い縞模様が走っているが、それは多くの恐竜と同じ時代に繁殖し、恐竜に食べものや酸素を供給した植物の残骸によって作られた可能性がある。この縞模様には解剖学的にも形態学的にも注目すべきところはないし、写真を取って展示する価値があるわけでもない。しかし、縞模様の部分を分離して光にかざせば、化学的に貴重な情報が得られるかもしれない。

生きている植物は周囲の岩と異なり、炭素を豊富に含んでいる。恐竜の化石が一緒に閉じ込められている岩の茶色い縞模様のなかから炭素をすべて取り出して分離できれば、植物の化石について何か新しいことがわかるのではないだろうか。この炭素の化学的構造は、植物について貴重な情報を教えてくれる可能性がある。縞模様を作った葉っぱの形状はわからなくても、何かがわかるはずだ。

有機炭素を――有機炭素のみを――生命のない岩から解放するためには、サンプルを燃やしているあいだに放出される気体を閉じ込めればよい。液体で化学実験をおこなうときには、一種類の液体が入っているビーカーに別の液体を注いで混合し、それとは別に混合しないものも保持しておく。これに対し、気体で化学実験をおこなうときには、真空ラインと呼ばれるガラスの器具を使う。ちょうど私が何年か前、爆発を起こしたときに使っていた器具に似ている。

真空ラインを操作するのは教会のオルガンを弾くようなものだ。どちらもたくさんのレバーを引いたり、つまみをひねったりしなければならず、しかもそれを正しい順序と正しいタイミングでおこなわなければならない。左右の手は別の作業をこなしながらも、同時に動かしていく。トラップと放出のプロセスは、別々に進行するからだ。一日使ったあとは、真空ラインもオルガンも感謝を込めて片づけ、ていねいに保管しなければならない。どちらも芸術品としての資格を十分に備えている。しかし両者のいちばん大きな違いは、教会のオルガンは使い方を間違えても顔の前で爆発しないことだろう。

「ああもう、こいつは大嫌いだよ！」と言いながらビルは、世界中でいちばん騒々しい空気圧縮機が痰の絡んだ咳のような音をたてはじめると耳をふさいだ。

「気持ちはわかるけど、新品は一二〇〇ドルもするのよ」

「僕たちに借りがある人間がどこかにいないかな。そうだな、サンタにクリスマスレターでも書いてみるか」

「あなたってすごい天才」という私の言葉は文字通りの意味だった。

このときビルが話題にしたのは、（エルフの上司）「プロフェッサー・サンタ」のことで、私たちは彼を利用する機会が増えていた。当時私は影響力のある人物とのコネを作るため、できることにはなりふり構わず挑戦していた。そして、この著名な教授が酸素の化学的性質について発表した出版物の一部を読むと、酸素同位体のトライアル分析の一部を無料で引き受けますと持ちかけたのだ。私たちのデータは「非常に興味深い」と評価され、追加のサンプル作りが決定され、そこからプロジェクトは（その冬から文字通り）雪だるま式に膨れ上がっていった。私たちはサンプルの分析を快く引き受けたが、ベルトコンベヤーの前で鼻歌を歌いながら、木製マレットを使っておこなわれる作業では、増える一方の注文をこなすことができない。数字をかなり過小評価していたのだ。

その冬の初め、私はエルフに個人的なeメールを送り続けた。すべてのサンプルは緑か赤のインクでメモ書きされたラベルによって分類したうえで、銀色のテープで一〇本ずつまとめてから送るよう、ワークショップ全体で手順を徹底させてほしいとお願いしたのだ。そうしているうちにもサンプルは、ビルがジョークのたねにするほど溜まり続け、ようやく相手も私の意見に耳を傾けるようになったのである。

サンプルの記録を調べてみると、「ルドルフ」というユーザーからは無料の分析をおよそ三〇〇回も依頼されていた。よそに頼めば、一回で三〇ドルはかかるはずだ。そこで私たちはサンタさんに手紙を出して、ピカピカの新しい、静かな空気圧縮機をくださいとお願いすることにした。そしてクリスマスの朝に階下へ行ってみると、生体材料焼却炉の真下に大きな赤いリボン結びのついた包みが置かれているところを思い描いた。

「今年は、本当にすごく充実した一年だったという出だしにしよう」とビルは提案した。

「文章は考えてちょうだい。私がレターヘッドを書けば完璧でしょう」。私はこの計画をめいっぱい楽しむつもりだった。

「フロントオフィスにクレヨンはストックされていないかな」とビルは言った。

私がオフィスの備品用キャビネットの鍵を見つけようとして財布を探っていると、ほとんど手を付けていないラズルズキャンディーのパッケージがポケットのなかから見つかった。そこで私は探し物を見つけるのをやめて、「嘘みたいな話だけれど、世界の歴史の大事件が起きたわ」とビルに報告した。私たちは作業を中断して床に座り、キャンディーを分け合った。貴重なオレンジ色をどちらが食べるかで口論になったが、レバには好物のブルー・ラズベリーのキャンディーを迷わず与えた。

五六時間の週末は、時間が際限なく続く印象だった。夜明けには、共同冷蔵庫のすべての中身を独り占めしようと計画した。でも、あとは何も決めていない。さて何をしようか。機械工場の錠前をピッキング用具で開けて、大きなのこぎりやドリルや溶接工具に見とれ、これが自分たち個人の博物館だったらと想像してみようか。あるいは大ホールの投射システムを使って、『第七の封印』【訳注／一九五七年製作のスウェーデン映画】を上映するのもよいかもしれない。考えるだけでワクワクする。この年、世界のどこかには私以上の幸せ者が存在していたかもしれないが、こんなに愉快な夜にはそんなことをとても想像できない。

三　〈菌との共生〉

植物は、目で確認できるよりもはるかに多くの敵に囲まれている。緑の葉っぱは、地球上のほぼすべての生物から食べものとして狙われる。まだ種子の段階、あるいは苗木の段階で、木がすっかり食いつぶされてしまう可能性もある。敵の波状攻撃は絶え間ない脅威になっているが、植物には逃げる術がない。森床の粘土の内部には、すべての植物を――生きているものも死んでいるものも――栄養物と見なす日和見主義者たちが繁殖している。これらのならず者のなかでも、もっともたちが悪いのは菌類だろう。白色腐朽菌と赤色腐朽菌はいたるところに存在しており、特殊な能力を備えた化学物質を持っていることが名まえの由来になっている。これらの菌類は、木のいちばん硬い中心部を腐らせてしまうことができる。四億年の歴史を持つ森はわずかな化石を除き、誕生した場所で分解されて空に返ってゆく。この破壊行為をおこなうのは菌類の仲間で、森の枝や切り株を腐らせることによって気味の悪い生活を成り立たせている。しかしこの同じグループのなかには、樹木にとって最高にして無二の親友も存在している。

キノコが菌類そのものだと思っているとしたら、それはペニスが男性だと信じるのと同じだ。おいしく食べられるものから致死量の毒を含むものまで、すべてのキノコは単なる生殖器官であり、もっと大きくて複雑で目に見えない存在の一部でしかない。キノコが生えている地面の下には細い菌糸が網の目状に張り巡らされている。その範囲は何キロメートルにまでおよび、おびただしい数の土の粒子を包み込み、地下にひとつの景観を作り上げている。地上に姿を見せているキノコの命は短いが、暗くて豊かな地下の世界でそれを支える菌糸は何年も生き続ける。こうした菌類のごく一部――ほんの五〇〇〇種類――は地下深くで、植物とのあいだで長期にわたり休戦を成立させる戦略で臨んでいる。網の目状の菌糸を木の根っこの周囲やあいだに張り巡らせ、幹に水分を吸い上げる作業の一部を負担するのだ。さらに、土壌からマンガン、銅、亜リン酸といった希少金属を掘り出して、賢者の贈り物のように、木に対して貴重なプレゼントをする。

森のはずれは危険な緩衝地帯で、木がこの境を越えて成長していかないのは理由があってのことだ。森の境界からわずか数センチメートル外に出るだけで、水や太陽の恵みはほとんど受けられなくなり、風や寒さが厳しくなるので、木があと一本成長するだけの余裕がなくなってしまう。ただし稀に、森は境界を越えて拡大し、この地域で成長するときがある。数百年に一度の確率で、苗木はこの過酷な空間を征服し、成長するまで苦難の時期を耐え忍んでいくが、このような苗木は地下で共生する菌類で常に厳重に守られている。小さな木はとにかくたくさんの敵に狙われている。菌類のおかげで根っこの機能は通常の二倍に増えているが、それでも安全とは言えない。

ただし代償も伴う。まだ若い時期には、小さな植物が葉っぱで作る糖分のほとんどが、菌類によって根っこから吸収されてしまう。それでも根っこを取り囲む菌糸は、根っこのなかにまで進入してくるわけではない。植物と菌類は物理的に分離され、生きるためには持ちつ持たれつの関係を心がけ、依存し合う。木が十分に成長を遂げ、樹冠の部分で光を吸収できるようになるまで共同作業は途絶えない。

そもそも木と菌類はなぜ一緒にいるのだろう。理由はわからない。菌類はほとんどの場所で単独でも確実に生きていけるのに、簡単に自立できる生き方よりも樹木と共生する道を選んでいる。植物の根っこから栄養価の高いごちそうをたっぷりと、じかに取り込めるように順応している。それに実際、木から提供される濃密な化合物に匹敵する存在は、森のどこにも見つからない。いや、もしかしたら菌類は、共生すれば孤独に苦しまないことを何らかの方法で感じ取っているのかもしれない。

四　学生とのフィールドトリップ

土は不思議な存在だ。自発的に作られたわけではなく、ふたつの異なった世界が結合したすえに誕生した。生物の領域と地質の領域のあいだの緊張から生み出された、自然界のいたずら書きと言ってもよいだろう。

まだカリフォルニアにいるあいだ、ビルと私は地質学の授業の進め方について検討し、かつて自分たちが教えられた方法は採用しないことに決めた。用紙に必要事項を書き込んだりデータを分類したりするだけでなく、土は何を起源としており、いかに形成されたかについて学んでもらいたいと考えた。それには学生たちが土をじかに観察し、手で触れてすくい取り、その場で分類していかなければならない。そのためには適当な場所を選び、土の全体像が現れるまで掘り続けるのがベストだ。隠れている部分をさらけ出せば、土の秘密が白日の下にさらされる。

私たちの身の回りには、生命の存在を具体的に観察できるものがあふれている。緑色の葉っぱ、もぞもぞ動く昆虫、栄養分を吸収する根っこなど、どれも生命が躍動している。一方、地面の奥深くでは、私たちの周囲に連なる丘陵と同じぐらい大昔に冷たく硬い岩が形成され、同じぐらい生命の息吹や躍動感が欠如しており、生きている状態とは言えない。そして、これらの両極端のあいだに物理的に存在するすべてのものは、「土」と呼ばれる。土の最表面の部分には、生命体の影響が最も顕著に現れる。しおれて腐食した植物の残骸が混じり合って形成された暗褐色のスライムが、周囲のあらゆるものに深く浸透している。一方、土の底の部分は岩の遺産に支配されている。長い時間をかけて水が岩を少しずつ溶かし、ペースト状に撹拌しながら、浸水と乾燥のサイクルを際限なく繰り返すので、水に影響されない硬い岩の上にはスラグが形成されていく。その後、スライムとスラグが触れ合うと、ジョージア州南部で車を走らせていると見かけるような、鮮やかな色の縞模様ができあがるときもある。

ビルは土について飽きもせず福音を説く能力に生まれながら恵まれている。神さまから授かった才能を生かしながら、化学的構造や色合いや質感の微妙な特徴を確認していく。穴のなかから観察を続ける職人技は、ほかの人間には真似できない。頭のなかにはさまざまな土についての情報が記憶されており、それを目の前の土と信じられないほど事細かく比べていく。土について語るときにはふだんの遠慮がいっさいなくなる。私は実際、アイリッシュパブで（完全にしらふな状態で）ドラマチックなモノローグを聞かせている姿を何度も見かけた。新しい色の土を発見し、それがスライムとスラグのどんな組み合わせによって形成されたのかを突き止めるのが、研究の醍醐味だと熱弁をふるっていた。

一九九七年の夏、私たちは土の特徴を調べて土壌図を作成する方法を教えるため、五人の学生からなるグループをフィールドトリップに連れ出した。四人はこのときが初めてだが、ひとりはすでに参加経験があった。この学生は毎週私のラボで、何時間もボランティアとして働いていた。ビルはこの青年にしだいに好意を抱き、私も同じ気持ちだったので、野外での研究や研修にはかならず同行してもらうようになっていた。

フィールドトリップで文句を言わせないためには、どの参加者にもひと晩は食事当番をしてもらうのが最善の方法だ。そしてふたりのマスコット的存在の学生は、食事についても熱心だった。何とか良い印象を与えようと、缶詰やら箱やらスパイスを持ち込み、袋いっぱいのジャガイモの皮をむいてから柔らかくなるまで煮込んだ。しかし私たちがようやくキャンプ場に着いたのは午後一一時頃で、それから食事作りは始まった。

たき火でお湯を沸かすまでには気の遠くなるほど長い時間がかかる。だから調理済みのポテトを火から外し、今度は大なべいっぱいの水を火にかけるのを見て私は困惑した。ポテトをフォークで突いて食べるだけでも、私たちの基準では立派なご馳走だったが、彼はポテトをマッシュしたうえで、バックパックから取り出した細挽きの小麦粉をそこに混ぜた。調理のプロセスを最初からやり直されてはたまらない。何を作るつもりなのと尋ねると、「ハンガリアン・ポテト・ダンプリングですよ。おばあちゃんがよく作ってくれたんです。味は保証します」という答えが返ってきた。

ご馳走にありついたときは午前三時になっていた。「ねえ、これからあなたのことは『ダンプリング！』って呼ぶべきね」。ようやく食べる準備が整ったとき、私が大声でそう提案すると、学生の顔はパッと輝いた。プライベートなジョークで教官から親しげにされたことがうれしかったのだ。

「僕は『ダンプリング』なんて呼ばないからね」とビルはスープにかがみ込んで不機嫌そうに言った。疲れているうえにお腹が空いて、そんな気分になれなかったのだ。

暖かい夜で、あたりは静まり返り、暗闇のどこかからカエルの合唱が聞こえてくる。おいしいダンプリングは量がたっぷりで、全員がそれを黙々と食べ続けた。きれいに平らげると、ビルが最初にコメントした。「ごちそうさま、ダンプリング」と、空っぽのボウルを片づけながら真面目くさってお礼を言った。この学生の本名は忘れてしまった。このとき以来、二度と使われなかったからだ。そしてこのとき以来、こんなにおいしいダンプリングを食べたこともなかった。

今回、私たちはアトキンソン郡で穴掘りをおこなっていた。何か注目に値するものがあるようには見えないが、私たちにとっては「ニルヴァーナ」（涅槃）にも等しい。土は絶品で、ほかの四九の州、いや、これまでに訪れた五つの大陸のどこにも、これに匹敵するものはなかったからだ。フィールドトリップでは常に、目当ての場所を車の窓から確認する。たとえばアトランタ南東部近郊のピードモント台地から大西洋に向かってジョージア州を車で横断すると、赤い砂ぼこりが大量に舞い上がる。おそらくこれは、はるか大昔の山が削り取られた残骸だろう。

その年の初め、ハイウェイ八二号線をオーキフェノーキー湿地に向かって走っているとき、やわらかい砂のなかにアンズ色のペンキがばらまかれたような光景が目に入った。当時ビルはタバコをひんぱんに吸っていたので、私たちは車を止めて周囲の景色を観察するのが習慣になっていた。ウィラクーチェーのあたりで車を止めてみると、「ペンキ」の正体がわかった。めずらしい熱帯酸化土壌のなかに錆びた鉄が帯状に走っていたのだ。そこで直ちに、フィールドトリップの目的地にここを含めることにした。

土の観察場所に学生たちと一緒に到着すると、まずはシャベル、つるはし、タープ、ふるい、化学薬品、それに大きな黒板と色チョークを車から降ろす。それから穴掘りを始め、硬い岩にぶつかるまで掘り続けるが、みんなが同じものを観察できるよう、一列に並んで作業を進めていく。穴を十分に深く掘ると、縦から横に掘り進む方向を変え、三人が立っていられるほどの「ピット」を作り、そこから地層の側方連続について評価する。これだけの穴を掘るまでには何時間もかかり、土の粘り気が強かったり水分を大量に含んでいたりすれば、作業に伴う肉体的な疲労は大きい。

ビルと私はワルツを踊るように作業を進める。一方が土を「投げれば」一方がそれを「キャッチする」。ひとりがつるはしを使って地面を砕いているあいだ、もうひとりはシャベルを下に置いて、破片を受け止める。シャベルの土がいっぱいになると、別のものに取り換えられ、最初のシャベルの中身は隅のほうで空けられる。工事現場の穴と違い、掘り返された土は慎重に積み上げられていく。そうすれば、姿を現した土の全体像を正確につかめるからだ。積み上げられた山がつぶされないように気をつけていても、いつでもかならず気の利かない学生が、山の上に立って私たちの作業を見下ろしている。気がつくとすぐ、キャンプ場からシマリスを追い払うように「シッ」と言って注意する。学生に穴掘りのボランティアを頼むと、なかには農家出身のような名人が志願してくるときもあるが、ほとんどの学生は穴掘りをいやがる。かつてはぼんやりと立ったまま、私たちの作業を何時間も眺めていたもので、それを見ているといらだちが募った。いまの学生は横を向いて、こっそり携帯電話をいじっている。

上から下まで新しい土壌が姿を現すと、「ピン」（古い犬釘を明るいオレンジ色に塗ったもの）を持ってきて、層と層の境界と思われる部分にそれを差し込む。ビルと私は太陽の方向について話し合ってから、各ディテールが本物なのか、光が作り出す影にすぎないのか、慎重に議論を重ねる。厄介な裁判で対決する弁護士のように、自分の意見を相手に認めさせようと努力するが、ここには裁判員も退屈した陪審員もいない。

地層の境界はチョコレートバニラケーキのように明確なときもあれば、ピエト・モンドリアンの作品に描かれる正方形のように、端から中央に向かって赤い色が徐々に変化していくときもある。姿を現した土からデータが集められていくが、土壌「層位」の数と位置の確認作業は非常に主観的で、どの科学者も少しずつ異なったスタイルを採用している。たとえば私などは、景観から現代アートを創造するような気持ちで取り組むので、大きな全体像をつかむことを重視して、ルールにしたがってじっくり観察する手間をできるかぎり省く。細部を一括して扱う（ランプ）傾向が強いため、「ランパー（非細分主義者）」に該当する。

一方、ビルなどは印象派の傾向が強く、ひとつひとつの筆の運びに気を配りながら、一貫性のある全体像を作り上げるべきだと考える。細部をさらに細かいカテゴリーに分類（スプリット）する姿勢から、「スプリッター」として知られる。土壌学を正しく研究するためには、スプリッターとランパーを穴のなかに押し込めて議論させ、どちらも満足はできないが正しいと言わざるを得ない結論を導き出すのが唯一の方法だ。好きなようにさせると、ランパーは三時間ほど掘り続け、土壌層位を一〇分で決めてしまい、さっさと作業を切り上げてしまう。一方、スプリッターは大きな穴を掘ってなかに潜り、いつまでも姿を現さない。そんなスプリッターとランパーが対立しながらも協力を強いられ、ようやく良い成果が生み出される。しかし共同作業を通じて優れた土壌図を作成しても、フィールドトリップから戻ったあとはお互いにほとんど口を聞かない。

土壌層位の境界が何とか決定されると、各層からサンプルが取り出されてテントに移される。一連の化学実験によって酸性度、塩の含有量、栄養レベルが確認され、フィールドで調べられた化学的特性のリストを充実させていく。一日の終わりにはすべての情報が黒板に書き記され、グラフや表が作成されてから、目で確認できる特質や化学的特性について話し合い、あらゆる結果を考慮したうえで土の肥沃度について見当をつけていく。「肥沃度」とは何ともおおげさな印象を受けるが、科学者が作り出した言葉のなかでこれほど曖昧なものもないだろう。

理想的なフィールドトリップはおよそ一週間続く。毎日新しい土についての調査結果がひとつずつ書き留められ、およそ一六〇キロメートルを車で移動してつぎの場所へ向かう。五日間かけて八〇〇キロメートルほどの距離を走破すると、時間的にも空間的にも学生は十分に経験を積むので、ひとつの景観のなかでも土にどれだけの多様性があるのか把握できるようになる。しかも、じっくり考えながら発想を広げていくので、土の研究に欠かせない心構えも身に着く。旅の終わりにはこの作業が大好きになるか、あるいはうんざりするか、どちらかになるので、おそらく将来の専攻を決定することもできる。

野外での作業に五日間参加した学生たちは、机に向かって講義を聞かされるよりも貴重で役に立つ経験を得られる。だからビルも私も、合わせて何万キロメートルにもおよぶフィールドトリップをあえて実行してきたのである。

ビルほど我慢強くて面倒見がよく、尊敬に値する教師を私は見たことがない。学生がたったひとつの作業を学ぶためにも、相手が納得できるまで、ときには何時間も一緒につき合う。指導には全身全霊で取り組むので、当然ながら、本に記されている事実を説明するだけでは終わらない。機械の前に立ち、手を使ってどのように動かすかお手本を示し、どうすれば故障し、その場合はどうやって修理すればよいか、ていねいに教えていく。学生たちは何かがうまくいかないときにビルがいなければ午前二時でも呼び出し、もちろん彼は疲れていてもラボに駆けつけ、問題の解決を手伝う。飲み込みの遅い学生がいても、なだめすかして根気強く成功に導こうとする。私ならば我慢できず、劣等生の烙印を押すところだ。

もちろん二〇歳そこそこの学生たちのほとんどは、ビルに手伝ってもらうのは当然の権利だと考えている。結局のところ、彼らの学位論文はビルに支えられている部分が大きいという事実は、ひと握りの学生しか理解していない。そうでありながら、私のラボをクビにされ追い出されたければ、ビルを人前で罵倒するのが最も効果的な方法だ。私にどんな悪態をついてもかまわないが、ビルは学生にとって上司なのだから、それを忘れず敬意を払わなければならない。ビルだって、困った学生ばかりだと文句を言うときはあるが、日にちが変われればそんなことは忘れて助け舟を出してやる。

ジョージア州南部でその日の五時ごろ――厳密にはダンプリングを食べたのと同じ日――私たちは掘り起こした穴を埋めて荷造りをした。そしてガソリンを入れてキャンディーを補充するため、ウェイクロスで車を止めた。ハーシー社のチョコレートバーとスターバーストのどちらがよいか議論していると、そこにダンプリングがやって来てこう言った。「僕はスタッキーを見たくないな。あれはちょっとね。きっとレバもこわがると思うな」

フィールドトリップのあいだには、「骨休め」の時間を確保するのが恒例になっていたが、これまでの恒例になっていた場所をダンプリングは訪問したくなかったのだ。サザンフォーレスト・ワールドという博物館のなかには「スタッキー」という犬の化石が展示されているが、これは名まえから受ける印象よりもユニークな存在だ。その標本のキャプションに書かれた古生物学者の説明によれば、これは「おそらく動物を追いかけて」木を駆け上っているうちに空洞に閉じ込められ、外に出られなくなった犬の死骸の化石だという。木が石化するあいだに犬はミイラと化し、漫画『トムとジェリー』のキャラクターが現実に現れたような姿を永遠にとどめてきたのだ。

私はスタッキーに興味をそそられ、アンティゴネーの墓に入り込むクレオン【訳注／どちらも『オイディプス王』の登場人物】のような姿を想像した。その顔は不満と後悔で大きく歪んでいる。でも言われてみれば、レバはいつでも気味の悪いものに近寄りたがらない。彼女の視点からすると、スタッキーはあわれなイヌ科のヨリック【訳注／どくろのピエロ】で、その臭いをかぐと、広い宇宙のなかで犬が置かれた立場を考えさせられて不愉快になるだろう。あとからごみ収集箱の周辺をうろついている姿を見かけたとき、私はすまない気持ちになって少し反省した。このときレバは、ハイウェイの近くを無警戒に歩いていても目立つように、鮮やかなオレンジ色のオリオールズ【訳注／メジャーリーグのチーム】のＴシャツを着せられていた。

「そうねえ」と私は思案した。「でも、ビルはスタッキーとの対面をすごく楽しみにしているじゃない」

ビルは態度をはっきりさせない。「スタッキーと会うのは楽しみだけれど、きみがギリシャ悲劇についてくどくど話すのをやめてくれたら、考えてもいいよ。最近じゃあ、ずいぶん早い時期から話題にするだろう」

「わかった。じゃあ、代わりにどこへ行きたいの」と私がダンプリングに尋ねると、ビルはこわい顔をした。私が愚かにも決定権を学生に委ねたから、腹を立てたのだ。帰るまでにおこなう物見遊山については、教師が決めることが慣例になっていた。

「いつも看板で見ている場所はどうかな。『モンキージャングル』ってクールじゃないですか」とダンプリングが提案した。

私はリュックをバンに放り込むと、口笛を吹いてレバを呼んだ。「モンキージャングルに決定。さあ、みんな乗って！」

「嘘だろう、ここから八時間だよ」とビルが私を睨みつけるので笑顔で応じると、本気だとわかって運転席に乗り込んだ。

車での移動中は、ビルがかならずハンドルを握る。運転がとても上手で、ハイウェイに合流すると、できるだけ大きなトラックを見つけてその後ろにできるだけ安全な距離を保ちながら付いていく。私は壮大な景色のなかを運転するために必要な忍耐力を持ち合せていないので、ハンドルを握らせてもらえない。運転中は注意散漫になり、アスファルトの道路が実際よりも柔らかく感じられてしまう。むしろ私の仕事はおかしな話を何時間も続けてビルを笑わせることなのだが、時間が経過するにつれてなかなか難しくなっていく。

かつて私は、ビルが時速八〇キロメートルのスピードを忠実に守るのは、同乗している学生たちへの責任感からだと思っていた。しかし彼の愛車遍歴を知ってからは、車が猛スピードを出せることを知らないのが本当の理由だとわかった。それでも、助手席に忍耐強く座っていれば、世界中のどこにでも行けるのだから満足しなければならない。今回はスタッキーをあきらめたのだから、あとはハイウェイを南に進むだけだ。

あと一〇カ所ほど出口を通過すればフロリダとの州境という地点に大きな黒い看板があって、ネオンピンクで書かれた「フルヌード」という文字が目を惹いた。私は何のことかわからず、「どういう意味なの」と声に出した。「バーの看板かな。それともストリップクラブ？　いや、ビデオショップか何かかしら」

「難しいことじゃないさ。ハイウェイを降りたら、出口かその付近に何かフルヌードのものがあるんだよ」

「でも、それって女性かな、男性かな。それともハダカデバネズミとか？　何かと関係があるのかしら。それとも、自分が裸になるチャンスがあるってこと？」と私は声に出して考え続けた。

「おそらく、お人よしの田舎者向けの悪趣味な娯楽ですよ」と、メイソン・ディクソン線よりも南の事柄のいっさいを嘲笑することで有名な学生が言った。

それを受けて、「いいかい。こんな看板を見てすぐにハイウェイを降りようとするやつは、向こうにどんなフルヌードがあるかなんて気にしない。『フル』と『ヌード』という言葉を見たとたん、ブレーキを踏んでまっしぐらさ」とビルが言った。

すると、政治意識の高い大学院生のひとりが割り込んできた。「そういう場所に行くのが男性だって、どうして思い込むんですか」。ビルは頭を振って道路に集中し続けた。答え方しだいでは、質問した学生の株が上がってしまう。

幸い、もっと良い看板がほどなく目に留まった。「モンキージャングルを探検しましょう！　ここでは人間が檻に入り、サルが自由に走り回っています」と私たちに誘いかけている。全員が歓声をあげた。

「サルに近づいてみましょうね」と学生のひとりがうれしそうに提案した。

ビルは肩をすくめた。「さあ、フロリダに到着だ」。ちょうど州境を越えたところには、私たちをサンシャイン・ステートに歓迎してくれる標識があった。これから訪れるアトラクションはマイアミの近くだから、まだ七時間ほど南に車を走らせなければならない。

夜中の一時に駐車場に到着したとき、モンキージャングルの照明は消え、正面の扉のハンドルには重たいリンクチェーンがかけられていて、あまり魅力的な印象を受けなかった。ビルは車を止めるとすぐ外に出て、扉のところの表示をチェックすると、乾燥させた *Nicotiana tabacum*（ニコチアナ・タバクム）を吸った。最近ではタバコのことを、好んでこう表現するようになっていた。袋の口からこぼれ出るおはじきのように威勢よく、学生たちはバンから一斉に降りてきた。なかには本当に転がり落ちてしまった学生もいたが、ほとんどは無事に降り立った。ビルは学生たちの集団のところへ向かい、入口の前の草地の片隅にテントを設営し、午前九時半に開園するまで睡眠をとろうと提案した。

「開店準備の邪魔になれば、誰かが起こしてくれるだろう」

「じゃあ、僕たちは一番乗りだ！」とダンプリングが賛成した。

「そんなに名案だと思わないな。夜が明けたら、サルたちが雄鶏みたいに騒ぎ出さないかしら」と私は言った。

「それはこっちのセリフだよ」とビルがタバコの火を消しながら言った。「きみはいつもサルと寝ているじゃないか」。サルとは、最近私がつきあったり別れたりを繰り返しているボーイフレンドのことで、ローズ奨学生ではなかった。ビルがクーラーを降ろし、私のテントを設営してから自分のテントの準備を始める様子を、私は笑いながら眺めていた。行動から判断するかぎり、彼の発言に悪意は込められていない。そこでクーラーのなかを丹念に調べ、ディナーのメニューについて知恵を絞った。

「どうやら今日のディナーはスティックになりそうね」。食材がほとんど残っていないことがわかり、私はそう宣言した。

「そいつはいいや」と、ビルはテントを記録的な速さで設営してから賛成した。「僕の好物なんだ」という言葉は本心からで、腕いっぱいに薪を抱えてきて火を起こす作業に取りかかった。フィールドトリップの前にはキャンパス内の木工場をかならず訪れ、パルプの容器にする以外は用途のない廃材をもらい受け、バンに積み込むのが習慣になっていた。後には、キャンパスのリサイクリングセンターを訪れ、同じように段ボールをもらい受けるようにもなった。出発してから市街地を離れると、旅のあいだ毎日一本ずつ使用するデュラフレーム社の木炭、それに食糧を適当に購入し、キャンプの準備を整えた気分になった。毎晩これらの材料を使って火を起こすのだが、私はそれを「アンディ・ウォーホルの火」と名づけた。この火を使い、リサイクル可能な材料をつぎつぎと燃やしていく。赤々と燃える炎を眺めていると、いつでも満ち足りた気分になった。その程度の火でも調理できたので、身につけている服の袖に引火することはなく、また、生煮えで冷たいものを食べさせられる心配もなかった。

スティック・ディナーでは、各自がスティックを見つけてきて、それに好きなものを刺し、火を通して調理してからご馳走としていただく。すごくおいしいものを偶然見つけたら、あとからグループの全員に同じものをふるまうか、少なくとも同じものを再現してそれを分け合う努力をするのが唯一のルールだ。今回ダンプリングは絶好調で、半分に切ったコークの缶を使って洋ナシをどこかから失敬し、それを器用に串刺しにした。彼の創作によるハーシーチョコレートをまぶした一品は、もちろんダンプリングを除き、キャンプ料理の最高傑作として誰からも評価された。この夜は誰もが満ち足りた気分で眠りについた。

眠りについてほどなく、私は懐中電灯をこうこうと照らされ、誰かの低い声でいきなり起こされた。そこで頭をテントから出して、「何かお困りですか」と声をかけた。

薄汚れた男性がしどろもどろの釈明をする展開を予想していたパトロールは、清潔で雄弁な女性の登場に当惑しながらも、ここで何をしているのと尋ねた。そこで私はフィールドトリップについて詳しく説明してから、将来有望な学生が束の間の若さが消え去る前に、有名なモンキージャングルを自分の目で見ておきたいと熱望しているので、それを叶えてやるのは教育者としての義務なのだと強調した。

このような状況に置かれたときの常として、今回も胡散臭そうな目を向けていたパトロールは、私がフロリダの土は何てすばらしいのでしょうと語っているうちに、すっかり打ち解けてしまった。数分もすると、ここで就寝中は専門の係員が監視を続けるし、アトランタに出発するときは警護をつけてあげると申し出てくれた。私はそれを丁重に断り、何かあったら路上の公衆電話で911に連絡しますと約束し、いたって良好な関係で別れた。

パトロールがいなくなると、ビルがテントから顔を覗かせた。「おみごとだね。驚いたよ」

私は夜空の星を見上げ、しっとりとした空気を深く吸い込んだ。そして満足した気分で「ねえ、南部はいいところね」と感想を述べた。

南部の州に特有の熱烈な歓迎は翌朝になっても続いた。モンキージャングルの受付で提示した五七ドルは入場料金に足りなかったが、係員は私たちのグループ全員を手招きして入れてくれた。ビルと私のポケットに残っている紙幣は、これが全部だった。モンキージャングルに通じる扉を開けると、たちまち金切声に圧倒された。ここにはさまざまな種類のサルが収容されており、その多くが私たちに注目を向けた。

「すごいや。ラボに入っていくみたいだ」とビルは言って顔を歪めたが、これは偏頭痛が起きる前の徴候だ。

私たちが足を踏み入れた部屋は、実際には複合ビルの内部に作られた非常に大きな中庭で、平均的なＤＭＶ【訳注／アメリカで車両関連を扱う部局】の堂々とした佇まいを髣髴させる。中庭の上には金網が全体に張り巡らされ、ところどころ強化されているように見える。中庭を訪れたホ、モ、サ、ピ、エ、ン、ス、は、金網で仕切られた通路のなかのスペースを歩くことができますと、看板には説明されている。

実際のところ、モンキージャングルは私のラボの分身のようで、考えれば考えるほど似ていることがわかってきた。こちらのほうがスケールはずっと大きいけれど、私たちの研究活動はどれも閉じ込められたサルと大差ない。三匹のジャワ・マカクが何か問題に直面して頭をひねっている。解決できないけれども放棄するわけにもいかず、私たちのほうへ向かってくるのは、答えを提供してもらえると思っているからだろうか。手の白いテナガザルは通路に元気なく横たわっており、眠っているのか死んでいるのか、その中間の状態なのかよくわからない。二匹の小さなリスザルはサミュエル・ベケットの劇を地で行く状況に追い込まれているようだ。お互い、相手に対する依頼心と嫌悪がないまぜになっている。皮肉にもすぐ近くでは、別の二匹のリスザルがいかにも仲良さそうな様子で交流している。

一匹のホエザルが後方の高い木の枝に腰を下ろし、ヨブ記をサル語で悲しげに暗唱しながら、正しい人間が苦しまなければならない理由を説明してほしいと懇願するかのように、繰り返し両腕を持ち上げている。手の赤いシシザルは妄想症に取り付かれ、身をかがめて両手をこすりながら、何やら不吉な結末を計画している。二匹の美しいダイアナモンキーは丁寧に毛づくろいし合っているが、退屈で心ここにあらずといった様子だ。オマキザルのボスは疲れた様子で行きつ戻りつを繰り返しながら、欲望を抑えきれず、空っぽの餌の容器を何度も確認している。ほんの一分前には、レーズンが入っていたはずだった。

「みんなこのなかのどれかのサルにあてはまるわね」と私は声に出して言った。

やがて中庭の向こうにビルの姿が見えた。錆びた衝立だけをはさんで、クモザルと真正面から向き合っている。どちらもヘアスタイルは同じで、七センチほどに伸びた濃い茶色の光沢ある髪の毛が、もじゃもじゃの状態であちこちに飛び跳ねている。身繕いといっても、この二週間で数回かき分けた程度としか思えない。どちらも同じようなもつれ毛に顔を覆われ、しなやかな足はアスリートのように機敏に動く準備が整っているが、猫背の姿勢がそれをほんのわずかだけカモフラージュしている。クモザルの澄んだつぶらな目は大きく見開かれ、ショックから立ち直れない様子が顔の表情からうかがわれた。

ビルとクモザルはどちらも相手の虜になって、自分たちだけの世界に没頭しているようだ。その様子を眺めているうちに、胃のあたりが引きつってきた。これは笑いが爆発する前兆で、いったん始まるとおかしさや面白さが消えても収まらなくなってしまう。

ビルは相手に視線を釘づけにしたまま、ようやく口を開いた。「何だこれ、鏡を覗いているみたいだ」。私は体を折り曲げ、馬鹿笑いが止まらなくなって、最後は助けてと祈る始末だった。

ビルが落ち着いてクモザルと別れると、私たちはジャングルの最後の部屋に入っていった。そこではキングという名まえの大きなゴリラがコンクリートの窪みに座っている。私たち人間が受刑者を独房に収容するときと同じような印象を受ける。キングは一三〇キログラム以上の巨漢をタイルにもたれかからせた姿勢で、片足を使って紙の上にクレヨンを前後に動かしているが、いかにも気乗りしない様子だ。キングを見学する部屋の壁には、完成された「絵画」が何枚も貼りつけられているが、どれも似たようなテクニックが使われている。全部をまとめてみると、驚くほど一貫性のある芸術観が表現されている。

「作品を発表できるだけの気力はあるのね」と私は感想を述べた。

説明書きによれば、ローランドゴリラは生息地のアフリカで密猟から病気まで、重い十字架をいくつも背負っているという。しかし、キングがフロリダで閉じ込められている狭いスペースほど、惨めな場所がコンゴに存在するとは想像できない。ふたつめの説明書きには弁解するように、キングの才能あふれるアートはギフトショップで購入可能で、売り上げの一部は彼の独房の改装と拡張に使われると記されている。キングが拳銃を持っていたら、頭を打ち抜くのは間違いない。でもクレヨンしか持たされていないので、与えられた状況で最善の努力をしているのだろう。学生たちがサルに与えている餌のレーズンがなくなるのを待っているあいだ、私は恵まれた人生について文句を言うのをやめようと心に誓った。

「気の毒なやつが終身的な地位を保証されるのを願うよ」とビルが部屋の向こうから気の毒そうに言った。

「大丈夫よ。終身的な地位に値すると評価されているわ。良い収入源じゃない」

ビルは私のほうを向いて、「ゴリラのことを話しているんじゃないよ」と言った。

ギフトショップをひやかしながら、私たちは最後まで残っていた硬貨をアクリル樹脂の募金箱に入れたが、クレジットカードを使ってキングの作品を購入するのは控えた。「僕に芸術はわからないけれど、自分の好みはわかるさ」とビルは説明して、ディスプレイから関心なさそうに離れていった。

駐車場では学生たちに、今のうちにトイレに行っておきなさいと伝えた。これから長い距離を走らなければならない。待っているあいだ、私は将来自分が昇進した翌日の様子を頭に思い描いた。「私はあなたたちの母親じゃない」と書かれたTシャツを発注し、職場で着用しているところを。

全員がバンに乗り込んでドアが閉められると、私はハイキングブーツを脱いで、ダイエットコークをビルに開けてあげた。「私たちはサルについて学ぶためにモンキージャングルを訪れたけれど、自分自身についてちょっぴり学んだわね」と、私はせいいっぱい教師らしく言った。

「僕なんて、自分自身に会ったんだよ」とビルは、駐車場から車をバックで出すために後ろを振返りながら、ぶつぶつとつぶやいた。

I－95線に合流すると、私はダッシュボードに足を投げ出し、いつものようにグループの時間つぶしのリーダーを務めた。モンキージャングルはサルが支配するジャングルなのか、それともサルのいない、ためのジャングルなのか、言葉の意味についての議論を始めようと思ったが、バックミラーを覗き込んでやめることにした。すでにダンプリングは、赤ん坊のようにすやすや眠っていた。

五　〈落葉と年間予算〉

落葉樹の生涯は年間予算に支配されている。毎年、三月から七月にかけての短期間に、新しい葉っぱをすべて成長させなければならない。その年の割り当てを達成しそこなうと、それまで葉っぱを茂らせていた空間にライバルが侵入してくる。そして、じわじわと足場を奪われ、最後には命を失ってしまう。木が今後一〇年間生き続けるためには、毎年成功を繰り返していくことが唯一の選択肢である。

謙虚でめだたない木について考えてみよう。あなたが街路で見かけるような一本だ。たとえば、観賞用のモミジは高さが街灯と同じぐらいで、森で十分に成長したモミジの堂々とした姿とはかなり違う。高さは四分の一程度しかなく、ずいぶん見劣りするだろう。太陽が真上にあるとき、この小さな木が落とす影は車を一台駐車させるスペース程度だ。でも葉っぱを全部摘み取って、それを地面にきれいに並べてみると、車三台分のスペースが覆い尽くされる。葉っぱを一枚ずつぶら下げているおかげで表面が幾層にも重なり、光は梯子を下りていくように差し込んでいく。見上げれば、どの木も平均すると上の部分の葉っぱのほうが、下のほうの葉っぱよりも小さいことに気づくだろう。これなら風が吹いて上のほうの枝が広がったとき、太陽の光が確実に下のほうまで降り注ぐ。では、もう一度観察してみよう。今度は、樹冠の下の部分の葉っぱのほうが色が濃いことに気づくはずだ。これらの葉っぱは色素の含有量が多いので太陽の光を吸収しやすく、樹冠を通過するうちに弱くなった光線を取り込むために役立つ。木が葉っぱを成長させる際には一枚ずつ予算を割り当て、ほかの葉っぱとの兼ね合いを考慮しなければならない。事業計画が優れていれば樹木は勝利をおさめ、街路で最も大きくなって長寿をまっとうするだろう。でも、この作業は簡単ではないし、安上がりでもない。

小さなモミジの木の葉っぱを全部集めると、重さは一六キログラム程度になる。そこには大気から引き出し、土壌から吸い上げた成分が含まれるが、その作業は数カ月という短期間でおこなわれる。植物は大気から二酸化炭素を取り込み、そこから糖と髄【訳注／茎の中心の柔らかい部分】を作り出す。あなたや私にとって、一六キログラム分のモミジの葉は甘く感じられないが、実際にはショ糖が十分に含まれており、ピーカンパイを三つ作ることができる。いまのところ私には、ピーカンパイほど甘い食べものは考えられない。一方、葉脈に含まれるセルロースからは三〇〇枚ちかくの紙が作られるが、これは本書の原稿をプリントアウトするために使った枚数に匹敵する。

私たちの木の唯一のエネルギー源は太陽だ。光の粒子が葉っぱの色素を刺激すると、それまで飛び交っていた電子が整列して驚くほど長い鎖を形成し、刺激を順々に伝えていく。その結果、生化学的なエネルギーが細胞全体に行き渡り、必要な場所に必要なものが提供される。植物の色素である葉緑素は大きな分子で、スプーンのような形状の中心に一個のマグネシウム原子が配位している。マグネシウム原子は葉緑素にとって貴重な存在で、一六キログラム分の葉っぱに葉緑素がエネルギーを提供するために必要な量は、サプリメントのワンアデイ一四錠に匹敵する。このマグネシウムは岩盤から分解されるもので、そのプロセスはゆっくりしたペースで進行する。マグネシウム、リン、鉄など、木が必要とする微量栄養素の多くは、土壌のごく小さな鉱物粒子のあいだを流れるごく薄い溶液からしか獲得できない。一六キログラム分の葉っぱが必要とする土壌の栄養素のすべてを木が蓄積するためには、土壌から少なくとも三〇キロリットルの水分を吸収してから蒸発させなければならない。これは給水車一台分に相当し、これだけあれば二五人が一年間生きていくことができるが、つぎはいつ雨が降るのかと心配になる量でもある。

＊　＊　＊

高等教育機関に所属する科学者の生涯は三年間の予算によって支配されている。三年ごとに、連邦政府に契約の更新を要請しなければならない。契約で保証される助成金のなかから、雇用するスタッフの給料は支払われる。さらに、実験で使用する材料や装置を購入し、研究の完成に必要な移動のための費用もここから賄われる。概して大学は、新任の理学部の教授の「開業」を支援するため、自由裁量で使える資金を限られた範囲で提供する。言うなれば持参金のようなもので、最初の契約締結を確実にするための支援だ。最初の二、三年のうちに契約の獲得に失敗すれば研究は不可能になり、それまで学んできた成果は無駄になり、終身在職権を得るために必要な奨学金も支給されない。新任の教授がこれから一〇年間にわたって職を確保したければ、成功する以外に選択肢はない。しかも、連邦政府と契約を交わすチャンスは十分にあるわけではないという事実が、状況を複雑にしている。

私が取り組んでいるタイプの科学は、時として「キュリオシティ・ドリヴン・リサーチ」と呼ばれる。好奇心のおもむくまま進められ、研究の結果として市場向けの製品、役に立つ機械、処方可能な薬、強力な兵器など、物理的な利益が直接的にもたらされるわけではないからだ。かりに間接的にもたらされたとしても、それを考案するのは私以外の人間で、時間もかなり経過している。そうなると、国家予算のなかで私の研究の優先順位は低くなる。実際、このような研究に対する金銭的支援を当てにできる大きな機関はひとつしかない。全米科学財団、略してＮＳＦである。

ＮＳＦはアメリカの政府機関で、ここから科学的研究のために提供される資金の財源は国民の税金である。二〇一三年、ＮＳＦには七三億ドルの予算が配分された。ちなみに同じ年、農務省――食糧の輸出入の監督を任されている機関――に配分された連邦予算はおよそ三倍だった。おまけにアメリカ政府は毎年、宇宙開発プログラムに莫大な予算をつぎ込んでおり、その規模は、ほかのすべての科学プロジェクトに配分される予算の合計の二倍にもおよぶ。二〇一三年、ＮＡＳＡの予算は一七〇億ドルを超えた。ずいぶん差があると思うかもしれないが、研究目的への支援と軍事目的への支援との違いに比べれば大したものではない。二〇〇一年九月一一日の事件のあとに創設された国土安全保障省の年間予算は、ＮＳＦのゆうに五倍に達するが、国防省の場合には「裁量的」予算だけでも、研究目的の予算の六倍以上になってしまう。

キュリオシティ・ドリヴン・リサーチの副作用のひとつが、若い研究者への悪影響だ。総じて研究者は天職に情熱を抱くもので、教え子が自分と同じものを愛してくれることに何よりも喜びを感じる。愛を原動力とする生きものの例にもれず、私たち科学者も子孫の繁殖を願わずにはいられない。アメリカには科学者が不足しており、そのため（何事にも）「後れを取ってしまう」危険に瀕していると聞いたことがあるかもしれない。でも高等教育機関に所属する科学者にこの話をすれば、一笑に付されるだろう。この三〇年間、国防関連以外の研究に配分されるアメリカの年間予算はずっと据え置かれている。純粋に予算を決定する立場から考えれば、科学者の人数は少なすぎるどころか、多すぎるのだ。しかも、毎年卒業生は増える一方だ。アメリカは科学を尊重すると言っておきながら、科学にお金を費やすつもりがない。特に環境科学においては、何十年間も予算不足に悩まされてきた悪影響が顕著に見られる。農地は荒れ果て、生物種は絶滅し、森林破壊は進行し……リストは際限がない。

確かに七三億ドルには大金のような響きがある。しかしキュリオシティ・ドリヴン・リサーチのいっさいを、この金額で賄わなければならないのだ。ここには生物学だけでなく、地質学、化学、数学、物理学、心理学、社会学、さらにはもっと難解な工学やコンピューター科学まで関わっている。私の研究は植物が長期的な成功を収める理由の解明がテーマなので、ＮＳＦにおいては古生物学プログラムの範疇に該当する。二〇一三年、古生物学部門が研究のために提供された予算の総額は六〇〇万ドル。アメリカでおこなわれている古生物学関連の研究はすべて、この予算で一年間を乗り切らなければならない。かりに恐竜でも掘り当てれば、大きな割り当てが約束される。

いや、六〇〇万ドルも大金のような印象を与えるかもしれない。確かに、各州で一名の古生物学者が助成金を得るためには十分だろう。六〇〇万ドルを五〇で割り算すれば、ひとりにつき一二万ドルが支給されるし、これは現実にちかい数字だ。ＮＳＦの古生物学プログラムは毎年三〇ないし四〇件の契約を学者とのあいだで交わし、それぞれが平均して一六万五〇〇〇ドルの助成金を提供されている。そうなるとアメリカには、資金援助を受けている古生物学者が常におよそ一〇〇人存在していることになる。しかしこの人数では、進化に関して世間が抱く多くの質問に答えるためには十分ではない。恐竜やマンモスなど、カリスマ的な絶滅種の研究に限定しても難しいだろう。しかも、アメリカで古生物学を専攻する教授は一〇〇人どころか、もっとたくさん存在している。せっかく勉強した内容を研究に生かせないケースがほとんどなのだ。

それでも、少なくとも私にとっては、一六万五〇〇〇ドルは大金としての印象が強い。では実際のところ、それはどのように使われるのだろうか。幸い、一年の大半を通じて大学は私の給料を支払ってくれる（講義がおこなわれない期間、すなわち長期の夏休みなどに教授の給料が支払われるケースはきわめて稀だ）。しかし私はビルの給料を確保してやらなければならない。年収を二万五〇〇〇ドルに決めたら（彼には二〇年間の経験がある）、福祉手当の分として一万ドルを上乗せしなければならず、総額は三万五〇〇〇ドルになってしまう。

ほかにも興味深い事実はある。実は大学は、教授たちがおこなっている研究の費用を水増しして政府に対して請求している。したがって、私が三万五〇〇〇ドルを請求する場合には、そこに一万五〇〇〇ドルが上乗せされるが、それはそのまま大学の財源となり、私の手には一銭も入らない。これは「諸経費」（ときには「間接費」）と呼ばれ、私のケースならば全体の四二パーセントに相当する。割合は各大学で異なり、名門大学では一〇〇パーセントという場合もあって、三〇パーセント未満のケースを私は見たことがない。こうして確保した資金は、空調費や冷水器の修繕、水洗トイレの修理などに使われる名目になっているが、はっきり言わせてもらうと、私のラボが入っている建物ではいずれも効果は限られている。

いずれにせよ、この哀れなシナリオのもとでは、ビルを三年間雇うための総費用は一五万ドルに限られ、それを差し引いた一万五〇〇〇ドルという金額で、最先端技術を駆使した研究を三年間おこなうための化学薬品や装備のいっさいを購入し、助手として働く学生を雇い、移動をおこない、ワークショップや会議に出席しなければならない。いや、大事なことを忘れていた。大学の取り分があるのだから、使えるお金はたったの一万ドルになってしまう。

今度、理系の教授に会ったときには、自分の発見が間違っていないかどうか心配ではないか尋ねてみるとよい。不可能な問題を研究テーマに選んでいないか、途中で重要な証拠を見過ごしていないか。ひょっとしたら、選ばなかった多くの道のひとつが、まだ見つからない正解に至る道ではないかと不安を抱いているかもしれない。では具体的には何を心配しているのか、理系の教授に尋ねてみよう。答えはすぐに返ってくる。あなたの目をじっと見て、ただ一言「お金」と言うはずだ。

六 〈つる植物〉

つる植物は欠点を補いながら成長していく。森のてっぺんから雨が降るように落ちてくる大量の種子は簡単に発芽するが、めったに根づかない。緑色の芽は適応力を発揮しながら、しがみつけるものを必死で探し求め、自分には不足している強力な足場を何とか確保しようとする。必要とあれば、つる植物はどんな手段を使ってでも光に向かって上昇する。森の掟にしたがっては行動しない。最適なスポットに根を下ろすと、今度は葉っぱの成長にとって最適な別の場所を選ぶ。だいたいは数本先の木のところまで這い進み、絡みついていく。陸地では、上ではなく横に成長していく唯一の植物なのだ。つる植物は盗人のように、まだ吸収されない光や雨を木から奪い取ってしまう。しかも、その償いとして共生関係を築くわけではなく、あらゆる機会をとらえて大きく成長していく。他人を踏み台にして成長する生命力は実にたくましい。

つる植物の唯一の欠点は弱さだ。木と同じぐらい高く成長したいと願っても、それを実行するために必要な頑丈さを持ち合せない。つる植物が太陽に向かって伸びていくときには木のようにはできないので、気力と根性で乗り切っていくしかない。たとえばツタは弾力性のある巻きひげを無数に伸ばしていくが、これは触れたものを何でも包み込むようにプログラムされている。弱い自分を支えてくれる強さが相手にはあると判断すれば、しがみついて離さないが、もっと強いものに出会えば心変わりする。即興で変節を繰り返していく生き方は、ほかの植物にはとても真似できない。巻きひげは地面に触れれば根っこになり、岩に触れれば吸盤を成長させてピッタリとへばりつく。必要とあればどんなものにもなり、何でも実行し、変幻自在に生きていく。

つる植物は決して悪者ではない。あきれるほど野心が強いだけで、地球上で最もよく働く植物だ。夏など、一日で三〇センチメートルも伸びるときがある。茎のなかを水分が移動する割合は、どの植物よりも大きい。秋には赤や茶色のツタウルシの葉っぱを何枚か見かけるが、外見にだまされてはいけない。葉っぱは死にかけているわけではなく、別の色素で姿をごまかしているだけだ。つる植物は常緑だから、一日たりとも休むことはない。寄生した落葉樹と違い、長い冬休みをとらない。おまけに、樹冠のてっぺんまで上って太陽の光を直接浴びるまでは花を咲かせず実をつけない。最も生命力の強いものだけが生き残るのだ。

人間が最高位に君臨する時代の地上では、最も強い植物がさらに強くなっている。つる植物は健康な森を乗っ取ることができないから、定着するためには何か混乱が引き起こされなければならない。何らかのきっかけで地面に穴が開き、幹が空洞になり、日当たりが良くなると、つる植物の入り込む余地が生まれる。しかし人間はどんな生きものよりも、森の健やかな成長を妨害する。地面を耕し、道路を舗装し、木を燃やすだけでなく切り倒す。実は、都会の道端や裂け目を快適な住みかにする植物は一種類しかない。雑草である。雑草は猛烈なスピードで成長してどんどん繁殖していく。

本来あるべきでない場所に生息する植物は単なる有害植物だが、本来あるべきでない場所で繁殖しているのは雑草だ。私たちは雑草の図々しさに腹を立てるのではない。図々しさならどの種子も変わらない。あまりの成功が腹立たしいのだ。人間は雑草しか繁殖できない世界を積極的に創造しておきながら、雑草のあまりの多さにショックを受けて腹を立てたふりをする。しかしそんな複雑な思いとは裏腹に、植物の世界では革命がどんどん進行し、人間が修正を加えた空間では新参者が在来種の地位をいともたやすく奪い取っている。雑草をただ非難するだけでは、この革命を食い止められない。私たちが直面しているのは望んだ革命ではない。しかしそのきっかけを提供したのは自分たちなのだ。

北米で姿を見かけるつる植物の圧倒的多数は侵入生物種で、ヨーロッパやユーラシア大陸からお茶や羊毛などの基本的生活必需品が輸入されるとき、種子がたまたま一緒に持ち込まれてしまった。一九世紀にアメリカへやって来た多くの移民は莫大な財産を築いた。一方、外来種のつる植物は原産地で何千年ものあいだ、何世代にもわたって昆虫に弱点を攻撃され苦しめられてきたが、天敵から解放された新世界でどんどん繁殖していった。

今日では「クズ（葛）」という名まえで知られるつる植物は、一八七六年の独立一〇〇周年を記念する日本からの贈り物としてフィラデルフィアに到着した。それ以来クズは大繁殖し、コネチカット州の面積に匹敵するスペースを覆い尽くした。太いリボン状に成長したクズは、アメリカ南部のハイウェイを何千マイルにもわたって縁取っている。ビールの空き缶やタバコの吸い殻を投げ捨てる道路わきの溝のなかでも繁殖している。植物の世界の生きたごみくずと言ってもよいだろう。本来あるべきでない場所にいつまでも居座り、かわいらしいピンク色のハナミズキの景観を損なっている。クズの茂みをかき分けて進み、絡まった部分をほぐしてみると、クズの丈は三〇メートルにも伸びることがわかる。森の木のゆうに二倍はある。クズは寄生植物としての運命を選ぶしかなく、ほかの生き方を知らない。ハナミズキはどっしりと安定感のある木に花を咲かせ、輝かしい夏の再来を予感させるが、クズは一時間ごとに数センチずつ容赦なく伸び続け、つぎの仮住まいを探し求める。

七　住む場所

ダンプリングの提案でモンキージャングルを訪れ、私たち全員がモンキーハウスで働くサルにすぎないという啓示を受けてからは、何もかも納得できるようになった。ラボから離れてセミナーや会議に出席しているときに、ジョークを交えたeメールがビルから何度も送られてくると、自分は今の仕事が大好きなのだという思いを新たにした。まわりにいるのは青白くて不健康そうな中年男性ばかりで、私のことなど、鍵を閉め忘れた地下室の窓から侵入してきた汚らしい迷子としか思っていない様子だが、それでも気にならなかった。私にはほかに居場所があって、そこには仲間がいるのだから。マリオットホテルの宴会場の立食パーティーでお皿を手に持ち、ひとりぽつんと立っている私は明らかに邪魔者だった。古き良き時代に質量分析計を取り付けたときの話に花を咲かせている集団から阻害されながらも、自分には居場所があるのだと言い聞かせた。

出張を終えてジョージア工科大学に戻るたび、私は以前よりもさらに仕事に打ち込む努力をした。やがて一週間に一日は徹夜と決めて（水曜日が恒例になった）、やり残した書類を仕上げるために費やした。当時は委員会に所属して、キャンパス内の黒板がいかに老朽化しているか文書にまとめる作業を任されていたので、自分の仕事の遅れを取り戻す必要があった。女性の教授や学部長が、男性中心の学者の世界の天敵であることは十分に理解していた。私のオフィスと隣の休憩室を隔てる壁は薄っぺらだったので、毎朝一〇時から一〇時半のあいだ、私の性的嗜好や子ども時代のトラウマについてまことしやかに噂されるのを聞くことができたのだ。これでは体重が増える余裕もない。ガードルは切実に必要だったけれど、せっせと働いても産後に体重を減らせない同僚の女性教授のような苦労はなかった。

私はいくら一生懸命働いても、進歩を実感できなかった。時間を惜しみ、シャワーを浴びるのは一週間に二回に減らした。朝食やランチは、デスクの下に置かれたケースにしまってあるエンシュア缶【訳注／ドリンク栄養剤】ですませた。あるときなど、愛犬レバのミルクボーン【訳注／犬用ビスケット】を財布に放り込んだ。セミナーのあいだこれを噛んでいれば、お腹が鳴ってまわりから注目されることもないと考えたのだ。十代のあいだはにきびに悩まされた経験がなかったのに、にきびは失われた時間を取り戻そうと決心したかのように、今頃になって鮮烈なデビューを果たした。いらだちが募る一方の私は、働きながら爪を猛烈な勢いで噛み続けた。そしてロマンスとは縁がなかった。恋愛に関して、私など特売品にすぎないと思い知らされたのだ。私がなぜこんなに一生懸命働くのか理解できる男性はひとりもいなかったし、私が植物について何時間も話し続けても、聞く耳を持つ男性はいなかった。大人の生活はこうあるべきだと広告が提言する内容に比べ、私の生活は何もかもが混乱していたのである。

私の住まいは郊外で、ちょうどアトランタが終わってジョージアが始まる境界にあった。住まいといってもトレーラーハウスを借りただけで、開発の進んだコウェタ郡の一ヘクタールが行動範囲になった。このときは思いきって出費を決断し、ジャッキーという年老いた雌馬を飼う権利も手に入れた。通勤には三五分かかるが、それだけの価値はある。私はずっと馬がほしかったし、きちんと学校を卒業して就職したのだから、そのくらいは許されるだろうと判断したのだ。ジャッキーは愛らしく、私を慰め心豊かにしてくれる存在で、レバともすぐ仲良しになった。ただひとつ、西側のお隣さんも大家さんも最初は愛想がよかったのに、私が荷物を解き始めたとたんに気味悪そうにしたのは残念だった。

ちょっと困ったのはトレーラーハウスの間に合わせのガレージの棚には箱が積み重ねられており、なかには家庭用のＶＨＳビデオがあふれ返っていたことだ。このテープを自宅に保管できない見えすいた言い訳を大家さんから聞かされ、私はやれやれと肩をすくめ、ドアを閉めた。いずれにせよ、私には必要ないスペースだった。でも考えれば考えるほど、こんなにたくさんのビデオを奥さんや子どもたちから遠ざけて保管している理由はわからなくなった。他人には言えない事情があるのだろうか。しかも、彼はいつも予告なしに突然現れ、私を喜ばせようとする。あなたみたいな可愛らしいお嬢さんが、銃も持たずに森のなかの寂しい場所で一人暮らしをする決心をしてくれて、本当にうれしいと話し続ける。

同様に西側のお隣さんからも、ある晩通りかかったときにこう言われた。外見からは想像できないと思うけれど、自分は救急救命士の訓練を受けていて、スキルも経験も十分だ。必要とあれば、あなたの服を四五秒以内に切り裂いてみせる。最終的に私は、ジョージアで誰かがオーバーオールの下にシャツを着ない状態で近づいてきたら、ろくなことは期待できないという教訓を学んだ。

一年後、私にとって初めての愛車であるトレーラーの「警告灯」が点灯した。理由はわからないが何かの徴候だと判断し、私は役立たずのトレーラーを中古のジープに取り換えると、愛犬を乗せて街中へ引っ越して今度は下宿を確保した。アトランタのホームパーク界隈にあるうなぎの寝床のようなアパートの地下室で、ビルはここを「ラットホール」と名づけた。ラットホールは製鋼所のストックヤードと向かい合っており、私は興味深い事柄をいろいろと学んだ。たとえば鉄筋加工の工程では、大量の金属板を三・五メートルの高さから、一晩じゅう等間隔で落下させるということも知った。蒸し暑いジョージアの夜には何度となく、ラットホールの入口の地下に通じる階段に腰を下ろし、ホタルの光が瞬くなかでビルのタバコの火が輝く様子を眺めた。そしてBGMのように流れてくる工場の騒音を聞きながら、このドラムに合わせて自分は閉経へと容赦なく突き進むのだと実感し、何か次善の策はないかと必死に考えた。

ビルは私よりもずっと数奇な運命をたどったが、私よりも平然と逆境に対処した。アトランタに勇んで乗り込み、老朽化して危険な建物の一カ月の家賃がジョージアではカリフォルニアの一〇分の一だと知って喜んだところまではよかったが、トコジラミと激しい攻防を繰り広げたすえ、全面的な敗北とまではいかなかったが白旗を上げた。そしてフォルクスワーゲンのヴァナゴン（黄色）を購入する。私は引っ越しを手伝ったが、それは何とも不思議な経験だった。持ち物を詰め込んで出発するのだが……行き先はない。すでにそこが自宅なのだから。

一ブロックも走らないうちに、ドシンと何かがぶつかる音がして、引き続いてネコの悲鳴が聞こえた。そうか、ここは「フェリスフィア」だった。フェリスフィアとは、ネコの生態系が十分に確立されている環境を意味する言葉で、コロンビア大学がアリゾナでおこなっているバイオスフィア（生物圏）プロジェクトにちなんで命名された。一件の古い家に何百匹ものネコが自給自足で暮らし、我が物顔でのさばっている。行動を妨げるものは人間の乗り物ぐらいで、その影響も長くは続かない。私はレバを後部座席に隠した。おおぜいの敵の前で傲慢な態度をとれば、悲劇的な結末になることがわかっていたからだ。

「ネコのやつら、僕を好きじゃないみたいだな。侵入を拒んでいる」と言うと、ビルは窓から頭を出して、「あばよ。小便なんかされてたまるか」と大声で叫んだ。

バンで暮らしているあいだ、ビルを見つけるのは容易ではなかった。当時は携帯電話が普及していなかったし、定義上、彼は正式の住所を持っていない。ラボにいなければ、あちこち探し回るしかない。ふだんよく訪れる場所を確認し、バンを見つければ、本人もそれほど遠くにはいないと判断した。

「やあ。温かい飲み物でもどう？」とビルは、「居間」代わりに使っているコーヒーショップに私が足を踏み入れると出迎えてくれた。コーヒーショップはコインランドリー（「私のアパート」のことだ）の隣にあって、日曜日にはまず間違いなくここにいた。この日の朝、彼はガス式暖炉の前のビロードのアームチェアに座ってニューヨーク・タイムズ紙を読みながら、片手にはダブル・トール・ラテの容器を持っていた。

「また髪を切ったの。似合わないわ」

「じきに伸びるさ。いつもの土曜日の晩の儀式だよ」とビルは、頭をゴシゴシこすりながら言った。ビルには人生のなかで何が何でも回避したいことがいくつかあって、そのひとつが床屋だった。髪を切るプロセスに特有のスキンシップについて考えるだけで圧倒されてしまうらしい。実際、私がカリフォルニアで出会ってからずっと、長くて光沢のある黒髪をなびかせていて、歌手で女優のシェールと似ていなくもない。後ろ姿はよく女性に間違えられ、男性は脇を通り過ぎながら意味ありげに流し目を送るが、つぎにむさ苦しいあごひげとたくましい顎が視界に入ってくると、なんだと腹を立てる。これでも、ビルの床屋に対する妄想はおさまらず、バンに引っ越してからほどなく、彼はコードレスの電気カミソリを購入した。本物の床屋に置いてあるような一品だ。そしておよそ一カ月後の午前三時、興奮した様子で電話をよこし、髪を剃り落したというのだ。

「すごい解放感で、もう最高だよ。長髪なんて、あれはダメだね。髪を伸ばしている男が気の毒だな」と、宗旨替えしたばかりの信者のように自信たっぷりに話す。

動揺した私は「いまは話せる状態じゃない」と言って電話を切ったが、気分は落ち着かなかった。ビルがすっかり変身するなんて考えたくなかったし、簡単には受け入れられない。あのみごとな黒髪がなくなっても、ビルはビルのままだろうか。理不尽だとわかってはいたが、数日間は彼と会うのを避けたい気分だった。そのうち会えばすべてを受け入れるのだろうが、いまはまだ決心がつかない。だから口実を設けて時機をうかがおうとしたが、ビルはそんな私の様子におおいに困惑した。

最終的に、彼は深夜に公衆電話から連絡してきた。そして私が受話器を取ったとたん、こう言った。「まだ髪の毛を持っているんだ。それを見れば気分が晴れるかなと思ってさ」

私は少し考えてから、その通りだろうと判断した。「そうね、見てみようかな。迎えにきてくれる？」

ビルがバンで到着し、私は乗り込んだが、視線を合わせるのは避けた。「貯水池にあるんだ」と彼は、ハウエル・ミル・ロードを北に向かいながら説明した。夜のあいだバンを駐車する場所を見つけることは、ビルにとって日々解決すべき問題だった。しかもこのバンはやっと走っている状態だったので、駐車したら動かなくなる事態を覚悟しなければならない。

問題が複雑になった背景には、いくつかの要因が絡んでいた。そもそも、このバンはバックができない。どんなスペースに駐車するときも、前向きで出られることが絶対条件になる。もしも前方で誰かが行く手をさえぎったら、どいてくれるまで根気強く待ち続けなければならない。ほかの人たちがどこに車を止めるつもりか、見当をつけておかないと厄介な事態に見舞われる。おまけにローギアがないので、ちょっとしたスロープを登るのも一苦労で、朝になって動かすときは思いきりエンジンをふかさなければならない。しかも、いったんエンジンが温まるとスターターは機能しなくなる。だからどこに車を止めても、エンジンが冷えるまで最低でも三時間は待たないと、再び動かすことはできない。そうなると、ガソリンを入れる作業には危険を伴う。給油しているあいだエンジンを切ってはいけないのだから。通常、車にガソリンを入れる場面を見てもアドレナリンは上昇しないが、ビルがタバコをくわえたまま、発火する恐れのあるマフラーにノズルの石油をこぼしている様子を見ていると、文字通り心臓が早鐘を打った。

貯水池の見晴らし台に到着したのは午前四時ごろだった。見晴らし台といっても実のところ、特に見るものはない。ビルは小高い丘にバンを乗り入れ、小さな下り坂に止めた（エンジンは切らないままで）。そして「ここでいいかな」とキーに手をかけたまま私に尋ねた。エンジンを切れば三時間はここを動けないのだから、それでもかまわないかと了解を得るための暗号である。

「私たちが貯水池に行くのは慎重に生きるためよ」と、私はソローからの引用に修正を加えて賛意を示した。ビルはふだんからこの貯水池を「週末の保養地」と呼んでいた。人工的ではあるが、木々に囲まれた水があって、週末は警備がおろそかになる。昼間のまぶしい太陽は、ところどころ錆びついた三メートル半のフェンスに囲まれた四角い貯水池の醜い姿をさらけ出してしまう。おまけに、生い茂った木には繁殖したクズが絡みついている。

ビルはバンを止めてキーを抜くと、そのキーでまっすぐ前方を指差した。「髪の毛はあそこだよ」

「えっ、どこ?」

「あそこだってば」とビルは繰り返し、バンのおよそ三メートル前方にある大きなモミジバフウの木を指差した。私は車を降りて木のところまで歩き、幹にできあがった空洞のひとつのことだと解釈した。

「さあ、手を入れてごらんよ」

私は立ったまましばらく考えた。「だめ、私にはできない」

「何が問題なの」とビルは憤慨した。「髪を剃り落として、うらぶれた地区の枯れ木の空洞にしまい込むのがそんなに悪いことかな。こだわりすぎだよ」

「それはわかるわ。これはあなたではなく、自分自身の問題なのよ」と私は打ち明けてから、しばらくのあいだ静かに潜在意識を探った。「あなたにとってすごく大事な部分が切り落とされ、放り出されたような気分で許せないのだと思う」と私は根気強く説明した。

「もうやめて！　やめてったらやめてよ‼　そんなことわかっているさ！　僕だっていやさ」とビルは苦しそうに大声を上げた。「だからここにしまったんだよ。僕は野蛮人じゃない、わかって」。そう言うと空洞に手を突っ込み、大きな束になっている黒髪を取り出した。そして、落書きされたポールのてっぺんでジリジリ音を立てている蛍光灯の光にかざし、大きな束を揺らした。

私はじっと見つめ、「うわあすごい」と認めないわけにはいかなかった。もつれた髪の光沢と分量に心から魅せられてしまった。少し離れたところから見ると、まるで死んだネコを手に持ったまま、別れのあいさつに手を振っているようだ。

私たちは見つめ合ってから、声を立てて笑った。それ以来、ビルは頭の髪の毛を剃ると、それを同じ木の同じ場所にしまい込み、深夜にときどき私と一緒にここを訪れるようになった。結局どちらが、突っ込んだ手をアライグマに噛まれるのはわかっていたが、それでもこれは心休まる儀式だった。

髪の毛を見に出かける夜は貯水池のほとりに座り、ビルの人生を題材にした子ども向けのお話を想像したものだ。題材が子どもにとって驚くほど不適切だったことは、ふたりとも承知していた。『欲望の尽きない木』というタイトルの話のなかでは、木の姿をした親が欲望をどんどん膨らませ、ついには自分の子どもを食べてしまう。物語の中間あたりの章では、思春期に入ったばかりの少年が木のもとを訪れ、若者特有の残酷な世界から逃れるため、あなたの腕に抱かれたいと願う。すると木は「おまえの胸には毛がはえているな。それを剃り落して私によこせ」と平然と要求する。

物語の終盤になると少年は年老いて、加齢と悩み事で頭がすっかり禿げあがってしまう。「アライグマにはまた赤ん坊が生まれた。私ももっと髪の毛がほしいものだ」と木が要求すると、少年はすまなさそうに頭を振り、「申し訳ないのですが、もう差し上げられる髪の毛はありません。このとおり禿げ上がった老人になってしまって」と言う。すると木は「では、腕を空洞のなかに突っ込むのだ。アライグマが噛むだろう。年寄りの腕だって、噛めばおいしいはずだ」と命じる。これに対して少年は「わかりました。では、そうしましょう。あなたにもたれたまま、しばらく腕を噛ませます」と素直に応じる。物語の最後では少年の行動を通じて、犠牲の精神が痛ましいまでに描写される。

「この部分は、文句なくコールデコット賞【訳注／児童図書館協会が主催する賞】に値するわね」と、特に充実したストーリーを考案した夜には我ながら感心したものだ。

バンで暮らし始めてから半年もたたないある日、ビルが午前三時に私の家の扉をノックした。なかに招き入れると、私は煎れたばかりのコーヒーをふるまった。

その夏は順調ではなかった。「バンの暮らしはつらいよ」とビルはため息まじりにこぼしたものだ。ジョージアでは午前八時半に気温が早くも三〇度を超えるのが日常となり、勤務時間の始まりまで車のなかで眠っていることはできない。ビルは暑さ対策に工夫を凝らした。キャンパスの駐車場で選んだスペースのP3は、ヤナギの木の枝がたっぷり垂れ下がっているので、そこに車を横づけすれば強い陽射しを避けることができた。さらに、フロントガラスを含めすべての窓をアルミホイルで覆って太陽の光を照り返した。おかげで太陽が空高く上るまで、車のなかは何とか我慢できる暑さにとどめられた。

朝の七時半にビルと出くわすときもあった。水の入ったビーカーを左右の手に持って、ラボの周辺をおぼつかない足取りで歩いている姿を見かけた。一時間ほど前に「こんがり焼けた」状態になって、またもや「干からびてしまった」のだという。ただでさえ乾燥した夜を経験しなければならないのに、毎晩午後六時ごろから水分を摂取しない習慣だったので、状況はさらに悪化した。車中暮らしでは藪の中で用をすませるしかないが、それは頑として拒み、「僕には自分なりの基準があるんだ」とこだわった。

私の家にやって来た夜、ビルは睡眠を著しく妨害されていた。彼の薄気味悪いバンがP3にずっと止められていても、誰も気づいたり干渉したりする様子がないので、ふたりとも常々不思議に思ってきたが、ついにある人物が介入してきた。キャンパスを巡回する警官だ。ある晩、汗まみれの状態で眠っていると、フロントガラスを激しく叩く音で目を覚ました。外ではCB無線【訳注／指定された周波数帯域を使い、無線免許なしで私的な無線通信をおこなう装置】で連絡をとりながら状況を伝える声と、パトカーのサイレンの音が聞こえる。ビルはバンのドアを開けた。

ビルは特に模範的な市民に見えるわけではない。実は前日に髪の毛を剃る計画だったが、かみそりのバッテリーが切れてしまって作業は半分で中断したため、精神病院から脱走した患者のような様子だった。バンのなかは、このような狭苦しい場所に特有の悪臭が立ち込め、助手席にはポータブルのテレビの部品が散乱している。配線について研究するため分解したところだったのだ。懐中電灯の光で目がくらんだが、声は聞こえてきた。「すみません、身元確認証を見せてください」

車中に特にあやしいものはないことに警官が満足すると、ビルは運転免許証、大学の身分証明書、パスポート、それに頭の左側から剃り落したばかりの髪の毛の入ったジップロックまで見せた。それからまもなく私は警察から連絡を受け、ビルが私に雇われていることを証明してほしいと尋ねられたのだ。

「キャンパスの駐車場にバンを止めて眠っていたんですよ」と私は電話で説明を受けた。

「はい、知っています。P3、ヤナギの木の下ですね」

ビルが他人に危害を加えるわけではなく、前科もないことがわかると、警官は睡眠を妨害して申し訳ありませんとビルに丁寧に謝罪した。仕事だから、起こす以外に選択肢はなかったのである。ビルは、気にしてはいないと言って相手を慰めた。すると警官のひとりが「坂を下ったところにキャンパスの緊急電話がありますから、困ったときは使ってください」と父親のような口調で教えた。警官が立ち去るとビルは身支度をして、私のもとを訪れた。警察から電話がかかってきた事情について、私が説明を聞きたいと考えたようだ。

「ずいぶん冷静ね」と私はあきれた。「相手がそのつもりなら、あなたは濡れ衣を着せられてしまうタイプだもの……定期的に体の一部を剃り落として木のなかに埋めるような、変人の一匹狼じゃない」

「それはないよ……隠すものなんかないさ。ドラッグやはらないし、トラブルも起こしていない。いたって正常な人間じゃないか」。ある意味、それは真実だと認めざるを得ない。バークレーにいた時期を含め、ふたりともドラッグにはいっさい手を出していない。実際、フィールドトリップのあいだはビールも飲まないほどで、これは地球科学の分野ではめずらしいほどの徹底ぶりだった。コピーをとるとき、前の利用者のコードを拝借したことはあったけれど、一学期のあいだの問題はせいぜいその程度だった。

「それは言い過ぎじゃないの」と私は反論した。相手の言い分を完全に認めたくはなかったのだ。ビルのほうも、おそらくその通りだろうねと認めた。「それにしても、自分の姿を見てごらんなさいよ。イレイザーヘッド【訳注／一九七七年製作のカルト映画】の再来みたい。それだけでも警察に引っ張られる十分な理由になるんだから、ラッキーだったと思わなくちゃ」と、私は怒りや不安をぶちまけた。

しかし怒りはそこまでだった。「でも、これもすべて私のせいよ。十分に生活できるだけの給料を払っていないのだもの。すまないとは思うけれど、いまはまだ無理。でもすぐに、そう、きっとすぐに、うんとはずむから」と言って、それが空約束ではないことを証明できるものはないかと思案したのだが、妙案は見つからない。

「ああ、もうだめ。毎晩あなたの心配をするなんて我慢できない。どこか住む場所を見つけてよ」と言って、解決策はないかと頭をひねったが、結局はひとつしか思い浮かばない。「そうよ、私が給料を払えばいいんでしょう」

ところがビルは、本当に住む場所を見つけた。一週間もたたないうちにラボに引っ越してきて、学生用の部屋を寝室代わりに選んだ。誰も使いたがらないどころか、足を踏み入れるのもいやがるような部屋だ。窓も空調設備もないので、なかで働く人たち全員の体臭を吸収してしまう。それが天井のタイルのなかで発酵し、そこから何とも言えない臭いがにじみ出ている。ビルはここを「ホットボックス」と呼んだ。ほかの古い建物も暖房はきいている反面、冷房は十分ではなかったが、それと比べても絶えず室温が五度は高かったからだ。

ビルは古い机を目隠しにして、その後ろにベッドとドレッサーを即興でしつらえ、Tシャツにカーキパンツ（彼は「パジャキス」と呼んだ）の格好で眠った。これなら秘書や管理人が入ってきても、実験が長引いたから、途中で目を休めているだけだと説明することができる。ここはほぼ理想的な場所だったけれど、ただひとつ、建物の入口に近い立地が難点だった。午前九時を過ぎると学生たちが大挙して押し寄せ、扉をひっきりなし開け閉めするので安眠できない。蝶番を取り換えて油を刺したが、あまり効果はなかった。そこである晩遅く、「扉がこわれています。裏口を使ってください」と書いた貼り紙をしたが、効き目は長続きしなかった。連絡を受けた備品担当職員が調べても、問題は見つからなかったのである。

ビルは生体サンプル保管用のフリーザーに冷凍の食材を詰め込み、秘書専用の冷蔵庫で大量の食料品を保管した。しまいには、クローガーで特売のスイカを三つも買ったものだから、秘書たちから文句を言われる始末だった。全体的に見れば、ビルはこの住環境にかなり満足していたが、ひとつだけ例外があった。プライベートのシャワー設備がなかったのだ。そこで、管理人部屋のモップ用シンクのなかにビデのようなものを取り付けたが、ここは扉を開け放しておかなければならない。使用中に閉じ込められる恐れがあったからだ。でも、どんなに一生懸命考えても、夜中の三時に裸の姿を石鹸だらけにしている理由を説明できるようなストーリーは思いつかない。こんなことをしているうちに、生来備わっていた偏執症の傾向が強化されたのかもしれない。

ある日、午前一一時ごろに建物の火災報知機の音が鳴り響いた。あわててオフィスから駆け付けると、ビルは足を引きずりながらおおぜいの人たちと一緒に避難している。パジャキスを着て裸足のままで、髪の毛はあちこちに逆立ち、口に歯ブラシをくわえている。外に出ると、窓台にあるゼラニウムのプランターまでよろよろと歩き、そこに口のなかの歯磨き粉をぺっと吐き出した。

私は彼に近づいた。「すごい姿。ライル・ラヴェット【訳注／シンガーソングライター】がどこかから突然現れたみたい」

ビルはほとんど空っぽのライターを何度もいじり始め、最後の火を起こそうとした。そしてタバコを口にくわえながら「ボートがあれば海に出ていくところだよ」と言った。

ビルには本当にほかに行き場所がなかったので、研究室で一日におよそ一六時間も働いた。おかげでいつでも姿を見かけるようになって、ほどなく全員にとってカウンセラーや親友のような存在になった。学生の自転車を修理したり、古い車のオイルを交換してあげたり、フォーム１０４０ＥＺを使った確定申告を手伝い、陪審員に選ばれればどこに出頭すればよいか教え、さまざまな文句に根気強くつき合ってあげた。大学生たちはふだんの生活について、一九歳の若者特有の愉快な口調でビルに聞かせた（「ねえ、僕の寮の部屋にはビルトイン式のアイロン台があるんですよ」「驚かないでください。日曜日の午前三時四五分からキャンパスのラジオ放送局でオンエアされるポストレゲエ・パンクミュージック・アワーで、僕がアシスタントプロデューサーに選ばれたんです」「感謝祭のとき、ガートルード・スタインなんて聞いたことがないって親父が言うんです。『こいつらは何者だ』って思っちゃいましたよ」といった具合に）。ビルは話に耳を傾けても、良し悪しを判断しなかった。そして学生たちに自分のことを語らなかったが、みんな兄貴のようなビルとの話に夢中で、それに気づく者はいなかった。

ビルは原則として学生たちの話を私に聞かせてくれなかったが、とっておきの情報だけはかならず伝えてくれた。たとえば、カレンという大学生の研究助手がいた。獣医大学への進学を希望しており、出願が確実に受理されるよう、履歴書には研究の経験を記入したいと考えていた。最終的には、絶滅危惧種の動物を監禁状態から救い出し、本来の生息地に戻してあげる仕事が夢だった。やがて夏になると、かねてより志願していたマイアミ動物園でのインターンシップが認められ、私たちのもとを離れた。ところが実際のところ、飼育係の仕事は衛生環境の維持が日課で、ほかには特にやることがなかった。そして、その仕事に対して感謝しない動物よりもさらに始末が悪いものがひとつだけあった。それは感謝する動物である。

下っ端のカレンは、霊長類の囲いに送られた。生殖器に抗炎症薬を塗り込んでやるのが具体的な仕事で、絶えず見境なく使われる生殖器には日々のケアが欠かせなかった。カレンを新しい世話係だと認識したとたんにサルたちは、彼女が部屋に入ってくると一斉に群がるようになった。ビルも私もこの話を聞かされたとき、そんなことがあるのかと素直には信じられなかったが、さらにおまけがあった。バシトラシンをていねいに塗り込まれているあいだ、よほど無感動なサルは心を動かされなかったが、ほとんどのサルはカレンがしかたなくおこなう作業に驚くほど積極的に反応したのである。

興奮して押しかけるサルたちがカレンに襲いかかってセックスに挑む事態を防ぐため、動物園は彼女にプラスチック製の防護服を着用させたが、一〇〇パーセントの効果はなかった。カレンは動物の行動に関する授業に数多く出席するうちに、サルたちの性行為について必要な知識が身についたと確信していた。ところがいざ現場に出てみると、そんなものは通じない。朝一番にサルたちを訪れると、金網のフェンスの向こうで一列に並んで直立不動の姿勢をとっている。獣医の夢をあきらめるには、これで十分だった。植物学もそれほど退屈な学問ではないと考え直し、インターンが終わると私たちの研究室に戻ってきたのである。

私たちは常にキャンパスにいたが、全員について知っているわけではなかった。たとえば、毎週のセミナーに定期的に出席する青白い顔の学生がいた。いつでも同じ列の後ろのほうに、ひとりぽつんと座っている。顔は青白いというより、蝋のように真っ白で、長い髪も白くなっているが、中年以上には見えない。教室には講義が終わるころやって来て、終われば真っ先にいなくなるので、みんなと一緒に会話を楽しんでリフレッシュする時間はない。いつもそんな姿ばかりで、言葉を発したり誰かと交流したりする場面は一度も見なかった。そこで私たちは、彼が屋根裏の住人だと決めつけ、「ブー・ラドリー」【訳注／ブー・ラドリーズは、イギリス・リバプール出身のロックバンド】と呼ぶようになった。ある日、私は後をつけてみようと考えた。そこで質疑応答を早めに切り上げて準備を整えたのだが、学生たちがいっせいに教室を出るとき、どさくさで姿を見失ってしまった。

私はブーについて際限なく考えるのが習慣になってしまった。セミナーで指名したらどんな反応を示すのだろう。どんな専門知識の持ち主で、個人的な財産はどのくらいあるのか。そのあげく、彼の正体を暴き、プライバシーを侵害し、謎を何もかも発見するための戦術を考えるまでになった。しかしビルは、私の計画にまったく関心を示さなかった。ある晩、研究室の建物の正面階段にふたりで腰を下ろしているとき、私は三階のオフィスからまだ漏れてくる明かりを興奮気味に指さしながら、無言のビルに向かってブーの話題をしつこく繰り返した。

ビルは明かりを見上げると、つぎに夜空の星に視線を移し、タバコの煙を深く吸い込んでから吐き出し、ようやく口を開いた。「そんなに詮索しなくてもいいじゃない。あの通りの人物なんだよ。それ以上知る必要はないと思うな。あそこにいるのがわかっていれば十分じゃないの。何かたいへんな事態が起きれば、仲間に加わって力になってくれるよ」。ビルはタバコを舗道に放り投げて踏みつぶすと、私のほうを向いてからフリースを脱いで、それを手渡してくれた。私が興奮のあまり気づかないうちに、外はフリースが必要なほど寒くなっていた。

八　〈砂漠に生きる植物〉

サボテンが砂漠で暮らすのは、砂漠が好きだからではない。砂漠がサボテンの命を奪えないからだ。砂漠で育つ植物はどれも、別の環境に置いてやるとぐんぐん成長していく。砂漠ほど劣悪な環境はないだろう。水は極端に少なく、光は極端に多く、気温は極端に高く、あらゆる不都合が集められ、そのすべてが極限状態に達している。生物学者は砂漠についてあまり研究をおこなわない。というのも、植物は人間社会にとって三つのもの、すなわち食べものと薬と木材を象徴する存在であるが、そのいずれも砂漠からは手に入らない。したがって、砂漠を専門とする植物学者は科学者として希少な存在であるし、研究が苦しいものでも最後は平気になってしまっている。私は個人的に、そんなたいへんな研究に来る日も来る日も明け暮れる気持ちになれない。

砂漠では、生命を脅かすストレスは危機ではなく、ライフサイクルの普通のできごとにすぎない。極端なストレスはまさに砂漠の景観の一部であり、植物はそれを回避したり改善したりすることができない。恐ろしいほど過酷な乾燥期を何度も耐え忍ぶ能力に、サボテンの生き残りはかかっている。あなたの膝丈ほどのタマサボテンを見かけたら、おそらく生まれてから二五年以上経過しているはずだ。砂漠では、サボテンの成長は遅い。確かに成長はするが、すくすくというわけにはいかない。

タマサボテンにはアコーディオンのようなひだがあって、その奥深くにある気孔から空気を取り入れ水を蒸発させる。乾燥があまりにも激しくなると、サボテンは根っこを落としてしまい、干からびた土壌がサボテンから水分を取り戻せないようにする。サボテンは根っこがなくても四日間は生き延び、成長することもできる。それでも雨が降らないと、今度は収縮を始める。時として収縮は何カ月も続き、すべてのひだがぴったり閉じられてしまうこともある。根っこがなくなったサボテンの硬いボール状の表面は、全体を毛皮のように覆い尽くす鋭い棘によって守られる。こうしてサボテンは太陽の光を容赦なく浴びながら、何年間も成長を止めたまま雨の到来を待ち続けることができるのだ。最終的に雨が降ると、サボテンは二四時間以内に機能をすっかり回復するか、あるいは死んだ姿をさらけ出す。

「復活植物」として知られる植物は一〇〇種類以上確認されている。お互いに無関係だが、最終的に同じプロセスを発達させた。復活植物の葉っぱはカラカラに干からびて、何年間も死んだふりを続けた後、水分が得られると復活を遂げ、正常な機能を再開する。そこには非常にめずらしい生化学反応が関わっているが、これは偶然に手に入れた特質で、自分から選んだものではない。しおれて乾燥しても、葉っぱには高濃度のショ糖が残される。この蜜のようなショ糖が葉っぱを安定した状態に保つので、葉緑素がなくても生きられるのだ。

通常、復活植物は小さくて、あなたの拳よりも大きくならない。姿は醜くて小さく、役に立たない特殊な存在だ。雨が降ると葉っぱは膨張するが、四八時間は緑色にならない。光合成が始まるまでには時間がかかるからだ。こうして覚醒した不思議な日々のあいだ、復活植物は純度の高い糖を栄養分として生きる。実に一年分のショ糖が、わずか一日で葉脈を通じて取り込まれてしまう。この小さな植物は枯れ葉を復活させるのだから、普通では不可能なことを実行している。もちろん奇跡は長続きせず、一日か二日で必ず普通の状態に戻ってしまう。しかも、この尋常ならざる生活は大きな負担になるので、長い期間となると復活植物でさえ枯死してしまう。しかしわずかな輝きの瞬間、ほかの植物には思いもよらないことをやってのける。復活植物は緑色にならなくても成長する術を知っているのだ。

九　躁

躁状態が頂点に達すると、死の一面を垣間見ることができる。何度経験しても、躁状態は理屈とは無関係に、予想外の形で始まる。いまにも花開こうとしている新しい世界について、最初は体が感じ取る。脊椎骨がバラバラに外れ、太陽に向かって伸びていくような気分だ。いわく言いがたい極度の興奮に駆り立てられ、心臓が早鐘のように鼓動を打ち続け、血液がドクドクと猛烈な勢いで頭に送り込まれていく音しか耳に入らない。二四時間、四八時間、あるいは七二時間は、この音に負けないように大声を張り上げないと、自分の声が聞こえない。いくら大声を出しても、いくら眩しい光に照らされても、いくら早く動いても、この状態からは逃れられない。世界はまるで、魚眼レンズを通して眺めたように見える。光に縁取られた景色は、ぼんやりとかすんでいる。局所麻酔薬のノボカインを大量に規則正しく注入されたみたいに、一瞬のあいだ全身がズキリと痛み、ほどなく力が抜けていって、体が他人のもののように感じられていく。高く持ち上げた腕は、いまにも花開くユリの花びらのようだ。そして、いまにも花開こうとしている新しい世界は、実は自分なのだということが徐々にわかりかけてくる。

もはや、夜は暗い時間帯ではなくなる。そもそもなぜ、夜は暗いなどと考えていたのだろう。いたって単純に信じていたさまざまな物事と同様、栄光に満たされた多次元空間ではまったく存在意識が失われてしまう。夜だからといって睡眠をとる必要はないのだから、ほどなく昼と夜の区別はなくなる。食べものも水もいらないし、寒さの厳しい日でも帽子は不要で、ただひたすら走る。肌に大気を感じていたいから、シャツなど脱いでしまう。誰かに行く手をさえぎられたら、大丈夫ですといって事情を説明する。相手は理解できず、誰かが死んだときのような不安な表情を浮かべるが、そんな相手に同情する。何もかもがこんなにすばらしく、申し分なく進行していることを理解できないのだから。

あなたがいくら説明しても相手は理解してくれないから、今度は別の方法で説明するが、真剣に耳を傾けてもらえない。あなたにはこれが必要だ、これを使いなさいと忠告してくるので、こんなすばらしい気分のときには必要ないと説明する。それでも相手はわかってくれず、ついには放っておいてくれと突き放すと、ようやく消えていく。でも申し訳ないとは思わない。後で説明すれば、わかってもらえるのだから。こんなすばらしい経験を妨害するのは罪でしかない。

その後は最高の部分、すなわち最終的な高揚がやって来る。自分の体の重みだけでなく、古くてくたびれきったこの世の中の悩みのいっさいが溶けていく感覚を経験する。世界中のあらゆる人間を苦しめてきた飢えや寒さや不幸や絶望が、対処することも解決することも可能に思えてくる。あなたにとって乗り超えられないものなどひとつもなく、頂点に登りつめていく。一〇億人のなかからひとりだけ選ばれたあなたは、誰もが背負う現世の重荷からすっかり解放され、奇跡に満ち満ちたすばらしい未来の到来を肌で感じることができる。

こうなると人生や死だけでなく、すべてに関して不安がなくなる。もはや悲しみも苦悩も存在しない。人類がこれまで集団で探し求めても答えの見つからなかった疑問に対し、潜在意識が正解を考え出していく。神の存在や天地創造の正しさも明快に証明される。あなたはまさに、世界が待ち望んでいた人間にほかならない。だからあなたは世界にすべてものを分け与えなければならない。手に入れたすべての知識を提供し、そのあとは深く濃密な愛のなかに膝までどっぷりつかればよい。

私が死んで天国に行けば、このすばらしい感情は永遠に終わることがない。でもこの世での命に制約されているかぎり、すばらしい感情にはかならず終わりがやって来る。そしてあらゆる復活の場合と同じで、あとから代償を覚悟しなければならない。

偉大な宇宙からあふれんばかりの啓示を降り注がれているあいだ、あなたはそれを記録して、完璧な明日を迎えるために役立つマニュアルを作成したいとはやる気持ちを抑えられない。しかし不幸にも、この瞬間には現実が押し寄せてきて、あなたを何とか妨害しようとする。あなたの手は震えてペンを持つことができない。テープレコーダーを取り出して「録音」ボタンを押し、カセットをつぎつぎ入れていく。咳き込んで血を吐くまで話し続け、檻に閉じ込められた動物のように行きつ戻りつを繰り返して最後は気絶する。それでも起き上がるとカセットを取り換えて録音を続ける。なぜなら、大事なものがすぐ手の届くところにあるのだ。自分の人生はそれほど混乱したものではなく、価値があることを証明したいとずっと切実に願ってきたが、それを証明してくれる何かが、まさに手に入りそうなのだ。

やがてそれはあまりにも騒々しく、あまりにも明るく、あなたの頭にあまりにも接近してきて、それを振り払うためにあなたは大声を張り上げる。すると誰かがあなたを抱きかかえ、大丈夫ですか、髪は乱れ、歯が床に落ちていますよと声をかけ、血や鼻水を拭き取ってくれる。それから睡眠薬を一錠与えられ、眠りについたあなたは目覚めると、睡眠薬をもう一錠与えられて再び眠り、再び目覚めると再び薬を与えられ、その姿はまるで、巣から墜落して傷つき、スポイトで栄養を補給されているコマドリの雛のようだ。やがて何時間、あるいは何日もたってから目覚めると、体じゅうが深い悲しみに包まれ、あなたは茫然として声も出せず、なぜ、どうしてこんな罰を受けなければならないのだと深く嘆く。

最後に不安が悲しみに打ち勝つと、あなたはようやく石を取り除いて墓の外に這い出し、受けたダメージを評価してから善後策を考える。恥ずかしさよりも不安が勝り、あなたは医師の診察を予約して、同じことがつぎに起きたときのために備え、睡眠薬を処方してほしいとお願いするだろう。

幸運にせよ、まぐれにせよ、偶然にせよ、たまたまにせよ、神の配慮にせよ、イエスの御恵みにせよ、予約した場所は世界一の病院だった。医者はあなたをじっと見つめ、「あなたはこんな生き方をする必要はありませんよ」と告げる。それからあなたを質問攻めにするので、ついにあなたも洗いざらい打ち明けるが、相手は恐ろしそうに眉をひそめるわけではなく、驚いた様子もない。よくあることで、誰もが何とか対処していますよと励ましてくれる。薬はどうしますかと尋ねられたあなたは、研究室で作られたものなら何でも大丈夫ですと答える。すると医者は微笑み、薬をひとつずつ処方してくれるので、あなたは床にひざまずいて手にキスをしたいほど感激する。実際にこの医者は非常に優秀で腕に自信があり、同じ症状を何度も見ているので、最終的に理想の姿への成長をめざすあなたは、まだ遅すぎないのではないかと希望を抱き始める。

何年も後、世界の向こう側に移動する準備を進めていると、クローゼットの底にカセットテープの山を見つけるが、あなたはこれを引っ越しの荷物に含めないことにする。そこでひとつずつテープを処分し始め、茶色に輝くリールを無造作に引き出していく。こうしてぐちゃぐちゃに丸められたリールは、かつて躁状態が高じて経験したエクスタシーの名残だ。あなたは一時間そこに座り、心を病んだ気の毒な少女が残した記録に愛情を抱こうとする。彼女は毎晩、自分の心の叫びを唯一の聞き手である機械に録音し続けたのである。もつれたプラスチックテープの山に命はないが、まだ価値は失われていない。生まれる瞬間を待ちながらあなたが暗闇でもがき苦しんでいるあいだ、支え続けてくれた胎盤なのだ。あなたは立ち上がり、テープを外に持ち出し、モクレンの木の下に埋める。それからなかに戻って必要なものをすべて荷造りしてから、これは置き去りにしていくことにしてよかったのだと自分を納得させる。

でも、私が健康と癒しを取り戻した日は、物語のなかでまだ何年もあとのできごとだ。ここでは一九九八年のアトランタに戻り、躁状態が重力のような圧倒的な存在感で私を翻弄していた当時の話を先に進めよう。

十　ふたりは相棒？

「どこに行っていたのさ」とビルはラボに入ってきて、私の姿を見るなり大声で尋ねた。

私は無表情な顔を向けて「落ち込んでいたの」と、恥ずかしかったけれども声をふりしぼり、ぶっきらぼうに答えた。実は最近再び猛烈な躁状態を経験したあとで一気に落ち込んで、三六時間もずっとベッドで泣き通しだったのだ。今回は、急性のアレルギー反応を鎮めるためにコルチコステロイドを注射したことがきっかけだった。私たちはミシシッピ川沿いの植物の研究に取り組み、アーカンソー、ミシシッピ、ルイジアナと移動してきたが、サンプルを採取するためには、信じられないほど生い茂ったツタウルシをかき分けていかなければならなかった。

植物は光合成の最中に汗をかく。教科書によれば、私たち人間と同じで暑くなるほど汗の量は多くなるという。ミシシッピ川流域では温度が規則的に変化していくが、同じ種の木が何千本も成長している。そして南へ行くほど、暑さは厳しくなっていく。そこで今回私たちは、幹に含まれる水分の化学的性質と葉っぱに含まれる水分の化学的性質を比較して、発汗率を測定する方法を考案した。発汗（すなわち「蒸発」）は、葉っぱで進行するからだ。ところが驚いたことに、春が終わって夏になると、発汗率は上昇するどころか下がっていく。どの場所でも気温はどんどん上昇しているのに、一緒に上がっていかない。どういうことだろう。私は必死に汗をかいて問題に取り組んでいるのに、樹木は涼しい顔をしている。

すでにフィールドトリップは三回実施していたが、猛威を振るうツタウルシへの私のアレルギー反応は、回を重ねるごとにひどくなった。それでも、最初にサンプルを採取しようと決めた頑丈な木を見つけるため、不安につきまとわれながらも腰の高さまで伸びたツタウルシをかき分けて進んだ。研究をやめるわけにはいかない。どのデータセットも当初の予想とまったく食い違っている。体は猛烈にかゆいが、まだそのほうがましだ。

ところがこのときのフィールドトリップでは、発疹が首から顔にまで広がり、右のこめかみの部分が大きくむくんでしまった。顔はまるでエレファントマンみたいで、おまけに右の視神経が圧迫され、右目の視力が低下した。ルイジアナのポバティーポイント（本当の地名だ）からアトランタに戻る車中、ビルは「ミートヘッド」というニックネームで私を呼んでからかっていたが、途中でそれをやめたことからも、自分の症状がいかに深刻なのか理解することができた。私はエモリー病院で降ろしてもらい、救急処置室に向かった。

患部を写真撮影するための承諾書に私は署名した。「おそらくこれは論文発表されますから」と医者からは説明された。メチルプレドニゾロンを注射されてから、カメラが持ち込まれた。私はティッシュペーパーのうえに顔を固定されて撮影されているあいだ、笑いを必死でこらえた。だって、希望のない研究の成果がこんな形で公表されるとは、思ってもいなかったから。

さらに数時間待っているあいだに、私は帰りのタクシー代がないことに気づいた。ビルと別れるときに少し現金をもらっておけばよかった。自宅のラットホールはここから西に、八キロメートルほどの距離だろうか。

私は病院のベッドで横になって論文を読んでいると気持ちが落ち着いてきて、やがてすっかり元気になった。浴室の鏡を覗き込んでみたが、これならポンセ・デ・レオン・アベニューを歩いても変に目立たないだろう。もうここを出たほうがよい。特に夜のこの時間帯ならば、何の問題もない。ナースステーションに着いたころには、自分がキリストのつぎに復活を遂げたような気分だった。

結局無事に退院を許され、私はドロイド・ヒルズをゆっくり歩き始めたが、しだいに足取りは速くなり、スキップから最後は駆け足になった。そのあいだ、頭のなかにはアイデアがつぎつぎと思い浮かび、いちいち消化しきれないほどになっていた。実は重要なことを思い出したので、一刻も早くラボに戻りたかったのだ。かつて農学の講義で、多孔質の土壌を水が流れて浸透していくときの物理的特性は繊細なアートのようだと教えられた。さらに、ニオイセンネンボクが一グラム分の組織を構築するためには、一リットル近くの水が必要とされることも思い出した。まるで化学工場のように大気から取り込んだ成分を使って糖を作りだし、それを葉っぱに蓄積していくが、作業で加熱した装置を冷ますために水分を蒸発させる。そこから私は発想を飛躍させた。ミシシッピ川流域の落葉樹は春に新しい葉っぱをすべて作り出して成長していくが、最後は成長を止めなければならない。要するに、木から蒸発する水の量が減るのは、成長期が終わってシステムが均衡状態に達したからなのではないか。

そうだったんだ。夏が近づき南部一帯がどんどん暑くなっていくとき、木はすでに冬支度を始めている。成長率を落としているから、水の蒸発量も減っていく。これらの木の活動は、私たちの世界の温度に従順に支配されているわけではない。自分たちの世界のゴールである葉っぱづくりのサポートに専念している。そう言えば、サンフランシスコでは米国地球物理学連合の会議が開催される。何千人もの立派な科学者が一堂に会している会場で、何としても啓示についての福音を広めなければならない。

私は息を弾ませて研究室に到着すると、すばらしいインスピレーションについてビルに熱心に伝えた。個人的にも大学の職員としても旅費があるわけではないが、会議には出かけるつもりだった。交通手段は車を使えばよい。会場はカリフォルニア州で、ここはジョージア州だから、到着するまでにはまるまる八日間が必要だろう。

私はつぎのように計算した。およそ四八〇〇キロメートルを時速九六キロメートルで走れば、五〇時間ほどで到着できる。五〇時間を一〇回のシフトに区切り、五時間ごとに運転を交代する。五日間で行くとして、もしも学生をふたり連れて行けば、ひとりが一日に運転する時間は五時間未満ですむ。これならそんなにたいへんではない。大学のバンを借りるために書類を申請すれば、車には給油カードが付いている。宿泊は車中ですませればよい（建前上は違法行為だが、大丈夫）。費用が口座から引き落とされるのは何カ月も先だから、それまでには資金を確保できるはずだ。プロポーザルをたくさん提出しているから、どれかひとつぐらいは契約にこぎつけるだろう。そもそも、自分がどれだけ重要人物なのか周囲から理解されないかぎり、資金は絶対に提供されない。だから会議が開かれるたびに会場に足を運び、存在感を示すことが欠かせない。

このミシシッピプロジェクトに関しては要約書をすでに提出しており、研究対象の植物は体を冷やすというよりも、急速な成長を支えるために水を使うのではないかという仮説を紹介していた。環境が植物を支配しているという従来の発想から、植物が環境を支配しているというシナリオへの転換を私は始め、このテーマについてはそれから数年間、多くの場面で何度も取り上げることになった。でもこの会議に関しては、明確なビジョンはなかった。会場に到着するまでに――何とか到着するまでに――発言内容が思い浮かばないかと、はかない希望を抱いている状態だった。

そこで私は、アメリカの文学作品では旅の手段と言えば車しかなく、ミシシッピ川流域を旅したハックルベリー・フィンがパイオニアだと言って、ビルを説得しにかかった。このときはすっかり躁状態だったから、一貫性に欠ける部分は情熱で補ったというか、補って余りあるほどだったので、ビルは目を丸くして「少し黙ってくれない。帰って少し眠ったほうがいいよ」と私に忠告した。そこですぐに帰宅すると、ほどなく躁状態はピークに達し、そこから一気に鬱状態のどん底まで落ち込んだ。私はアパートに閉じこもり、ただひとり惨めな気分を味わい続けたのである。

やがて数日後に回復して研究室に戻ると、ビルは頭からつま先まで私の様子を観察した。それからきまり悪そうに「車で行くことにしたから元気を出してよ」と励ましてくれた。ボロボロになったミシュラン製のジョージア州の道路地図を片手に持って振りかざし、もう一方の手にはバンのキーを持っている。驚いた。私が躁状態でとんでもない提案をして理由もなく姿を消したあと、ビルはそれを本気で受け止め、バンを借りて荷造りもすませていたのだ。私は弱々しく微笑み、一からやり直すだけでなく、進歩するチャンスが再び与えられたことに感謝した。

ただしタイミングが問題だった。すでに水曜日で、私の発表は月曜日の午前八時に予定されている。土曜日の夜までに現地に到着するためには五日間ではなく、三日間しか残されていない。私たちは段ボール箱のなかをかき回し、無料のステート・ハイウェイマップを探した。トリプルAのローカルオフィスを何回も訪れ、こんな目的のためにハラハラしながら失敬してきたものだ。「アラバマ、ミシシッピ、アーカンソー、オクラホマ、くそっ、テキサスがないぞ」。全部で五〇枚あるはずのなかから、ひとつだけ抜けている。「なんでテキサスを忘れたんだ」

「いいわ、テキサスは忘れて北に向かいましょう。カンザスに行ったことはある?」と提案すると、ビルは頭を振った。私は「うん、問題ないわ」と励まし、箱のなかからケンタッキー、ミズーリ、カンザス、コロラドの地図を取り出していった。

地図を全部並べると、私は両手で距離を測った。北上して70号線を使うルートだと、中間地点はデンバー付近になる。グリーリーには何人か友人がいるから、きっと泊めてくれるだろう。最初の晩は十分に睡眠をとって翌日に備え、金曜日の正午までに出発すればよい。そこからレノまではおそらく一五時間だから、どこか小高い場所を見つけて野宿して、そのあとドナーパスを走っていけば土曜日の夜までにサンフランシスコに到着するはずだ。ビルの話では、会議のあいだはお姉さんがタウンハウスを貸してくれるという。

すでに一二月の第一週目に入っていたが、大丈夫。私はミネソタ出身なのだから。「ソルトレイクシティは、絶対に大好きになるわよ。海みたいに広くて、湖面は水銀が凍ったみたいなの」と、私は旅路のすばらしさを語り続けた。大平原や平野や山脈について夢中で話しているうちに、すっかり元気が回復した。

「こんなこと、よく考えたでしょう」と私は上機嫌になって、突飛な発想を笑ったが、間違っていないという自信はあった。

荷物をバンに積み込んでいるとき、ビルの話にさらに驚かされた。学生たちに声をかけて、同行者を確保していたのだ。そのひとり、大学院生のテリは、実社会でコンサルタントとして一〇年間働いた後、最近になって大学院に復帰した女性だ。彼女にとって、人脈作りは喫緊の課題だ。ジョージアを離れた経験があまりないことは気がかりだったが、それがどの程度なのかは旅を始めるまでわからなかった。

もうひとりのノアは天才肌の学生で、ほとんど何でもこなせるのだが、何かに取り組んでいるときはひと言も話さない（ビルの誘いを承諾したときも、無言だったのだろう）。運転免許を持っていないので運転の役には立たないが、五〇時間以上におよぶドライブのあいだに心を開いてくれれば、もっと彼のことを理解できるようになるかもしれない。でも、すでにノアとたくさんの時間を過ごしているビルは楽観的になれず、早くも彼を「血の通った荷物」と呼び始めていた。

私たちは地図やキャンプ用具を二重に点検してからガソリンスタンドまで車を走らせ、一六人乗りのバンの巨大なタンクにガソリンを満杯にした。それからクローガーに向かい、大きなクーラーにダイエットコーク、氷、パン、ベルビータのチーズなどを詰め込み、ビルはキャンディーをあれこれ物色した。今回は三人のドライバーが三時間交代で運転するようにシフトを組んで、各自が六時間の休息をとるようにした。三時間二〇分ほど走ったら車を止めてドライバーを交代し、そのあいだにガソリンを入れたり化粧室に行ったりすればよい。食糧はすべてクーラーから取り出す。そして助手席に座っている人物がラジオの選択権を握り、ドライバーの希望に合わせてサンドイッチを作る。ビルは二リットルの空っぽの容器を四つ調達し、それぞれにラベルを張って後部座席の後ろに収めた。これはトイレを我慢できなくなったときの緊急手段だ。

私たちの計画は驚くほど順調で、最初の二四時間は何事もなくすぎた。私は真夜中にハンドルを握り、64号線から70号線に乗り換え、ミシシッピ川を渡ってミズーリ州に入った。ビルは私の隣のシートに膝をついて座り、上半身を窓から全部乗り出した体勢で、巨大なゲートウェイアーチ・オブ・セントルイスをうっとりと見上げている。北に進む車がゲートウェイアーチの真下に差しかかったとき、ちょうど満月が上空で明るく輝き、光の乏しい地上の人工照明を完璧なまでに補った。オールドノース・セントルイスを過ぎて西に進路を変えると、ビルはようやくシートにお行儀よく座った。それから感慨深げに「この国は美しいんだな」と漏らしたが、そこにはいっさいの皮肉が感じられなかった。

私はちょっと間をおいてから、「本当ね」と答えた。私たちの後ろでは、ふたりの学生がすやすや眠っている。五時間たつと後方で太陽が上り、風の吹きすさぶカンザスの平原を明るく照らし始めた。「この国は美しいんだな」とビルは再び静かにつぶやき、私は再び「本当ね」と答えた。

私たちはグリーリーにあるカルビン（「カル」）とリンダの家に翌日の夕飯時に到着すると、長いあいだ獲物を追いかけて疲れ果てた猟犬のようにバンからよろよろと降りた。私はアトランタを出発する前に電話をかけておいて、友人を連れて帰省した子どものように温かく歓迎してもらえることを期待していた。その判断に間違いはなかった。カルもリンダも何十年も教師をしており、私に対して身分不相応なまでに愛情を注いでくれた。みんな足を伸ばし、なかに入ると、準備されている温かい食事を遠慮なくいただいた。

「ところで、一二月にコロラドの北部に来るなんて、何があったのさ」とカルはぶっきらぼうに尋ねた。

「テキサスの地図が見つからなかったんですよ」とビルが答えたので、私は肩をすくめる動作で、その説明が間違っていないことを伝えた。

リンダは自宅の大きな物置のなかから私たち全員のベッドを見つけてきたので、誰もが一〇時間たっぷり睡眠をとり、翌朝はビルと私が真っ先に起きた。近所のコーヒーショップまで散歩しようと私たちはカルから誘われた。店でコーヒーを飲みながら、私は今後の旅程をカルに説明した。ここからララミーまで北上したら、ソルトレイクシティを通過してレノに向かい、そこからさらに北上してシエラネバダ山脈を越えて、最後はサクラメントを通過してベイエリアに到着するルートで、所要時間は一日半を予定している。カルは一九四〇年代に牛の放牧場で育ち、口数の少ない真面目な人物である。私の説明に耳を傾けて、なるほどとうなずいていたが、やがて慎重な口ぶりで忠告してくれた。「大きな嵐が近づいている。大陸分水界は避けて、70号線でグランド・ジャンクションを通るルートのほうがいいと思うよ」

「いえ、それだと時間が長くかかるんです」と私は答えてから、「計算したんですから」と胸を張った。

「確かに時間はかかるかもしれないが、たいして変わらないよ」とカルは親切に忠告を続ける。

カルから議論を挑まれたと解釈した私は勝つ気満々で、「絶対に違うんです」と断言した。それからコロラドとワイオミングとユタの地図をそれぞれ広げ、ひもを使ってふたつのルートを比べた。そして勝ち誇った様子で、見てください、シャイアンを通過するほうがひもは少し短いでしょうと言った。カルは静かに頭を振って、車にチェーンは積んであるのと尋ねた。そこで私はこれまで何度も繰り返してきた説明をここでも使い、ミネソタ育ちには必要ありませんと言った。カルはあきれた様子で外のポーチに出てから、しばらくのあいだ北西の空をじっと見上げていた。

私は人生でたくさんの後悔を経験しているが、ひもで勝利を収めた議論はそのなかでも際立っている。確かに私のルートは短く、カルが勧めてくれたルートよりも九六キロメートルほど距離が短縮される。そして、九六キロメートルを走るためには一時間を要する。それは、一九九〇年代で最悪の冬の嵐に突っ込んでいってでも回避したい選択肢だった。

私たちがバンに再び荷物を積んでいると、カルとリンダの八歳になる娘のオリビアがやって来て、いろいろな国の国旗で車内を飾ってくれた。わざわざ世界地図からコピーして、自らクレヨンで色を塗ったものだ。彼女を抱きしめて別れのあいさつをしているあいだ、自分を愛してくれる人は世界中にわずかしかいないのに、いつでもこうして別れなければいけないのだと感傷に浸った。でもそんな思いはすぐに振り払い、運転席に乗り込んだ。

私の運転の割り当てはワイオミング州のローリンズまでで、そこからはドライバーがテリに交代してエバンストンに向かい、ユタ州に入るつもりだった。ハンドルを握っているあいだ、ビルとテリが「デリ」について言い争っている声が聞こえた。食糧を保管しているクーラーのことを、ビルはデリと命名していた。いまやクーラーの底には数センチメートルの冷たい水が溜まり、そのなかに中身が浮かんでいる状態だった。そしてわずかに残された氷のかたまりが、ずぶぬれになったチーズを下から支えている。あまりにも臭いがひどいので、テリは新しいルールを決めるべきだと訴えていた。蓋を開けるのは複数の人間が食べものを取り出したいときに限り、かならず窓を開けるべきだという。これから二日間で悪臭が和らぎそうにもないことは十分にわかっていたから、私は彼女を気の毒に思ったが、ビルに味方しないわけにはいかない。クーラーの中身を取り出して食べるのは、いまやビルひとりだったからだ。この口論のせいで誰もが——おそらくノアでさえ——不機嫌になっていた。そんななか、ローリンズの西にあるガソリンスタンドで車を止め、運転をテリに交代した。

全員がトイレ休憩をすませるあいだ、私は地平線に目を凝らした。午後一時にしては、空が薄気味悪いほど真っ暗だ。しかも風の勢いが強まり、それにしたがって気温がぐんぐん下がっている。テリがガソリンスタンドから戻ってきて運転席に乗り込むと、車が転がりそうになったらクラクションを鳴らして警告してよと言った。

ビルとノアが後部座席に乗り込み、テリはエンジンをかけた。まだ夕方でもないのに私は疲れて退屈していた。しかも手に持っている地図によれば、この先の道路は平らで何の変哲もなさそうだった。私はブーツを脱いで、裸足をダッシュボードのヒーターに押しつけた。そしてシートベルトを着用しようかと考えたが、結局はやめた。だって、ここは地球上でいちばん真っ平らな場所なのだ。どんな突発事態が発生するというのか。

80号線に合流すると、テリはアクセルを思いきり踏み込んだ。まるで、アトランタ・ベルトウェイで通勤の車が先を争うときのように、バンはどんどん加速していく。私はシートのうえで落ち着きなく体を動かしていたが、一キロ半ぐらいは何も言わなかった。ところが大陸分水界を超えたまさにその瞬間、いきなり悪天候に襲われ、突風を伴って雪が降り始めた。

路面は濡れて、あと五分もすれば凍結して滑りそうだ。私はテリに視線を向け、彼女がこのままアクセルを踏み続け、時速一三〇キロメートルのスピードを維持する計画であることを悟った。そこで、危険で難しい実験に没頭している学生を指導するときのように、静かな落ち着いた声で話しかけた。「いい、ここからは路面がツルツルだから、もっと慎重に運転して。車をスロ、ー、ダ、ウ、……」

私は最後まで言い終わることができなかった。テリは徐々にスピードを落とすどころか、急ブレーキをかけた。凍結した路面に驚いてブレーキペダルをどんどん踏み込むものだから、しまいにはロックしてしまった。そしてバンがフラフラと滑り始めると、体勢を戻そうとしたのだろう、ハンドルを必死に切り始めた。まるでバンは、大きくお尻を振りながらワルツを踊っているような動きで前進していく。この時点でテリは叫び声をあげ、車をまったく制御できなくなった。私は恐れおののきながら、どこかに衝突する事態は避けられないと覚悟した。

バンはどんどん先へ進み、半径一六キロメートル以内で唯一の直立した物体にぶつかった。それは棒つきのアイスキャンディーのような形をした、速度制限の標識である。車は何度もスピンを繰り返し、ようやく動きが収まったときは前後が逆さまで、後ろからやって来る車と向かい合う状態になっていた。衝突されたらたいへんだと思うと恐怖に駆られたが、それも束の間、前後が逆さまになったバンは、今度は上下がひっくり返り始めた。車がゆっくり転がりながら溝に落ちていくあいだ、私はダッシュボードにしがみついた。金属がガリガリ削れ、プラスチックがガチャガチャ砕ける不愉快な音に、テリの金切り声が混じり合って、最後はマスケット銃が火を噴き、南北戦争の始まりを告げる号砲のような大音響が耳を弄した。

こんなときは、本当にすべてがスローモーションのように進行していく。まるでジェットコースターが頂点めがけて上昇するときのようだ。頭は冷たい窓ガラスにぶつかってから激しく揺さぶられた後、天井を覆っている薄いフェルトのカバーに受け止められた。いきなりすべてが静止状態になった。私は目を開けて、のろのろと立ち上がった。いまや天井が床になっている。ほかの三人はシートベルトを着用していたおかげで、パラシュートで落下するときのように上下逆さまの状態でぶら下がっている。

私はバンの天井をあわてて行きつ戻りつしながら、みんなの状況を確認しようと努めた。奇跡的に、私が鼻血を出したぐらいで、ケガ人はひとりもいない。私の鼻血は、けたたましく笑い出したときに噴き出した。最初にビルがシートベルトを外し、ぶざまな姿で天井に降り立ったが、一連のできごとにそれほど動揺しているようには見えない。いちばん後ろでぶら下がっているノアは不機嫌な様子で、オシャレなヘアスタイルが乱れたのを気にしながら両手で整えている。テリはずっとぶら下がったまま、落胆の表情を浮かべている。

やがて私は、バンが爆発するのではないかと心配になり始めた。映画では、衝突した車は炎上するのがお決まりのシーンだったからだ。でも実際のところ、どうすればよいのだろう。とそのとき、いきなりバンの後ろのドアが開かれ、男性の声が聞こえた。「僕は獣医です。大丈夫ですか」

私たちの後ろを走っていた車からは、バンが溝に落ちていく場面が目撃されたようで、ドライバーが車を止めて助けにきたのだ。

私は安堵のあまり、感情を抑えきれなくなった。この男性の体に両腕を回してキスしたい気分で、「ありがとう、大丈夫です」とにっこり答えた。

「天気はもっと悪くなります。みなさんを市内までお連れしましょう」と声をかけてくれた。つぎに新しい友人から視線を移していくと、今度は二人目のよきサマリア人が近づいてくる姿が見えた。車はハザードランプを点滅させている。

「はい、お願いします」と私はありがたく好意を受け入れた。

ふたりの男性は私たちを助け出してくれたが、私は最後まで残った。沈没していく船の船長だったからというより、混乱をきわめたバンのなかからブーツを探し出すのに時間がかかったからだ。私たちは二台のトラックに二人ずつ乗り込んで町をめざしたが、誰も行き先などわからなかった。

私たちは助けてくれたドライバーについても、現在地についても何もわからなかった。もう車もお金もないし、計画はおじゃんだ。もうボロボロだったが、命拾いしたのだから文句は言えない。ひとりもケガ人を出さなかったことに感謝して、声を限りに歌いたい気分だった。これから何が起きようとも、それが何であろうとも、その中身に注文をつける資格など私にはない。走り去るトラックのなかから振り返ると、オリビアからプレゼントされた国旗が溝のなかや路上でひらひらはためいている。黒と緑の背景に黄色い十字の描かれたジャマイカの国旗が目に留まると思わず笑みがこぼれ、小さくなっていく国旗からいつまでも目を離せなかった。

二〇分後に私たちは、ウェスト・ローリンズ市内のスプルース・ストリート沿いのガソリンスタンドに降ろされた。ふたりの救出者には心の底から感謝したが、早く立ち去りたそうな雰囲気をしだいに相手から感じ取った。テリは投げやりな様子で、みんなから離れた場所でむっつりしている。救出者のひとりがノアを脇に呼んで、「まあ、心配するなよ。恐ろしい経験だったのはわかるけどさ」と慰めていた。そのとき私はようやく、全員がひどく汚らしい状態だということに気づいた。バンがひっくり返ったとき、車中の何もかもがひっくり返り、デリも例外ではなかった。おまけに、トイレが間に合わないときに備えて準備しておいた二リットルのボトルのふたを、誰かが使用後にきちんと閉め忘れた。現場の様子や漂う臭いを考えれば、バンが衝突したときにノアは誰かの尿を頭からかぶったのだろう。きっと彼を慰めた男性は、かわいそうな坊やが逆さまの状態で失禁したと考えたのではないか。誤解を解いてあげようかという思いが頭をよぎった。

「ツイてるぞ。トリプルエーが来てくれる」というビルの明るい声で、私は現実に引き戻された。車を乗り捨てる前、ビルはグローブボックスからガソリンカードを抜き出しており、そこに印刷されている細かい文字を読み始めていた。この情報に私は心からほっとした。「これから電話をかけて、溝に落ちた車を引き上げてもらおう」とビルは言って、公衆電話に向かって歩き始めた。

「スーパー8にいるって伝えてね」と、私は近くのモーテルの名まえを大声で伝えた。ビルが公衆電話から戻ってくると、私たちはそれぞれ手荷物を持って、モーテルまで歩き始めた。ところが中に入ったとたん、ロビーの悪臭が鼻を突いた。自分たちの臭いを心配する必要などなかった。

私は受付の女性にあいさつした。「すみません、宿泊をお願いしたいのですが」

「シングルが三五ドル、ダブルが四五ドルだよ」と彼女は、視線を上げず口にタバコをくわえたまま説明した。

テリを見ると、明らかにまだショックから回復していない。「では、三部屋お願いします。学生たちがシングルひとつずつ、彼と私はダブルを相部屋で」。彼とはビルのことだ。「全部で一一五ドルですね」

「税金があるよ」

「税金ですね、わかりました」と私は笑顔で答え、クレジットカードをおずおず差し出した。意外にも彼女はそれを受け取り、マニュアル式の端末機に突っ込んで乱暴に操作した。

「よかった。もう大丈夫よ。食事に行きましょう」と私は声をかけた。

しかしテリは不機嫌なままで、「いまは早く眠りたいだけです」と言う。彼女は私に腹を立てているのか、それとも自分に腹を立てているのかよくわからない。私は大丈夫なのと声をかけてやりたい衝動に駆られたが、いまはふさわしくないと考え直し、何もせずぼんやりと立っていたが、それもこの場にはふさわしくなさそうに思えた。ノアはルームキーを受け取ったとたんに消えてしまったので、結局私はビルとふたりでモーテルを出て、エルム・ストリートを歩きながらレストランを探した。そして油でよごれたステーキハウスを見つけ、リブアイとコークをそれぞれ二人前注文して夢中で食べた。このときまで、お腹が空いていることも忘れていた。

モーテルまでの帰り道、私たちはふだんの散歩と同じように歩いたが、何かが変わっていた。ふたりとも、見当違いの人物を殺してしまったギャングのメンバーのような気分だった。あやうく死にかけた経験のあとで、私たちは永遠にも思える固い絆で結ばれた。モーテルに戻って部屋に入ると、キングサイズのベッドがひとつ置かれている。グロテスクな模様のワインレッド色のキルトがベッドカバーに使われているが、その下のシーツは取り換えられているように見えない。壁のパネル材は暗い色調で、重いカーテンにはタバコの煙と殺菌剤の甘い香りが入り混じっている。カーペットはしみだらけでネバネバしているので、ブーツは履いたままだった。

夜も更け、私の体はくたくたに疲れきっていたが、心はまだ興奮状態だった。体の見えないところが傷ついたのだろう。その証拠に、レストランのトイレで血尿が出たが、特に動揺しなかった。その晩は、これ以上動揺する事件なんて、あり得ない気分だった。

ビルと私はベッドに並んで横になり、ひとつしかない卓上スタンドでぼんやり照らされた部屋のなかで、しみだらけの天井を見上げた。浴室の蛇口からは、水がポタリポタリと静かに規則的に落ちてくる音が聞こえる。二〇分ほどすると、ビルはようやく口を開いた。「ついにやられたな。僕たちは学生に殺されるところだった」

たいへんなできごとをこんなおかしな形で表現するものだから、おかしくなった私はクスクス笑い始めたが、すぐに声を立てて笑い出した。笑い始めると止まらず、しまいにはお腹の底から声を出して笑い、お腹がひきつって呼吸が苦しくなった。ついにはコントロールが利かなくなり、パンツに少々お漏らしまでする始末だ。笑うのが苦しくて、私が笑っているあいだは笑わないでちょうだいとビルにお願いした。最後に笑い声は泣き声と区別がつかなくなった。ビルもおかしそうに笑っている。私たちは笑いながら、死神をあざむき、退散させたことをおおいに喜んで感謝した。この幸運は天からの贈り物だ。こんなにもすばらしい世界を簡単には離れることなんかできない。私たちにはその資格がないかもしれないが、とりあえず生きることを許されたのだ。体が限界に達してようやく、笑いはしだいに収まっていった。でもしばらくして私が笑い始めると、つられてビルも笑った。私たちは何度も何度もこれを繰り返した。ベッドに並んで服を着たまま、ブーツを履いたまま、いつまでも笑い続けた。

ようやくビルが起き上がって浴室に行ったが、すぐに戻ってきた。「やれやれ、トイレが詰まっている。逃げてくるとき、トイレ用のボトルを持ってくればよかった」

「カーペットにしちゃえば。いままでだって、みんなそうしてきたのよ」

ビルはあきれた表情になった。「動物じゃないんだよ。それに浴槽の排水は問題ない」。そこで私は起き上がり、彼の提案を実践した。それから再びベッドに並んで横たわり、天井をいつまでも見上げた。

「ねえ、テリには気の毒なことをしたわ。きっと私を嫌いになっているわね」

「そんなことないさ、命拾いしたのだから喜んでいるはずだよ」

「そうね、全員が生きていたのだから喜ぶはずよね」と私は自分に言い聞かせながらも、不安は消えなかった。「やっぱり今回の事件は私のせいだと非難しているわ。それにそもそもが、私のせいじゃない。サンフランシスコの会議に彼女を連れて行くことを決めたのは私だもの」

「でもそのおかげで、アメリカ縦断の旅をただで経験できたんだよ。卒業したあとに仕事をもらいたい人たちと、会うチャンスに恵まれたんだ。どうしたらよかったの。アトランタにとどまって、彼女の研究を僕が面倒見ていればよかったわけ」と話すビルは、それまで見たことがないほど憤慨していた。「だって彼女、大人だろう。三五歳かそのくらいじゃないかな。僕たちよりもずっと大人だよ」

「でもね」と私は反論した。「私が学生だったときは、会議に連れていく学生にあんなことさせなかったのよ」と話しているうちに、自分に腹が立ってきた。

「いいかい、学生とは絶対、友だちになれないんだよ。そんなことはきれいさっぱり忘れなくちゃ」と言ってビルはため息をついた。「きみと僕とふたりでがむしゃらに働いて、何度も根気強く教えてやって、大事な命を危険にさらしても、最後は確実にいなくなる。でも、それが仕事なんだ。ふたりとも、そのために給料を払われているんだよ」

「そのとおりかもしれないけれど」と彼の皮肉な考え方に同調する気持ちに傾いたが、でも全面的には受け入れられない。「本当にそう信じているわけではないわよね」

「そうだけどさ。でも、今晩は信じるよ」

私は目を閉じたまま横になり、浴室の蛇口から静かに規則的に落ちてくる水滴を数えていたが、ビルはようやく口を開いた。「それからさ、職場の仲間とも絶対に友だちになれない。忘れないでよ」

思いがけない言葉に動揺した私はこう尋ねた。「じゃあ、私たちはどうなの。友だちじゃないの」

「違うね。きみも僕も、あわれなろくでなしだよ。ホテルの部屋代の二五ドルも節約する程度のね。さあ、もう静かにして。少し眠ろう」。私たちは大きなベッドの両端に、服もブーツも脱がないままで横になって眠った。きっと家族はこんな感じなのだろう。私は今日という日を経験し、明日を迎えられる幸せを神に感謝した。

翌朝はなかなか目覚めなかった。部屋から出てきたころには、太陽が高く上っていた。ロビーで私たちを待っているテリは不機嫌そうで、ひと晩中眠れなかった様子だ。

私たちは通りの反対側のビッグリグ・トラックストップまで歩き、一人前のベーコンエッグをシェアしたが、それでも四人には十分すぎるほどの量だった。ビルが八杯目のコーヒーを注文したあと、テリは私のほうを向いて言った。「ソルトレイクシティの空港まで送ってくれませんか。もう帰りたいんです」。私はうなずいて、わかった、大丈夫よと言いかけた。

ところが、いきなりビルが「なんだと？」と大声を出した。フォークを下に置いて、地面が揺れているかのようにテーブルを強く掴んでいる。「バンを転がしておいて、今度はここからさっさと逃げて、あとは勝手にやってくれっていうのか。ずいぶん冷たいんだな。冷たい。最低だよ」と言ってあきれた仕草を見せた。テリは急いで立ち上がると席を立った。おそらく化粧室で泣いているのだろう。私は彼女を追いかけて、慰めの言葉をかけてあげようかと考えた。大丈夫、誰でも間違えるんだから。今回の旅の計画そのものが馬鹿げていたのよ。さあ、みんなで帰るのよ。そう話してあげたいと思ったが、科学者としての直感が、そんな簡単にあきらめるのは間違っていると私を思いとどめた。

私はあれこれ考え、事態の収拾に努めた。ラボで発生するできごとの例に漏れず、今回の事故の最終的な責任は私にあるし、私が全責任を負わなければならない。夕べ私は、朝が来たらベッドから這い出して、混乱の収拾に当たらなければならないと覚悟していたのに、まだまったく整理がつかない。そもそもバンがどこにあるのか、それを言うなら自分のスーツケースがどこにあるのかさえ見当がつかない。ソルトレイクシティまで近いのか遠いのか、それもわからない。わかっているのは、会議で私のプレゼンテーションが始まる予定の時刻まで二四時間を切ったことと、まだ三つの州を越えていかなければならないことだけ。でも、今回は命拾いできたことだけで十分。命さえあれば、問題の解決に取り組めるのだから。そしてこの日は、命を奪われそうな事態が起こりそうにもない。いまや、無駄に命を奪われないことは、私にとって良い一日の新しい評価基準になっていた。ベーコンを食べて、急場をしのげれば十分ではないか。

計画を続行すべきだということは私も認めるが、ビルの反応には驚いた。そう言えば、いままで気づかなかっただけで、もしかしたらビルは私のもとを離れる計画を立てていて、まだ実行に移していないだけなのかもしれない。彼にはジョージアでの生活から逃げ出す選択肢があるという事実を私は初めて認識した。でも、ビルは今回のとんでもない事件をいつもと変わらぬ冷静さで受け止め、自分には何の落ち度もない災難の解決に手を尽くしてくれた。これだけ追い詰められた状況でも、動揺しているそぶりを見せない。ところが、自分以外の人間が私たちを見捨てようとしていることには取り乱した。どんなたいへんな状況でも、これほどの怒りを爆発させたことはなかった。

そうか。夕べ眠りに落ちる前に浮かんだ発想がようやく完結した。私の人生の拠りどころはラボで、ビルは私の家族なのだ。学生たちはつぎつぎと入れ替わっていく。希望に胸を膨らませながら、あるいは未来に不安を抱きながら、それぞれの道を歩んでいくのだから、そこに私たちが干渉する権利はない。ビルと私にとってはラボがすべてで、それ以外のことに心を悩ませる必要はない。学者として高邁な理想を振り回し、成果を貪欲に追い求める必要もない。私は世界を変えなくても、新しい世代を教育しなくても、組織のために尽くさなくてもよい。ラボにこもり、ビルとふたりで全身全霊を打ち込んでいけばよいのだ。私はバンから生還したときにポケットをさぐり、本当に大切な一枚の硬貨を見つけた。それは忠誠という名の硬貨だ。私は立ち上がるとレジで会計を済ませ、全員が外に出るまでドアを押さえた。「さあ、みんな、行くわよ。あとは大丈夫、やらなきゃ」

みんなでモーテルまで歩いて戻る途中、私たちのバンらしきものを駐車場で見かけた。そんなはずはない。だって、それは完璧な状態だった。でも近づいてみると、確かに完璧に見えるけれど、それは助手席側に限定されていた。運転席側は握りつぶしたビール缶のようにへこんでいるし、サイドミラーはなくなっている。フロントガラスのワイパーと一緒にもぎ取られてしまったのだ。それでも窓ガラスはすべて無事だし、助手席側のドアは普通に開閉ができる。ビルはドアを開けてなかを覗き込み、「高級車の惨状」についてコメントした。衝突したときの勢いでデリのふたは開いてしまい、腐ったランチミートやチーズの臭いが小便の臭いと混じり合って充満している。片側の窓にごみがこびりついているのは、前の晩に溝のなかに放置されているあいだに固まって、凍結してしまったからだ。

全員のスーツケースが見えるよとビルは報告してから、運転席にドスンと座ってエンジンをかけようとした。キーを回すとエンジンはたちまち息を吹き返し、アイドリングさせるとブンブンと心地よい音を立てる。ビルは満面の笑みを浮かべ、「さあ、行くぞ！」と大きな声を出した。私は鼻をつまんで助手席に乗り込み、テリとノアは後部座席におそるおそる潜り込んだ。

車はハイウェイに戻ると西へ進み、ワイオミング州のロックスプリングスをめざした。ノアは運転席側のサイドミラーの代役を務め、後続車が見えないときは無言で合図をおくった。そう言えば彼は、車で移動中に一言も発していなかった。私はシートベルトを閉めてから、正常に機能しているかどうか何回も確認した。

ハイウェイを走りながら、サンフランシスコまであと何時間かかるか私は計算した。早くて一六時間、遅くても一七時間で到着できるだろう。シエラネバダ山脈の大荒れの天気については考えなかった。当面、それは問題にならない。さしあたりは、すべてが順調に感じられた。ところがいきなりビルが叫んだ。「たいへんだ！　サイドミラーを探すのを忘れた。まっ、いいか、帰り道でいいや」

まったくビルときたら。私はサンフランシスコに到着することで頭がいっぱいで、このこわれた車で再びアメリカを縦断して帰らなければいけないことなど考える余裕がないのに。何か言ってやろうとしたが、ビルはそんな心のうちを読み取ったのだろう。私を指差してこう言った。「いや、いまは聞きたくない。おとなしく座って、プレゼンのことだけ考えて。最悪の事態を乗り切ったんだから、今度はそっちに集中して」

会場までの旅に比べれば、五日間の会議は平穏無事で、終わるとすぐアトランタまでの帰路についた。今回は10号線から20号線へと進路を取り、アリゾナ、ニューメキシコ、それに地図のないテキサスでも三二〇〇キロメートルを走った。ビルは毎日、この国は美しいと感嘆し、本当ねと私は相槌を打った。フェニックスに到着するころには、テリもすっかり立ち直り、過ぎたことはしかたがないという境地に達していた。

深夜にアトランタに戻ると、私はレンタルしたバンを返却した。営業時間を過ぎていたので、駐車場の返却箱にキーを突っ込み、そのまま立ち去った。それから一カ月のあいだ、大学の管理スタッフ全員から猛烈に非難された。私は、運転していたのは自分だと説明し、まったく後悔などしていないと何度も強調した。生還できたのはとにかく幸運で、これほどの奇跡について詮索するべきではないと訴え続けたが、誰もわかってくれない。しまいには相手に期待するのをやめた。結局、理解してくれる人がひとりだけいて、味方になってくれれば十分ではないか。彼という相棒がいる自分の幸せを私はかみしめた。

十一 〈地上のシグナル〉

シトカという小さな町は、おそらくアラスカで最も魅力的な場所だろう。太平洋に面するバラノフ島の西岸に位置し、太平洋の暖流のおかげで温暖な気候が維持されている。月間平均気温が氷点下にはならないので、数千人の住民には快適な環境が提供されている。シトカでは特に変わったできごとが発生したこともないが、一八六七年の数日間だけは例外だった。このときばかりは、世界中が一時的にこの町に注目した。

この年にはアラスカ購入が成立し、シトカではロシア側（売り手）とアメリカ側（買い手）の双方が出席して式典がおこなわれた。アメリカ上院が批准した条約によって、アメリカは五〇万平方マイル（およそ一三〇万平方キロメートル）の土地を一エーカーにつき二セントで購入することになったのだ。取引にかかった費用は全部で七〇〇万ドルにのぼり、終結したばかりの南北戦争の後始末に追われる平均的なアメリカ人にとっては、途方もない金額に感じられた。そのため、世論は真っ二つに分かれた。賛成する側は、つぎのステップとしてブリティッシュ・コロンビアの併合が可能になるという戦略的な利点を強調した。反対する側は、広大な領土の併合はアメリカにとってお荷物でしかないと論じた。当時のアメリカには、未開の地がまだたくさん残っていたからだ。南北戦争後のアメリカでは、この条約が遠く離れた奇妙な土地をめぐる善悪の戦いをもたらし、現実を忘れさせてくれるドラマの役割を果たした。

一九八〇年代にシトカは再び大きなドラマの舞台に選ばれたが、このときは国家間で条約が交わされた前回と異なり、生物種のあいだでの戦争だった。

木はシトカを愛する。夏は日が長いうえに気候が温暖なので、木が生きて成長するためには理想的だ。ただし、日が短くて寒い冬のおかげで、植物が巨大に成長することはない。シトカ・トウヒ、シトカ・ハンノキ、シトカ・トネリコ、シトカ・ヤナギは、どれもこの地域に遠征した探検隊によって初めて確認された。これらのシトカ産の木々はブリティッシュ・コロンビアに群落を形成し、ワシントン、オレゴン、カリフォルニアと生息範囲を広げていったが、性格はいたってつつましやか。シトカ・ヤナギなど、どんなに成長しても七メートル以上にはならないのだから、森の巨人とは言えない。しかし、すべての植物の例に漏れずシトカ・ヤナギも、見えない場所にたくさんのものを隠している。

ユーカリの木立を散策しているとかならず、独特の香りに包まれる。つんと鼻を突いて刺激的だが、石鹸のような香りがほのかに入り混じっている。実は、これはユーカリの木が作り出し大気中に発散している化学物質で、「揮発性有機化合物」略して「ＶＯＣ」と呼ばれる。ＶＯＣは二次化合物なので、何か栄養分を提供するわけではなく、その意味では基本的な生活機能にとって不可欠な物質ではない。それでもＶＯＣにはたくさんの用途があって、私たちが理解しているものもあるが、まだわからない部分が多い。たとえば、ユーカリが放出するＶＯＣには殺菌剤としての機能があるので、葉っぱや樹皮が傷ついても病原菌に感染することなく健康が維持される。

ほとんどのＶＯＣ化合物は窒素を含まないので、植物にとってはかなり安上がりに生産可能で、惜しみなく放出される。木が森じゅうにＶＯＣを大量に放出しても、特に不都合な点はない。例のユーカリの特徴的な香りが鼻を突くことはあるかもしれないが。実は、木が作り出すＶＯＣの圧倒的多数は人間の鼻では感じとれないのだが、それでも問題はない。そもそも香りを放出するのは、人間に感じてもらうことが目的ではないのだから。ところで、森から放出されるＶＯＣの量は増減を繰り返すが、それはどのＶＯＣ化合物もシグナルをきっかけに断続的に作られるからである。たとえばジャスモン酸は外敵による摂食などの傷害を受けた際に大量に放出される。

植物と昆虫のあいだでは四億年ものあいだ激しい戦いが続いてきたが、どちらの陣営も犠牲者を出している。一九七七年、ワシントン州キング郡にある州立大学の研究用の森林が、昆虫の攻撃によって壊滅的な被害を受けた。猛攻撃をかけてきたテンマクケムシは獰猛かつ貪欲な戦士で、数本の木を丸坊主にしたあと、さらに多くの木に深刻なダメージを与え、多くの種類の広葉樹が失われてしまった。しかし、負けるが勝ちという言葉もあるように、最終的な勝利を収めたのは木の陣営だった。

一九七九年にワシントン大学の研究者たちは、かつてテンマクケムシの攻撃を生き延びたシトカ・ヤナギの葉っぱを別のテンマクケムシに与え、食べる様子を注意深く観察した。その結果、ケムシの成長は普通よりも遅く、健康状態も悪いことがわかった。同じ木の葉っぱを二年前に食べた仲間と比べ、明らかに成長が遅い。ケムシの体調を悪化させる何らかの化学物質が、このときの葉っぱには含まれていたのだ。

しかし、さらに驚くべきことがあった。ゆうに一キロ半は離れた場所にある健康なシトカ・ヤナギも、同じようにテンマクケムシの攻撃に屈しなかったのだ。実際、遠くにある健康な木の葉っぱを与えられたケムシは元気がなくなり、森を破壊するどころではなかった。わずか二年前には、山全体をあっという間に丸裸にしたというのに。

近くにある木がお互いに根っこから分泌物を出して、地下でシグナルをやりとりしていることはすでに知られている。しかしシトカ・ヤナギのふたつの木立は距離が隔たっているのだから、土の中でトークが交わされたとは考えられない。地上で何らかのシグナルがやりとりされているに違いない。そして研究のすえ、葉っぱが最初にテンマクケムシによる摂食の障害を受けた際、外敵に抵抗する遺伝子を発現させるシグナル物質がＶＯＣとして放出されるのだという結論が得られた。さらにそこから、少なくとも一キロ半の距離を移動してきたＶＯＣを危険信号として受け取ったほかの木は、たとえ傷害を受けていなくても、傷害に対する防御反応を引き起こして先制攻撃の準備を整えるのだという仮説が立てられた。実際に一九八〇年代には、ケムシが何世代にもわたって葉っぱの鉄壁の防御を崩すことができず、栄養をとれずに死んでしまった。長期戦で臨んだ木は、最終的に戦いの流れを逆転させたのだ。

研究者たちは長年の観察結果から、木のあいだでは地上でシグナルがやりとりされている可能性が最も高いと確信するようになった。確かに木は人間ではないし、感情を持っているわけではない。私たちと同じではないし、私たちのことを気にかけてもいない。でも、人間について気にかけなくても、木はお互いにいたわり合い、危機が発生すると助け合うのだ。シトカ・ヤナギの実験からは、定説とは異なる美しくも感動的な事実が発見されたが、ひとつだけ問題があった。みんながそれを信じるまでに、二〇年もの歳月を要したのである。

十二　眠れぬ夜の電話

眠りにつくことはできるのに、それが長続きしない。一九九九年の早春、私はそんな夜を断続的に経験した。午前二時半ごろに目が覚めると、いくら眠ろうとしても頭が冴えわたって眠れない。ビルはラボを申し分ない形で運営してくれるし、実験も成功を積み重ねているが、それがかえって不満を募らせている。これだけ順調なのに、助成金を獲得するためのプロポーザルがことごとく却下されているのだ。契約が承認されるためには厳しい査読にパスしなければならないが、そこでは「過去の実績」が重視される。過去の契約をきっかけに生み出された発見の数が、有力な決め手になるのだ。したがって、新米の研究者はきわめて不利な立場に置かれる。

しかも、査読を任された科学者が評価と称して、自分の個人的な意見を押しつけてくるケースもめずらしくない。たとえば「この査読者が所属する機関では、対象の研究者の能力は大学院の学位取得レベルでしかない。何ともあきれる」といった、辛辣で役に立たないフィードバックを受け取ったこともある。会場に到着するまでに死に損なった例のサンフランシスコの会議で、私は植物の吸水の仕組みについて持論を紹介したが、するとひとりの年配の科学者が腹を立て、折りたたみ椅子の上に立ち上がると「あんたの話は信じられない！」と、私の発言をさえぎって叫んだ（何年も後には好人物だとわかったのだが）。あまりのショックに混乱した私は、「間違っているのはあなたのほうです」とマイクに向かってたどたどしく語ったが、会場の雰囲気は冷え切ったままだった。

正確に言えば、トラブルの発生は何年も前に遡る。当時私は論文執筆の合間を縫って新任の教授を訪問した。古植物学に関して並外れた専門知識の持ち主だったので、私は着任を心待ちにしていた。化石のコレクションをまとめた大きな荷物をほどき、分類してラベルを貼り、保管する作業を手伝ったものだ。持参した化石には地球最古の花の痕跡が残されていたが、それは彼女がコロンビアのボゴタ郊外のジャングルで、大きな危険を冒して採集したものだ。いずれも一億二〇〇〇万年前のもので、化石化した花びらの下にはごく小さな花粉やシダの胞子が集まっている。この新任教授はそれらを摘出して顕微鏡で観察したあと、花粉の形状をひとつひとつ細かく描写するだけでなく、化石に残された花粉の数についてもそれぞれ記録する計画だった。こうしてできあがった統計を利用すれば、シダが進化して花が誕生した経過を確認し、植物革命にまつわる謎の解明につながることが期待された。

化石のサンプルはどれもギザギザで崩れやすく、しかも真っ黒だったので、質量分析計で計測できるだけの分量の有機炭素が本当に含まれているのかしらと、思わず声に出したほどだ。ところがテストサンプルを分析計にかけてみると、有り余るほどの量が含まれていることが判明し、新しいタイプの化学分析をおこなうのも不可能ではなかった。この新しいテクニックを使えば、正常でありふれた炭素原子核と重い炭素原子の比率を測定することができる。

このときの研究からは大昔の化石に含まれる炭素13が初めて分析された。ただし、ラボでの作業には二年もかからなかったが、データを解釈して最終的に研究成果を公表するまでにはまるまる六年を要した。こうして教授職としてのキャリアを始めたばかりの私は、検証されていない仮説が驚くべき結果につながることを理解してもらうため、風変わりな方法で風変わりなサンプルを分析し続けた。何もかも規格はずれだったが、まだ世間知らずの私は、研究への信頼性が自分よりもはるかに高いオーディエンスが相手でも、うまく説得できると高をくくっていた。でも、世の中はそんなに甘くない。私のキャリアは最初から、挫折の連続になってしまった。

何度も学者としての壁にぶつかっては自信を失い、当惑してばかりいた私も、しだいに現実を理解し始めた。成果を得るためには一定の人数の科学者に自分の研究内容を理解してもらう必要があるが、そのためにはたくさんの会議に出席し、みんなとひんぱんに連絡を取り合い、研究についての自己分析にたっぷり時間をとるべきだったのだ。ただし、その時間が問題だった。お金はどこまで長続きするのだろうか。ラボを立ち上げるために大学から提供された資金が底を突いたあとは、化学薬品、グローブ、試験管など、確保できないものはすべて、地下の薄汚れた物置から調達するようになった。ついにはごみ箱を漁って廃棄物をリサイクルするまでになり、「使命遂行のためにはしかたがない」と正当化に努めたが、そんな言い訳もむなしく響いた。最後は技術管理棟の教育実習用研究室を訪れ、必要なものを失敬してきた。悪いとは思ったが、これだけ設備が充実しているのだから、少しばかりなくなっても困らないはずだと勝手に決めつけた。

そしてついに、ビルに給料を支払う余裕がなくなった。「この建物の住人ってあなたのことですか」と勇気ある学生が尋ねると、ビルはいつでも憤慨して悪態をついたが、状況は日増しに厳しくなっていった。当初ビルにとって極貧生活は愉快な冒険で、ボヘミアンとしての暮らしを一時的なものとして楽しんでいたが、それが何カ月も続くと、さすがに魅力も薄れていった。彼がホームレスとして暮らしているあいだ、私は毎晩ご飯を作ってあげるなど、ささやかな行為で罪ほろぼしをしてきたが、最近では、ふたりの生活は目に見えて破綻してきた。

そして私は、不安が現実になる可能性にもおびえた。私は子どものときから、本物の科学者になりたいと望んできた。いまようやくその夢の実現に近づいたのに、すべてが失われる危険が待ち構えている。ラボでの時間を増やし、徹夜で研究してもたいした成果は得られない。

誰かがうっかり消し忘れている照明はないか点検している警備員は、明かりのついた部屋で私の姿を見つけると「いくら仕事が好きだって、相手は同じようにあんたを愛しちゃくれないよ」とぶつぶつ言って、あわれむような表情でオフィスの扉を閉めた。認めたくはないが、確かにその通りかもしれない。

でも、何よりも恐ろしい悪夢は、ラボを失うことだった。私にとって、ラボは唯一の具体的な夢だったのだから。大学生のとき、私はこんな未来をはっきり思い描いた。本物の学者（それは何よりも、ラボの扉に自分の名まえが記されていることで証明される）になれば誰からも信頼され、そのあと何かすばらしい科学的発見をすれば、楽に暮らせるようになるのだと。そんな見返りを期待できるからこそ、大学院では猛烈に勉強したのだ。

だから、キャリアを始めて早々に挫折続きの現実に当惑し、生まれて初めて、自分は夢を実現できない運命なのかと本気で心配し始めた。私は、腕を肘のところまで洗濯液のなかに突っ込んで、シーツをゴシゴシ洗っている過去の女性たちの姿を思い浮かべたものだが、それを将来の自分と重ね合わせるようになった。眠れない夜に感傷的な気分でつらつらと思い悩むうち、私は気の毒な聖ステファノについて考え始めた。彼は信仰と聖霊に充ちる者として称えられているにもかかわらず、エルサレムを出る間もなく、郊外で石打ちの刑に処せられて命を落とした。そのわずか数日前には幸運にも、福音を伝える七人の伝道者のひとりに選ばれたというのに。彼を選んだ使徒たちは、物事についての新しい解釈を伝えたら、人々が猛烈に腹を立てる可能性に現実味があることを説明したのだろうか。もちろん彼は敬虔な信者だから殉教したのだが、だまされた気分を多少は抱いたのではないだろうか。

　聖書は詳細について語らないが、生来の自衛本能に突き動かされ、殉教を回避しようとしなかったのだろうか。誰かが頭に石を投げつけてきたら、本能的に避けようとするのが普通ではないか。両手を広げて歓迎するだろうか。目を閉じて何も抵抗せず、こめかみに一撃を食らうのを待ち構えるだろうか。そもそも、みんなが石を投げつけたというが、その石はどこから持ってきたのか。現場に向かう途中に拾い集めたのだろうか。ひとりにつき何個の石が必要だと計算したのだろうか。拾い上げた石をひとつひとつ点検し、何らかの基準にしたがって選り分けたのだろうか。女性たちも石を投げたのだろうか。それともラファエルの絵に描かれているように、離れた場所で面白そうに笑っていたのだろうか。そしてサウルはどうしたのだろう。この陰惨なできごとのいっさいを監督する立場の実力者だったのに、最終的にはステファノと同じ信仰の持ち主になって、ローマ帝国のあちこちを伝道した功績を少なからず賞賛されているが、結局それはステファノが死んでからの話だ。

　こうしてとりとめのないことばかり考えているうちに、神経はますます高ぶって、しまいには我慢できないほどの痛みが体のあちこちを襲った。最初は膝と肘が痛くなり、それが足首と肩にまで広がっていく。私はベッドの端に座り、関節をもみながら体を前後に揺らし続けたが、三〇分ほどすると耐えきれなくなってビルを呼んだ。彼が眠っているオフィスの壁には骨董品のような電話が設置されているが、その呼び出し音は旧式の火災警報の音と似ていなくもない。彼がすぐに答えてくれたのは、私を心配したというより、けたたましい音をあわてて鎮めようとしたからだ。

「もう魔女の出る時間だよ」と受話器の向こうから聞こえてきた。

「気分が悪いの」とつぶやく私の声は、不安に圧倒された心を象徴するかのように震えていた。

「情けない声を出さないで。僕と別れてから、何か食べたの」

「エンシュアを少し飲んだけれど」と話すと、受話器の向こう側からはあきれたようなため息が聞こえ、そのあとは長い沈黙が続いた。

しばらくすると、ビルは私への不満を隠そうともせず語り始めた。「いつも言ってるじゃない。ここを我慢すれば、あとは良くなっていくさ」

私は心が折れないように必死でこらえた。「でも、良くならなかったら？　助成金をもらえなかったらどうするの。私がそこまで賢くなかったら？　何もかも失ったらどうするのよ」と、興奮のあまり支離滅裂に話し続けた。

「どうするかだって？　ふん、何も変わらないさ」とビルは大声を張り上げた。「『助成金をもらえなかったらどうするの』だって？　最近きみが数字を計算しているのかわからないから、参考までに教えてあげるよ。僕の給料をこれ以上減らすのは無理だからね。クビになったらどうするかって？

ラボから追い出されるだろうけど、合鍵なら明日にでも作れるさ。でもさ、正直言うと、何だかおかしくない？　きみがいつまでもここに雇われて、毎日このラボで働く必要はないんじゃない。パワースーツを着て面接を受けて、さっさと出て行けばいいのさ。一度はラボを作ったんだから、またできるよ。夜のあいだにテントをたたんで退散すればいいじゃない。つぎの町できみはオルガンを手で回して演奏しなよ。僕はみんなのあいだを回って、帽子のなかにチップを入れてもらう。それを缶のなかに貯め込めばいいんだ」

ビルの説教に慰められ、私は弱々しく笑い、再び長い沈黙が続いた。

「ねえ、『マーシーの書』を読んでみない」

「いいよ、ようやくまともな話をしたね」とビルが賛成したので、私はベッドの下から分厚い原稿の束をゴソゴソ取り出して、適当にページを開いた。

最近までラボに所属していた大学院生に私たちは「マーシー」というニックネームをつけた。それは本人が大好きな『ピーナッツ』のキャラクターにちなんだものだが、結局のところ、本当はペパーミント・パティと呼ぶほうがふさわしい学生だったことが判明した。Dマイナスの評価がひとつではないが、それを素直に受け入れるところはペパーミント・パティとそっくり。結局、研究成果を改善して合格点をとる努力をするのはやめて、円満にラボをやめていった。そんな彼女の置き土産が「論文」の原稿で、改訂するたびにものすごい量に膨れ上がった。これは新しい文学スタイルなのではとすら思った。とにかく何もかもあきれ果ててしまう。サイズを一四ポイントに指定したパラティーノのフォントを使っているし、製本前にページを確認しないから上下が逆さまになっているところがある。眠れないほどの興奮状態が静まるのを待ちながら、私はマーシーのナンセンスな原稿から三ページを抜き出して朗読し、つぎに『フィネガンズ・ウェイク』の一節を読んだ。それからビルに、どっちがどっちなのか確認してから、その決断の根拠を批評家の目で分析して正当化してみてと持ちかけた。その前の晩、私は『マーシーの書』の「メソッド」のセクションと、『ゴドーを待ちながら』のなかで有名な「ラッキーの独白」を比較対照していた。

悪だくみから大きなカタルシスを得ることを期待して、ビルと私はお互いに知識をひけらかした。最近では、こうしてビルと長電話をしながらふざけ合うのが、いろいろな考え事で混乱した頭を冷やして眠るための唯一の手段になっていた。

会話が途絶えて長い沈黙が続き、私は窓の外を眺めたが、まだ日が昇る気配はない。時計を確認してみる。「わっ、もう四時。まだ起きてるなんて、新記録だ」。不安はようやく静まってきた。

「こんなとき、いちばん迷惑なことは何かわかる？　犬を眠らせていないだろう」とビルは嘆いた。そこで、ベッドの足元のバスケットに横たわっているレバに視線を向けてみると、言われたように目を開けて、静かにこちらを観察している。

再び長い沈黙が続いた。やがて「ねえ、医者に行くとか、何とかしたらどう」と語りかける声にはやさしさが感じられた。

それでも私は、せっかくの提案を笑いとばした。「お金も時間もないのよ。それなのに、何のために行くの。ストレスを減らしなさいって忠告してもらうため？」

「プロザックとか、処方してくれるよ」

「うーん……必要ない」

するとと、今度はすぐに答えが返ってきた。「じゃあ、きみは飲まなくていいよ。きみのラボに暮らしているホームレスの男にくれてやればいいさ」

新たに押し寄せてきた罪の意識に、私は圧倒されてしまった。ビルが自分の不幸について、これほど具体的に打ち明けたことはなかった。

「考えてみる」と私は約束してから、最後の一言を話そうとしたが涙をこらえきれず、ビルに聞かれないように受話器の送話口を片手で押さえた。そしてようやく収まると、穏やかな声で言った。

「電話に答えてくれてありがとう」

「いいさ、そのために給料をたっぷり払っているんだろう」とビルは言って、受話器を置いた。

＊　＊　＊

その後、事態は改善する。半年後、私たちは引っ越しトラックを借りた。実験道具を積み込み、レバを前のシートに乗せて、今回はシートベルトを着用してから、北に進路をとってボルティモアをめざした。ジョンズ・ホプキンス大学でふたりの新しい仕事を確保したのだ。研究室の器具は破棄処分にするより、新しい場所にそのまま移動させたほうが理に適っていると主張して、ふたつの大学の関係者の説得に成功したのだ。引っ越しを終えると、私はビルの忠告にしたがって医者を訪れた。そして正しい薬を処方され、健康に良いものを食べて規則的に睡眠をとるようになったおかげで、心身ともに丈夫になった。ビルはタバコをやめた。ふたりとも研究に打ち込み、閉じられた扉を何度も叩いた。最後はかならず開くはずだと信じ続けて。

愛情も学問も、どちらも決して無駄にならない。私はアトランタを離れるとき、最初に足を踏み入れたときより物知りになっていた。いまでも目を閉じるだけで、クシャクシャにしたモミジバフウの葉っぱの香りを、まるで手に持っているかのように思い出すことができる。ラボのどの器具を指差されても、購入するためにいくら支払ったのか、細かい金額まで言うことができるし、どの会社のものがいちばん安いのか覚えている。水圧エレベーターの理論について、教室にいる学生がひとり残らず一度で理解できるように説明できるようにもなった。それから、まだ半分程度しか理解していないけれど、ミシシッピよりもルイジアナのほうが、土壌水のなかの重水素の含有量が多いことを知っている。そして何より、誠実であることのすばらしさを学んだ。だからそのあとどこへ行こうとも、自分が常に誠実な人間でいられる場所を選び続けた。

第Ⅲ部

花と果実

一〈植物の上陸〉

何十億年ものあいだ、地球の陸地の表面はまったく不毛の状態だった。海が豊かな生命であふれるようになったあとも、陸地にははっきりとした生命の痕跡が存在していない。海底に三葉虫の群れが繁殖し、それをアノマロカリス——海の節足動物で、ラブラドールレトリバー犬ぐらいの大きさ——が捕食するようになっても、陸地にはこれらに匹敵する生物が存在しなかった。やがて海綿動物、軟体動物、ヘビ、珊瑚、エキゾチックなウミユリなどが沿岸や水深の深い環境を自由に動き回るようになったが、いまだに陸地には生命が存在しなかった。さらに時代が下り、顎のある魚も顎のない魚も初めて登場し、今日の魚のような骨格に進化していっても、陸地には生命がまったく存在しなかったのである。

今日、岩の割れ目には単細胞生物の化石がわずかながら残されているが、それよりも高度な生物が陸地に登場するまでには、さらに六〇〇〇万年の年月を要した。しかし、最初の植物が苦労のすえ陸地に登場すると、わずか数百万年のうちに大陸全体が緑に覆われ、まずは湿地、つぎに森が誕生した。

三〇億年におよぶ進化の歴史のなかで、このプロセスを逆行させ、地球から緑を大量に奪い取った生物はひとつしか生み出されなかった。植物が四億年の年月をかけて苦労しながら緑化してきた地表では都市化が進められ、かつてと同じ不毛で過酷な環境に引き戻されてしまった。アメリカでは、今後四〇年間で都市部の面積が倍増する見込みで、ペンシルベニア州の面積に匹敵する広さの保護林が消滅するという。途上国の世界では、都市化のスピードがもっと速く、もっと多くのスペースが奪われてもっと多くの人間が関わっている。アフリカ大陸では、ペンシルベニア州の面積に匹敵する森が五年ごとに都市化されている。

かつてボルティモアは比較的湿潤な気候のおかげで豊かな森が茂っていたが、いまではアメリカ東海岸で最も木の乏しい都市である。ここでは、住民五人でおよそ一本の木を所有している計算になる。宇宙から眺めれば、緑に覆われているのはボルティモア市全体のおよそ三〇パーセントにすぎず、残りの部分はどこまでもアスファルトが続いている。私はビルと一緒にボルティモアに到着すると、その日のうちに頭金なしで住宅ローンを組んで、大学の近くに中古住宅を購入した。ビルはこの家の屋根裏部屋に引っ越してきて、根なし草のような以前の習慣をすぐに復活させた。私たちふたりを大きく成長させてくれたジョージアを離れるのはほろ苦い気分だった。でも、陸地に最初に誕生した植物と同じで、私たちにはさらに成長するための新しい場所が必要だった。だからこの岩だらけの場所を新しい住まいとして定め、さらに前進していく決意で臨んだ。

二　譲り受けた実験設備

「ねえ、これって本当に不法行為じゃない？」と私はＣＢ無線を通じてビルに問いかけた。

「さあ、わからない。公共の電波を使って、道中じっくり考えてみようよ」。そう答えるビルの声は聞き取りやすいが、それもそのはず、私のすぐ前の車を運転している。いまはシンシナティをあわだしく訪問したあとの帰り道で、車の一台はＵホールでレンタルしたバンである。

「うーん、そうねえ」と私は考えた。「あと少なくとも六四〇キロメートルは走らないといけないでしょう。もしも警官に呼び止められて、『シンシナティ大学所有』というスタンプを押された実験室設備を全部で何百ドル分も運んでいることに気づかれたら、どうなると思う？　私たちが正式な所有者だと主張しても、メリーランド州の運転免許証では十分に証明されないかもよ」

「エドの遺言と証明書のコピーを持っていないの？　『私は心身ともに疲れ果てたため引退を決意した。実験室の設備はすべて、状態の良し悪しにかかわらず、今後は孫弟子に譲り渡す。彼女は私の研究成果を引き継ぎ、何倍にも改善してくれるだろう』って、書かれている証明書だよ」。ビルはこの会話を心から楽しんでいるようで、自分の車の無線が故障したら、私のほうから一方的にしゃべり続けるようにと厳命されていた。

「そんなもの、あるわけないじゃない。彼が何かを書き残したいなんて思えない……でもまあ、そんなたいそうに考える必要もないかな。だって、ビーカーを使ってどんな犯罪を計画できるって言うの。おまわりさんでも考えつかないわよ」

「さあ、どうだか。それよりも、ウエストバージニアに一万件目のメタンフェタミン【訳注／覚せい剤の一種】・ラボを始めてみない」と、ビルは自分の興味を押しつけようとした。

今回、彼はあまり協力的だったとは思えないが、少なくとも設備を持ち出す作業には、私と同じように熱心に取り組んでくれた。レンタル会社Uホールのバンに荷物を詰め込む作業を三度もやり直し、そのたびに荷物は増えていった。

「きみが心配するのは当然だよ。大事な戦利品は奪われないようにしないとね。役に立たないかもしれないけど、せっかくただでもらい受けたんだからさ」とビルは言って、私たちが置かれた状況を道徳的観点から分類した。

翌日は、ジョンズ・ホプキンス大学の地質学部の広大な地下室を、すばらしいラボに作り変える作業を続けた。一九九九年の夏にここに移ってきたときから取り組んできたが、私たちは大がかりな作業の合間を縫って、生物学、生態学、地質学に関する全米レベルの学会にできるかぎり足を運び、名まえを売り込み、新しいラボの宣伝に努めた。そして一九九九年の秋にデンバーで開催された全米地質学会の会議で物販コーナーを歩いていたとき、私にとっては「学問の世界のおじさん」に当たる、大好きなエドにばったり出会った。ちょうど、奥さんへの誕生日プレゼントを物色しているところだった。しばらく会わないうちに白髪が少し増えていたが、それでも私が大好きな理想の父親像は健在だった。近づいて声をかけると、エドはプレゼント探しをやめて、歓迎のしるしに私をうれしそうにハグしてくれた。

エドは私の学位論文アドバイザーと同じ大学院に通った人物で（だから「おじさん」に当たる）、何十億年にもわたる海水位の上昇と下降の計算に取り組んできた科学者のひとりだ。海面に生息していた微生物の死骸は海底に堆積するが、エドのチームはそれを全部で何千個も分析する作業に取り組んできた。一九六〇年代に始まったこの研究では、微生物の死骸と北極の氷のあいだの思いがけない関係を土台に、死骸の化学的構造から北極の氷の厚さを計算する方法が考案された。

北極の夏が寒いと、冬に降った雪は解けずに蓄積され固まっていくが、しまいに氷床がその重みに耐えかねると、基部から突出した巨大な氷舌が切り離されてしまう。こうして氷床から切り離された氷山は、はるか南のイリノイ州でも確認されているほどで、そこからは、北極から南極にいたるまで氷ですっぽり覆われた「スノーボール」アースを創造した犯人は、絶え間なく続いた冷夏だった可能性も考えられる。海からは大量の水が蒸発して水蒸気になり、雲のなかでできた雨の粒は地上に降り注ぐ。したがって、地球全体が極の氷に広く覆われているときは、蒸発する水の量が減って雨が降りにくくなり、結果として海水の量が減少し、海水位は何メートルも下がってしまう。こうして水位が低下すると、新しい陸地が姿を現し、動植物や人間が生息する新しい土地が誕生し、何千年もの歴史を持つ障害物が取り除かれた環境であらゆるものが混じり合う。氷の世界は征服すべき新天地に事欠かず、勢力の均衡が常に脅かされ、実に刺激的な新世界だった。

このような寒い時代と温暖な時代のサイクルが地球では繰り返されてきたとエドらは確信していたが、残念ながら、新しい世代の氷が生まれると、その前の世代の氷の痕跡はかき消されてしまう。最後の氷河時代よりも以前の海の状態を知るためには新しい方法を探さなければならない。そこで注目したのが、悠久の時を経て膨張と後退を繰り返してきた海洋で束の間の命を終え、海底に堆積した微生物の死骸だった。大量の死骸が集まって固まると固い堆積岩ができあがり、長い歳月のうちにはそれが幾層にも積み重なるが、石油探査用のドリルはそのなかに果敢に切り込んでいくことができる。

どの微生物も生きているあいだは海水を全身に浴び続け、氷が取り除かれた状態の海の化学的構造が体に刻み込まれる。したがって、化石化した微生物の化学的構造を時系列で分析すれば、氷河時代のサイクルについて知る何らかの手がかりが提供されるはずだ。エドはこのささやかな理論の研究に何十年も取り組んできた。当初は荒唐無稽な話だと相手にされなかったが、やがて具体的な事実として認められ、いまでは地質学のあらゆる入門書で取り上げられている。この貴重な研究を支えるため、エドは一九七〇年の当時としては「先端的な」装備が満載された大きなラボを運営していた。

エドから最近どうしているのと尋ねられた私は、ジョンズ・ホプキンス大学で新しいラボを作っているところですと説明してからビルを紹介した。バークレーで顔を合わせる機会があったはずだが、エドは覚えていなかった。最後に会ったあと彼は学部長に昇進していたので、お仕事はどうですかと尋ねた。すると、トレイのうえのジェムストーンを物色しながら、「別にたいしたことじゃないさ。今年の終わりに退官するんだ」と教えてくれた。

エドはとっくに七〇歳を過ぎていたが、それでも私はこの発言にショックを受けた。自分が教えを受けた世代の学者がいなくなるという現実を、受け入れるだけの心の準備はできていなかった。彼は私にとって数少ない味方のひとりなのだから、もはや守ってもらえなくなったら、閉鎖的な学者の世界で私はどんな扱いを受けるだろう。

「ええっ、じゃあ研究室はどうなるんですか」

「大学が新採用した地球物理学者が、コンピューター・クラスターを持ち込む予定なんだ」と、いかにも悲しそうだ。「僕の持ち物は、すべてゴミ箱に直行さ。何かほしいものはある？」

それを聞いたとたん、頭に血が上った。ビルを見ると、口を半開きにしている。そして翌週、私たちはさっそく車でオハイオ州へ向かい、シンシナティに到着すると、帰り道で使うバンをUホールでレンタルしたのである。

火曜日の昼前、エドはラボの建物の前で私たちを出迎えてくれた。そしてなかをあちこち案内しながら、みんなに向かって私のことをつぎのように誇らしげに紹介した。「彼女は新入生のときから知っているけれど、いまでは大学教員として立派な研究をおこなっている」。今回ここを訪れたのは、このラボの備品は科学的価値が大きいので、捨てるのは惜しいと判断したからだ」。それからエドは、私が出会うたびに繰り返す話をみんなに聞かせた。おそらく私がいないときも繰り返しているのだろう。「かつて彼女は私の論文を読んだあと、実験の背景、詳しい情報、そして『NG集』について教えてくださいと、わざわざ長い手紙を書いて寄越したんだよ。フィールドで一緒に土壌調査をおこなったときもすごかった。活動する時間をちょっとでも無駄にするのが惜しくて、テントを張る代わりに車のなかで眠っていたんだ。こんなに頑張り屋の学生は見たことがない、初対面のときから特別な存在だったよ」とほめちぎったのである。話のあいだずっと、私は照れ笑いを見られないようにうつむき、足をもぞもぞ動かしていた。

話が終わると私はエドを見上げ、「ありがとうございました」とお礼を言ってから、居合わせた人たちに順番に視線を向けて、身の縮む思いをした。誰もが私を上から下までじろじろと眺め、私にとっては見慣れた表情を浮かべているのだ。その表情からは、「えっ彼女が？　うそだろう。何かの間違いだろう」と考えていることがわかる。科学の世界での性差別のメカニズムについては、官民を問わず世界中の機関が研究をおこなっており、このメカニズムは複雑でさまざまな原因が関わっているという結論が導き出されている。でも私のささやかな経験によれば、性差別の仕組みはいたってシンプル。おまえがそんなに偉くなれるはずはない、何かの間違いだと常に言われ続け、その重荷に耐えていくしかない。

「でもきみは髪をひっつめにして、汚れたTシャツでいつも走り回っているだろう。それが得になるとは言えないよ」とビルは、私が迫害される者の気分になるとかならず指摘する。その正しさは、確かに認めなければならない。

エドは私たちを地下に案内し、ラボの鍵を開けた。この部屋のなかで何年も実験がおこなわれていないことは間違いないが、それでもおよそ九二平方メートルの部屋には埃をかぶった装置だけでなく、おびただしい数の備品が保管されている。部屋の片隅に立っているビルの顔の表情からは、この部屋にある備品の量とトラックの積載量を比較していることがわかる。全部ひとまとめにして持っていけばよいと直感的に考えているようだが、引き出しに詰め込まれている使い古しの耳栓など、残していくものについては厳選しなければならない。

「なくなると寂しいものがあったら、遠慮なくおっしゃってください」と私はエドに言ったが、とにかく何でもほしいのだから、本心を隠すために苦労した。

そんな私にエドは笑顔で答えた。「いいんだ。ここにある装備について、僕はほとんどわからない。これはみんな、優秀なスタッフが準備してくれたものだ。ヘンリックといってね、きみが会えなかったのは残念だよ。ほとんどは彼の手作りなんだ。僕のもとで三〇年間働いて、三年前にリタイアした。いまはシカゴに住んでいるけど、何か困ったことがあればコンタクトできるはずだ。工場から購入した備品にも、ずいぶん手を加えている。ヘンリックは片腕なんだよ」

そのあと長い沈黙が続き、最初にビルがそれをやぶった。彼は両手を天井に向かって突き上げて、大声で叫んだ。「なんだ！　彼が役立たずだって言うのか？　僕にひとつだけ我慢できないことがあるとしたら、それは研究室に変人扱いする考えがあることだよ。ああいやだ」

そのあと数分間気まずい空気が流れたが、私を振り向いたエドは「いったいきみはこんなやつをどこで拾ってきたんだ」と問いかけるような表情を浮かべていた。私はこんなときの常として、顔に穏やかな笑みを浮かべたまま、じっと立ち尽くしていた。エドはあきれた様子で時計をチェックした。そして「そろそろ学部長室に戻らないといけない。重いものを運ぶのに困ったときは、ここの施設のスタッフに声をかければ手伝ってくれるよ。荷造りがすんだらオフィスに寄ってくれ。オフィスの場所は、階上にいる秘書が教えてくれる」と言って、ブリーフケースからネクタイを取り出し、スーツのジャケットを羽織り、立ち去っていった。

私はビルと視線を合わせると苦笑いして、「まったく、これじゃあなたをどこにも連れていけない」と嘆いた。

実はビルは、利き手である右手の一部が欠けている。どういうわけかそれは、何年も一緒に研究をおこなってきても、ひと握りの人たちしか気づかない。彼の皮膚はあちこちに傷があるから、最初は正常だった手の一部がある時点で切り取られたのは間違いない。本人はまったく記憶がないのだから、幼い頃のできごとだったはずだ。真相を知っているのはビルの両親だけだと思うが、ふたりとも話題にするつもりがない。母親がスウェーデン人の血を引いていることを考えれば、情報を提供したがらない気持ちも私には十分に理解できる。

でもビルは一・七本分の手で、世界中の健常者の大半よりもたくさんの仕事をこなす。彼の手が標準とは異なる点で意味を持つのは、真面目な話を面白おかしく説明するときぐらいだ。「実はビルはね、研究室での実験に失敗してケガをしたのよ」と作り話をするとき、私は屈折した喜びを感じたものだ。ビルはビルで、鋭いメスで作業をしている学生の後ろにまわって「指に注意しろよ！」と大声で注意しては面白がっていた。

私たちは予め購入しておいた段ボール箱と気泡緩衝材（プチプチ）を持ち込んでから家具を移動させ、持ち帰りたいアイテムを包装するためのスペースを確保した。それから役割分担を決め、ビルは大きな装備を分解し、私は小さな備品を整理してから包装し、段ボール箱に詰め込むことにした。作業は何時間もかかったが、最初は確実に用途のあるものに専念した。箱が開封されていないグローブ、特注のフラスコ、独立形変圧器、ポンプ、電源装置などだ。それが終わると、つぎはめったに使わないけれども高価なアイテムに移った。極低温の液体を空気に触れさせるとき、沸騰を遅らせる機能を持つ容器などだ。私は各アイテムを梱包しながら、おそらくこれは数百ドルで購入したものだろう、出費が不要になってよかったと思いながら、頭のなかで計算していった。ビルは大きなアイテムの形をノートに描き、あらゆる角度から写真を取ったうえで、分解作業にかかった。帰ってから、組み立てのマニュアルがないことがわかっていたからだ。さらに彼は自分の仕事を進めながら、私のやり方をいちいち批判して、二人分の作業をみごとに同時進行させていった。

「これじゃだめだよ。プチプチを使いすぎ。もっと大事にして」とビルは注文をつける。

「ごめん、そうだったわね。ガラスは割れやすいって、博士課程で教わった記憶があったから。あなたのほうが、コミュニティーカレッジできちんと学習したのね」

「ラップはなるべく節約して。少なくても厳重にきっちり包装すればいいんだ。そうすればたくさん持ち帰れるだろう。運転は慎重にするからさ」とビルは小うるさい。

「ねえ、何でそんなに不機嫌なの。今回は私がお膳立てをしたのだから、もっと喜んでくれてもいいじゃない」

「ああそうだっけ。僕が夜中じゅう運転しているあいだ、きみは眠りこけていたから不機嫌なんだと思うよ」

「あなたにお礼を言うのを忘れてた？」と私は目を大きく見開いた。「今さらいいじゃない。すんだことはしかたないでしょう」

部屋の片隅には手作りの質量分析計があったが、それを巡って口論する展開は避けたかった。ふたりともほしいとは思うが、持ち帰れないことはわかっていたからだ。最後は近づいて、まるで狡猾な獲物を遠巻きに監視するときのように、あらゆる角度から観察してみた。こんなに大きな質量分析計は見たことがない。小型車と同じぐらいのサイズで、正面には各計測器の値がアナログで表示されるようになっているが、どの針も動かなくなってから久しい。試料導入部から検出部まで、ワイヤーや計測器をふたりで確認していくあいだ、ビルは「ふうん、ガラスと金属とパーティクルボードを使っているんだ」とからかうような口調で感想を述べた。計測器には「きつく締めすぎないこと」といった手書きの警告が見られる。

私はよく自分の質量分析計を体重計にたとえる。どちらも物体の質量を測定するために使われ、スペクトルのどこに位置するかによって結果が表示されるからだ。体重計の場合、スペクトルの範囲は一一キログラムから一一三キログラムに定められている。誰かが体重計に乗ると、ばねが機械的に圧縮され、力がダイヤルに伝わって、それが針の下で動く。加わる力が大きいほど、ダイヤルは大きな数字を表示する。

体重計は物体の重さがおよそ二二キログラムか、あるいは実際のところ九〇キログラムに近いのか、きわめて正確に教えてくれる。大人と子どもを区別するために体重計は便利だが、その一方、クリスマスのレターを送るために必要な郵便料金を計算できるほど正確ではない。そのためには郵便局の量りを使わなければならない。おそらくそれは目盛り付きの棒で、つまみをスライドさせていくと、トレイに載せられた手紙の重さと目盛りが釣り合った場所で完璧なバランスがとれるような仕組みになっている。

体重計と郵便局の量りは異なった機械だが、どちらも同じタイプの測定値を生み出すよう巧妙に設計されている。手段は異なるが目的は同じだ。私たち科学者も変わらない。たとえば、ふたつの原子を測定したいとしよう。余分な中性子がランダムに取り込まれたせいで重くなっているのはどちらか確認するためには、わざわざ機械を作らなければならない。ただし良い面もあって、この機械は一度作るだけでよい。私たち以外の誰かが浴室や官庁でほしがることはない。だから余計な制約はないし、醜くても気が利かなくても、かさばっても効率が悪くても、何でも好きなものを心置きなく作る自由が許される。科学の研究で使われる機器はこのようにして作られていく。

必要に迫られて考案される独創的なプロセスからは、面白いほど奇抜な創造物が誕生し、発明者に劣らぬほどのユニークさを発揮する。すべての芸術と同じく、これらの機械は存在する時代の産物であり、その時代の問題に取り組むために考案されている。そしてやはり芸術と同じく、創造を手助けした未来から見ると、時代遅れで古くさい印象を受けてしまう。しかし、過去の科学者たちの成果をじっくり観察してみると、その魅力に圧倒される。細かな要素にまで行き届いた配慮には驚きを禁じ得ない。小さな筆の動きを何百回も繰り返した結果、まるで魔法をかけられたかのように、水平線上の一艘の小舟が点描画のなかに描かれて、見る人を感動させるのと同じだ。

五〇年前、エドをはじめとする科学者たちは、巨大な磁石を心臓部に据えた質量分析計を創造した。磁石の質量が大きいほど、磁石によって生じる電磁場がモノを引き寄せる力は強くなる。大きな磁石で強力な磁場を創造すれば、異なった原子は異なった飛行経路で引き寄せられていく。要するに、ふたつの原子を同じ磁石に通したうえで、電磁場から外れていく軌跡を測定すれば、中性子を多く含む原子を確認することができるわけだ。

この仕組みそのものは単純で、磁石の質量依存効果については何百年も前に確認されている。実際、に粒子を加速させて偏向を測定することに伴う問題は、シカゴ大学の少人数の研究者グループによって解決され、彼らの教え子の学生たちがカリフォルニア工科大学でその方法を改善した。最終的にこのテクニックはシンシナティなど各地に広がり、それから何年も後に自動化され、私のラボで使用しているのと同じ操作しやすいバージョンが誕生したのである。

今日と同じく当時も、測定するサンプルは気体として導入され、イオン化してから加速された。つぎにイオンビームを磁場に通すと、各ビームは磁場の影響で偏向した軌跡を描きながら、検出部に到達して電気信号に変換される。パルス化されたイオンビームが検出された後、得られたデータから作成されたマススペクトルの頂点がイオンの質量に相当する。体重計と同じく質量分析計も、標準的な重量を持つ馴染み深いアイテムをすべて正確に測定できるわけではないが、気体に変換できるほぼすべてのものに利用可能な点は魅力で、海底に堆積した微生物の死骸も例外ではない。

私たちの目の前にあるエドの質量分析計は、かつては先端技術の粋を集めた装置だったかもしれないが、いまでは粗大ごみのようだ。重量は少なくとも一トンはあるだろう。装置にサンプルを導入する前には、フライトチューブと同様に導入部からも、ポンプを使って空気を取り除かなければならない。エドの時代のポンプはバイクのエンジンと同じようなもので、スチールの箱に納められていた。ポンプを勢いよく動かすと空気はどんどん吸い込まれていく仕組みで、騒音をがまんすれば、ポンプの力が続くかぎり吸引力は維持された。

ちょうどバージ【訳注／平底のはしけ】がダムの水門をつぎつぎ通過していくときのように、気体は導入部から移動していく。つぎのチェンバーを通過する際には、なかの空気がポンプで十分に取り除かれるまで待機する。待機部屋に気体を閉じ込めておくためには、液体水銀が注入されて壁の役目を果たし、壁が不要になると取り除かれる。金属の液体は化学反応を起こさず、非圧縮性と導電性を備えているので理想的なのだが、ただひとつ毒性の高さが難点だった。ビルと私はいまなお美しい装置をじっと見つめながら、これは自分たちの役に立たないと結論を下した。ガラス製のサドルバッグには水銀が何リットルも詰め込まれてまぶしいほどだが、これは私たちのラボに必要ではない。

古い学校の温度計のなかから水銀が一滴漏れただけでも、危険物として十分な処理を施さなければならない。大量に保管されている水銀の光景を目にしただけで、ふたりとも恐ろしさがこみあげてきた。エド（いや、ビルの意見では有能なヘンリック）は何十年間もこのような物質を取り扱ってきたのだから、どれだけのリスクを抱えてきたのだろう。水銀の出し入れには、血圧計のカフを改造したものが使われていた。これならおそらく片手でも操作できるだろう。ノブはどうかと言えば、長年にわたって酷使されたため、描かれた文字の一部が剥げ落ちている。一方、金属の接合部分には素人がはんだ付けを繰り返した証拠に、継ぎ目が盛り上がっている。そして機械本体は、まるで父親のようにユーザーに対しておせっかいなアドバイスをしている。「H２はオフになっているか」「これは最後に回すこと」といった文句が、赤と黒の油性マーカーを使ってバルブに書かれている。目につかない片隅には、赤い糸が蝶結びになっている。忘れやすいけれども必要なステップを思い出させるためか、あるいは単に幸運のお守りなのかもしれない。

古い質量分析計をあらゆる角度からじっくり観察した結果、私は結論を述べた。「これを廃棄処分にするのは残念ね。どこかの博物館に引き取ってもらうべきだわ」

「誰も引き取らないよ」

立ち去っていくとき、装置の後ろに何かが立てかけてあるのに気づいた。それは表面積が九平方センチメートルほどの木片で、一〇個ほどのねじの先端が突き出ている。尖った先端は格子状に配置され、それぞれの下にはねじの半径が六分の一、八分の三、一六分の九といった具合に数字が記されている。これならナットやワッシャーやボルトがなくなったときにサイズをすぐに確認できるから、かなりのスグレモノだ。何に使われるどのハードウエアが欠落したのかを診断しやすい。

「エドが科学アカデミーに所属しているのも当然ね。これは持ち帰らなくちゃ」

「いや、ここに残しておこう」とビルがきっぱり言ったので私は驚かされた。

「正気なの？　小さなものじゃない。包装する必要もないのよ」

ビルはねじをじっと眺めてから言った。「いや、これは僕たちのものじゃない。エドと一緒に残るべきだ」

「でも、すごい天才的じゃない。それに、ねじには西洋文明を変える力があるでしょう」

「そんなムキにならないで。僕が作ってあげる。約束するから」

荷造りを終えると、私たちはエドのオフィスを見つけて扉をノックした。扉を開けてくれた彼に私は「持ち帰らせていただくもののリストです。ご覧ください」と言って、四枚の紙を手渡した。エドを先頭にして私たちは外に出た。彼はトラックのなかを覗き込み、最後の仕上げを手伝ってくれた。

いよいよ出発のときがきた。

「すっかりお世話になりました。本当にありがとうございます」と私はお礼を言って、何か気の利いた言葉を付け加えたいと思ったが、「おかげで時間稼ぎができました。あと数年間、首がつながったと思います」と笑顔で語る以外に思い浮かばなかった。

「いや、きみなら大丈夫さ」とエドは笑顔で答えてくれた。「いいかい、無理しすぎてはいけないよ」

こうしてエドは、私の長年の努力を遠回しに認めてくれた。それに気づいた私は、自分がいま感動的な場面を経験していることに気づき、突然胸がいっぱいになった。この駐車場では、ふたりの科学者がささやかなセレモニーをおこなっている。そして彼の人生やキャリアを象徴するツールが、私に引き継がれたのだ。

地球の海の化学的構造は様変わりする可能性があるというエドの仮説は、彼が若い頃には危険なアイデアと見なされた。だから彼は夜まで働き続け、まわりの人たちがジョー・ディマジオをテレビで見ているときも、マッカーシー裁判について議論しているときも研究に没頭したのである。それから四〇年後、私は彼のアイデアを素直に受け入れられるが、今度は自分が、何も約束されない未来に思い切って踏み出していかなければならない。私たち科学者は生涯働き続けても、これで十分ということは絶対にないし、最後まで完成できない可能性もある。これは悲劇でしかない。でも私は、研究の目的を別の角度からとらえたい。エドは急流に岩を投げ入れてくれた。私はその上に立って、体を曲げて川底から別の岩を引っ張り上げ、それを少しだけ先に進めればよい。そして神の導きで私と出会う運命の誰かがつぎのステップを踏み出すとき、今度は私の岩が役に立てばよいのだ。そのときが来るまでは、ビーカーも温度計も電極も大切に使おう。リタイアしたとき、すべてが廃棄処分にされないことに万が一の希望を持ち続けながら。

こうして物思いにふけりながらエドに視線を向けたとき、私はいきなりわけもなく恐怖にとらわれた。つぎの再会を待たずにエドが死んでしまうのではないかと感じられ、私は彼をきつく抱きしめた。つぎにエドはビルの右手を握って別れのあいさつを始めたが、私はその様子を眺める気持ちにもなれなかった。でも、私が車に乗り込んで運転する準備を整えた頃には、ふたりは力強い抱擁を交わしていた。

市外に出るまで道に迷ったが、ようやく二台の車がインターステートを走り始めると、ビルの声がＣＢを通して聞こえてきた。「ねえ、こいつは二時間で給油しないといけない。きみが森の熊さんごっこをしているあいだに、満タンにしておけばよかった」

私はビルをいさめた。「小人は静かにして。あなたの仕事はおとぎ話みたいな結末を迎えたのだから、それだけでも感謝しなくちゃいけないでしょう。親切な白雪姫の手を噛んでおきながら、あなたみたいに体よく退散するなんて、誰にでもある幸運じゃないわ」

「そうか。でも、トラックに荷物を積んだのは誰だっけ。ひとりでに積まれたわけじゃないよ。だからきみも、本当の友人は誰なのか忘れないことだね」

私は笑みを浮かべた。ビルが運転しているＵホールに取り付けられているペンシルベニア州のライセンスプレートのスローガン（「アメリカはここから始まる！」）に気づいたけれど何も言わず、『ドーソンズ・クリーク』の歌を集めたディスクをカーステレオに挿入した。つぎにＣＢのマイクロフォンの「トーク」ボタンを押してから、それを絶縁テープで巻いてボタンが押されたままの状態を維持したうえで、オーディオスピーカーの真ん前に慎重にセットした。バブルガム・ポップを集めたディスクの三曲目でビルが有頂天になってくれれば大成功だ。ふたりの車は走行車線に入り、どちらが先導役ということもなく、ひたすら東へ向かった。

三　〈冬支度〉

雪のなかで暮らす木にとって、冬は旅のような経験だ。植物は人間のように空間を移動しない。原則として、場所を変えない。その代わり、できごとをつぎつぎ経験しながら時間を旅していく。その意味では、冬は長い旅に当たる。そして木は、質素な長旅ではお決まりのアドバイスに忠実にしたがい、慎重に荷造りをする。

氷点下の環境に三カ月も動かず裸のままでとどまるのは、地球上のほとんどすべての生き物にとって死刑の宣告と同じだ。しかし多くの種類の木は、それを一億年あるいはそれ以上にわたって実行してきた。アラスカ、カナダ、スカンジナビア、ロシアの大地を覆うトウヒ、松、カバノキなどは、毎年多いときは六カ月も過酷な環境を耐え抜く。

生き残りの秘訣は凍死しないことだと知らされても、それほど驚かないだろう。生物はほとんどが水でできているが、木も例外ではない。木を構成するすべての細胞は基本的に水を入れた容器のようなもので、摂氏零度まで下がると水は確実に凍る。しかも、ほとんどの液体とは正反対で、水は凍ると体積が増えるので、膨張に耐えられない上物は破裂してしまう。たとえば家庭の冷蔵庫の温度を少し低めにすると、なかに霜ができあがり、セロリがしなびて水っぽくなるのを見た経験があるだろうか。これは細胞の水が凍って細胞壁が破壊されたからで、これではせっかくの野菜も台無しになってしまう。

動物の細胞が短期間なら氷点下の温度に耐えられるのは、絶えず糖分を燃焼して熱の形でエネルギーを生み出しているからだ。対照的に、植物は光の形でエネルギーを取り入れて糖分を作り出す。だから太陽の光が気温を零度よりも高く保つほど強くなければ、木も十分な温度を保てない。地球の自転軸は傾いており、毎年一定の期間は北極が太陽から離れてしまう。そのため緯度の高い地域に提供される熱の量は少なく、北半球に寒い冬がやって来るのだ。

長い冬の旅に備えるため、木は「硬化」というプロセスを経験する。まず、細胞壁の浸透性が急激に高くなる。そうなると純水は細胞から流れ出し、あとには糖分とたんぱく質と酸が残されて凝縮される。これらの化学物質は不凍液のように作用するので、細胞が氷点下の温度を経験しても液体は凍らず、シロップのような状態を保つことができる。一方、細胞壁と細胞壁のあいだのスペースは、蒸留されて純度がきわめて高くなった細胞水で満たされる。この水の純度はあまりにも高く、はぐれた原子がやって来て、氷の結晶が核を成して成長する可能性は考えられない。氷は分子の三次元的な結晶で、凍結するためには核生成のためのスポットが必要とされる。パターンの創造が始まるためには、化学的に逸脱した状態が発生しなければならない。そのような状態とは無縁の純水は、氷点下四〇度にまで極端に冷やしても、凍らずに液体の姿をとどめ続ける。こうして細胞は化学物質で満たされ、細胞間のスペースから不純物が取り除かれて純粋な水だけが残されると、木は「硬化された」状態になり、冬の長旅に向けた準備が整う。こうなると、霜にもみぞれにも吹雪にも耐えられる。冬のあいだ、これらの木は成長しない。じっと立ち尽くしたまま、地球と太陽の位置関係が変わり、北極が熱源に近づいて夏が訪れるのを待ち続ける。

北の地方で生きる木の大半は冬の旅支度が万全で、霜によって命を失うケースはめったにない。秋が寒くてもさわやかでも硬化のプロセスが変わらないのは、温度の変化が木にとっての合図ではないからだ。日がしだいに短くなり、二四時間のサイクルのなかで日照時間が徐々に少なくなったと感じられたとき、硬化は引き起こされる。冬が年によって暖かかったり寒かったり変化するのとはちがって、秋のあいだに日照時間が変化するパターンは毎年変わらない。

「光周期」の変化が樹木の硬化の引き金になっている事実は、光を使った複数の実験からも明らかにされている。たとえば人工的な光を使って木をだませば、七月に硬化が引き起こされる可能性もある。硬化が何億年にもわたって機能してきたのは、冬の訪れを太陽が教えてくれることを木が信じているからだ。天気が不安定でも左右されない。まわりの世界が目まぐるしく変化しているとき、ひとつだけ常に信頼できるものを確保しておくことが重要である。そのことを植物は私たちに教えてくれる。

四 北極のダンス

私の全身は葉っぱまみれ。髪全体が枯れ葉に覆われ、頭皮でガサガサ音を立てる茎の部分がくすぐったい。しまいには襟の内側にまで進入してくる。地面を踏みしめるブーツからも葉っぱは入り込み、ソックスのなかにまで到達する。手袋をはめたり外したりするたびに枯れ葉は粉々に砕け、手首は真っ黒に汚れてしまった。くしゃみをすれば唾液と枯れ葉の粉末が混じり合い、粉っぽい味が口いっぱいに広がる。積み重なり圧縮された枯れ葉は、ナイフで切り込まれるたびに私めがけて雨のように降り注いでくるのだ。目に入って来る葉っぱをいちいち取り除く努力は放棄した。土を掘るときは目をぎゅっと閉じる。

ビルと私はアラスカの北岸からおよそ一一〇〇キロメートル北にあるアクセルハイバーグ島で夏を過ごしていた。この島は、カナダの広大なヌマブト準州の一部である。ＧＰＳのおかげで、地球のどこにいるのかセンチメートル単位の誤差で正確に確認することができるが、それでも自分たちの存在が地図から完全に消されてしまったような気持ちに圧倒される。というのも、半径四八〇キロメートル圏内に存在している人間は、一二人の科学者からなる私たちのグループだけなのだ。カナダ軍が数週間ごとに様子を確認するため飛行機で訪れるが、それ以外は誰もいない。すべて自分たちだけで考え、助け合わなければならない。

地球のあらゆる場所から何千キロメートルも離れた場所にいると、なぜか信じられないほどの安心感に包まれる。びっくりするような事件はないし、知らない人間に出くわすこともない。融解した凍土層から水があふれ出てくるので、地面はスポンジのように柔らかく、ひっくり返ってもケガをする恐れはない。一応、お腹を空かせて内陸部を徘徊する北極グマに食べられる可能性はあるが、ここで一〇年以上研究を続けている知り合いの科学者によれば、こんな奥地ではまだ一頭も見かけたことがないという。

景色は真っ平らで、空気が澄みきっているおかげで十数キロメートル先まではっきり見渡すことができる。草も藪も、そして木も確実に存在しない。あまり動物を見かけないのは、食べものがほとんどないのだから当然だろう。岩にへばりついた地衣類、平原を重い足取りで歩く一頭のジャコウウシ、はるか頭上を飛んでいく特徴のない鳥などの生物に遭遇するチャンスも、ほんのわずかである。

太陽は決して沈まない。空低くにとどまり、あなたのまわりをいつまでも回り続ける。ちょうどメリーゴーランドの中心に立っているみたいだ。生活は静かで非現実的で、今日は何日でいまは何時なのか、確認する習慣もなくなってしまう。目が覚めるまで眠り、満腹になるまで食べて、疲れるまで働き、この三つの行動を繰り返すだけ。北極の夏では長く働こうと思えば丸一日働けるのだが、そのあとは冬を避けて家のなかにこもり、太陽が昇らず真っ暗な三カ月間を耐え忍ばなければならない。でも、人間はいなくなってしまえばよいが、あの地衣類や鳥やジャコウウシはそういうわけにいかない。暗闇のなかをよろめきながら、食べものを探さなければならない。

北極で私たちが調査をおこなっている場所は、いちばん近くにある木からも一六〇〇キロメートル以上も離れているが、常にそうだったわけではない。カナダやシベリアには、落葉性の針葉樹の豊かな森の痕跡があちこちに残されている。森はおよそ五〇〇〇万年前に誕生し、何千万年ものあいだ北極圏の北部に生い茂っていた。木で暮らす齧歯動物は枝を上り、巨大なカメやアリゲーターなどの爬虫類を見下ろしていたことだろう。いまではどれも絶滅したが、これらの動物が形成する生態系は今日のものとはかけ離れ、アリスの不思議な世界を髣髴させるものだっただろう。当時、極地の気候が温暖だったことは確実で、今日のように氷に覆われた平原が過酷な環境を作っているわけではなかった。

しかし私たち植物学者を悩ませるのは、かつての森が真っ暗な冬や日の沈まない夏を毎年生きのびてきたことだ。今日の植物にとって強烈な光を浴び続けることは信じられないほど大きなストレスで、だいたいは一年を生き延びられない。ところが四五〇〇万年前、北極一帯に何千キロメートルにもわたって密生した落葉樹の豊かな森の木々は、日照時間が季節ごとに極端に変化する環境をものともせず繁殖してきた。暗闇で生息できる木の発見は、水中で生きられる人間の発見に等しい。かつての木は今日の木にとって不可能なことができたのか、あるいは今日の木はせっかくの才能を使わず、進化の成否を左右する大事な瞬間の秘密兵器として温存しているのか、どちらかだとしか結論できない。

今回のグループはビルと私、それにペンシルベニア大学の古生物学部から派遣された一〇人の研究者から構成されている。トロントからイエローナイフ、レゾリュートと何日も飛行機を乗り継いで北上し、つぎに双発機に乗り換え、最後は四人ずつヘリコプターでアクセルハイバーグ島に運ばれてきた。地面に降り立ち、飛び去るヘリコプターを見送り、リュックを点検してから同行者をそれぞれ確認し合うと、この小さなグループがいかに世界から孤立しているのかひしひしと感じられた。

それから五週間、古生物学者たちは何日も一カ所にとどまり、ひとかたまりになって埋もれている木々の化石を慎重に掘り出した。基本的には一〇本の歯ブラシを使って地面を根気強く掘り続け、驚くべき化石の発掘に成功した。幹の直径が一・八メートルもある木々が、元の姿をほぼ完璧にとどめていたのだ。地面は凍っているから、化石を覆っている堆積物は最上層が太陽の熱で解けたあと、数センチメートルずつ慎重に削り取らなければならない。ちょうど、コチコチに固まったアイスクリームにスプーンを入れていくような作業だ。古生物学者は、発掘した数種類の標本の堆積物を取り除くために小さなプラスチックのカードを使う。車の窓ガラスに張り付いた氷を運転免許証で取り除くような作業と表現してもよいだろう。学者たちは沈まぬ太陽に照らされながら、化石を求めて探し回った。

今回発掘された化石はいまだに木の状態をとどめていたが、これは非常にめずらしい。木の化石と言えば普通は、何年もかけて液体が取り除かれ化石になったもので、分子が鉱物に置換され、最後に木は完全な岩に姿を変える。ところがアクセルハイバーグ島の化石には、大昔の木の組織がそっくりそのまま残されており、化石で浴槽の湯を沸かすことも可能だ。実際、一九八〇年代にこの場所が初めて調査されたときには、大胆な地質学者たちが本当にこれを試したという言い伝えも残されている。

今回の遠征に参加した古生物学者たちは、山男のような地質学者をお行儀よくしたタイプだったたが、それでもよく働き、よく飲み、北極グマに遭遇する場合に備えてカナダ政府から携行を義務づけられた銃に興味を持った。すでに私は、こうしたタイプの同僚から距離を置く習慣が身についていた。私だって同じ場所から資金援助を受けているのに、遠征に参加する資格のある学者ではないと思われていたからだ。彼らから見れば、私など一八キログラムの荷物も持ち上げられないのだから、まったく役に立たない女で、おまけにおかしな男を相棒に連れている。でも、それでかまわない。私への評価がどんどん下がり、最後は放っておいてくれればありがたい。最終的に、ビルと私が働いているときはほかのメンバーが眠り、ほかのメンバーが活動しているときは私たちが睡眠をとるパターンが定着した。

ビルと私は、世間で認められている同僚たちのやり方とは根本的に異なったアプローチで臨んだ。私たちが魅せられたのは個々の化石のすばらしさではなく、森全体が安定した状態を驚くほど長く保ってきたことだ。この森は一時的な気まぐれから生まれた生態系ではない。地球の植物相の構造が何百万年も存続してきた結果である。その間には炭素と水が北極に大量に流れ込み、そこから葉っぱや木が形成され、木は毎年たくさんの葉っぱを落として生まれ変わるサイクルを繰り返してきた。一体全体このシステムはどのように持続してきたのか。今日では北極には液体の真水は存在しないし、土壌養分が不足していることは言うまでもない。

私たち以外のメンバーは幹の化石をいくつか掘り起こし、それが生きていた時代の言うなればスナップ写真に注目した。私たちはその代わりに、土壌全体をトンネルのように垂直に掘り進み、ミイラ化した木や葉っぱや枝の化学的構造が時代によって微妙に変化していく様子を観察することにした。落ち葉は何百万年もかけて幾層にも積み重なり、下のほうは重みで圧縮されているが、私たちはどの層からもサンプルを採取した。乾燥して腐食した葉っぱが積み重なっている横断面を垂直に掘り進みながら、センチメートル単位でサンプルを集め、それがどの地層のものかを正確に記録した。こうして夏の野外調査の三年目が終了した頃には、サンプルを集めるために垂直に掘った深さの合計が三〇メートル以上にも達し、その結果、森が少なくとも一度の気候の大変動を生き延びてきた事実を確認することができた。そこからは、古代の北極の生態系は「安定性」というよりも「回復力」が優れていたと考えられる。

私たちが選んだ場所は盆地の向こう側で、古生物学者たちが発掘作業を進めている地点からは遠く離れている。私とビルは、砂利やシルトの薄い層をあいだにはさんだ、三メートル以上の厚みがある堆積層を掘り進めていった。作業する場所は一週間ごとに変わり、四〇〇〇万年前の枯れ葉が作り上げた高さ三メートル半にもおよぶ巨大な堆肥から、毎週新しいサンプルをつぎつぎ集めていった。現場はなだらかな斜面になっていることが多く、しかも足元の地面が柔らかくて崩れやすいため、何度も足を滑らせては堆積物にまみれて転がり落ちていった。

きれいなサンプルを集めると同時に、その地点の標高を記録する作業は、安全な足場を確保しないまま続けられた。それは理屈抜きにたいへんな作業で、来る日も来る日も斜面を転がりながらあきれて大笑いしてはいらだちを募らせるサイクルが繰り返された。あるときなど私がハンマーを使っていると、何か硬いものにぶつかり、琥珀が頭の上にきらきらと大量に降り注いできた。ビルは土をどっさりかぶったあと「ミミズの気持ちがよくわかるよ」と感想をもらした。本当にいつも彼は気のきいた表現を使う。

少なくとも一日に一回、私たちはパリパリの枯れ葉の山に腰までつかり、何かおやつを取り出した。人里はるか離れた寒い場所でいただくスニッカーズのチョコレートバーや熱いコーヒーの味は格別だ。一日に一度、私たちはこの喜びを味わうときには全エネルギーを集中させ、開放的な気分で静かに物思いにふけった。

ある日、最後の一口を食べたあとビルが腕を上げて、何メートルも先の灰色の点を静かに指差した。ほどなく、それはホッキョクウサギだということがわかった。北極では種類を問わず、動物に遭遇するのはめったにない幸運だ。草食動物が食べる苔や地衣類はまばらにしか存在せず、確保するためには長い距離を移動しなければならない。それゆえ肉食動物も、あちこち歩き回る獲物を追いかけて長距離を移動することになる。

ウサギは近づいてきて、岩のあいだに居場所を確保したが、やがて私たちから離れていった。ビルと私は立ち上がり、道具を置いたままで十分な距離を保ちながら、ウサギのあとを追いかけた。およそ一・五キロメートルの距離を黙って歩き続け、ウサギの行動を観察し、単調で荒涼とした景色のなかでひときわ目を惹く生き物をじっくり観察した。このウサギはシェルティ犬と同じぐらいの大きさで、同じような毛に包まれ、長い耳と長くてスリムなボディを持っている。私たちが四〇〇メートルほどの距離をとって追跡しても意に介さないようなので、さらに一時間一緒に歩き続けた。迷子になる心配はない。一日中歩き続けても、振り返ればキャンプ地のオレンジの蛍光色のテントが視界に入ってきた。

少人数のなかで完全に孤立していると、その少人数の存在ですら息苦しく感じられるもので、その気持ちは相手も同じだ。でも、私にとってビルだけは例外だった。今回のフィールドトリップに参加する以前、私は誰かと何週間もぶっ続けで一緒に過ごした経験がなかった。ところが日を追うごとに、ビルと一緒にいるのは苦痛ではなく、やすらぎに感じられるようになった。ふたりは別のテントを使っていたけれど、寝ても覚めても数メートル以上離れることはなかった。ひっきりなしにしゃべり続ける日も、ほとんど言葉を交わさない日も、自分たちの行動や会話の内容を忘れる日も、どれだけ話をしたのかわからなくなる日もあったが、ふたりでいるのはごく自然なことだった。

ウサギを追跡した日、私たちは高い地点に到達した。はるか下方には、発掘作業を進めている同僚の小さな姿がぼんやりとしか見えない。向こうからも、私たちは同じように見えるのだろう。別の方向には、まるでケーキの飾りに使われる純白の砂糖衣を幾層にも塗り込まれたような氷河の先端が見えるが、ここからはまだ数キロメートル離れている。私たちはさらに三〇分間無言のまま座っていたが、ついにビルが口を開いた。「働いていないと、何だかおかしな気分だな」

「本当。でも、サンプルを集めるためにどの地層も二度は掘ったんだから、これ以上やっても意味がないわよ」

「でも、何か成果を出さないとさ。あのグリズリー・アダムス【訳注／クマを飼っていた実在の人物】みたいなやつらから、一体何をしているんだって思われるじゃないか」

私は笑いながら言った。「もうとっくに私なんか、なんだあの女って思われているわよ。このまま中国まで掘り進んで戻ってきても、私がまっとうな科学者だとは信じてもらえない」

「そうなの？」とビルは驚いた表情を浮かべた。「みんなに溶け込めない気分を味わっているのは、僕だけだと思っていたよ」

「ねえ、あいつらを見て。私はこれからあと三〇年働くつもり。あいつらの誰よりも一生懸命働いて、同じだけ、いやもっとたくさんの成果を上げてみせる。場違いな人間だなんて思わせない」

「少なくとも、きみには二本のちゃんとした腕があるからいいよ」とビルは言って、不自由なほうの腕を動かした。「僕なんか、最初から出遅れている」

私はあおむけになって空を見上げた。「そんなことないわ。誰もあなたの手のことなんて気づかない。それに正直言って、あなたは私が知っている誰よりもまともに見えるわ。なぜそんなに気に病むの」

「本当にそう思うの？　子どもに聞いてみるといいよ。僕の同級生は二年生のときも三年生のときも、いや、高校に入っても、そんなやさしくなかった」

私はハッとして立ち上がった。「ねえ、みんなにいじめられたの？　学校で手のことをからかわれたの」と言いながら、ふつふつと怒りがわいてきた。

「ああ」とビルは静かに答え、なおも空を見続けている。

私はしつこく追求した。「あなたはそんなふうに扱われてきたの？　何も言わず、ずっとそれを耐えてきたの？　だから穴のなかで暮らし、友だちもいなかったの？」

「だいたいそんなところさ」

「カブスカウトとか、何かチームに入らなかったの？　いろいろとあるじゃない」と私は、人生の通過点として誰もが当然経験すると思ってきたものをつぎつぎ指摘した。

「ああ、その通りさ」

「デートもしなかったわけ？」。そのことはうやむやになっていたが、ここではっきりさせておきたい。

ビルは立ち上がり、抜けるような青空に向かって両手を上げた。真っ白な雲が漂う七月の晴れ渡った空は、暗闇とはまったく無縁だ。

その空に向かってビルは、「僕はダンスパーティーに行ったことがないぞー」と大声を張り上げた。そのあとふたりで愉快に笑い、笑いが静まると私はこう提案した。「今やればいいじゃない。こんな辺鄙な場所なら、誰にも見られない。今なら踊れるわ」

長い沈黙のあと「ダンスを知らないんだ」とビルは打ち明けた。

「大丈夫、できるから。まだ遅すぎない。わざわざここまで来たのよ。いや、ここに来たのはそのため。ようやくわかった。ここでなら気兼ねなく踊れるじゃない」

意外にも、ビルは私の提案をジョークとして受け止めず、氷河に向かって数歩踏み出した。そして私に背中を見せたまま、長いあいだじっと氷河を見つめてから、くるりと一回転して足を踏み鳴らし始め、その合間に不器用にジャンプした。最初はぎこちない様子だったが、すぐ夢中になって、スピンと足踏みとジャンプを繰り返した。ほどなく自由気ままに動き始めたが、決して激しすぎず抑制が効いていた。

私は真正面に座り、動きをじっくり観察した。ビルが何をしているのか、どんな人間なのか、何もかもこの目に焼き付けておきたい。いまビルは世界の最果ての地で、抜けるような青空のもと、広々とした平原で夢中にダンスをしている。そして私は、本人が思い描く理想像ではなく、ありのままの姿を素直に受け入れた。では自分はどうか。ありのままの姿を受け入れられるだろうか。わからないけれど、それはあとから考えればよい。今日はもう十分。今日という日は、素敵な男性が雪のなかでダンスする姿を観察するためにあるのだから。

五〈受粉〉

地球上でおこなわれる性行為のすべては、進化に関するひとつの目標を達成するために計画されている。ふたつの個体の遺伝子を混ぜ合わせ、どちらの親とも同じではない元気な遺伝子を生み出すことだ。この新たな遺伝子のなかには途方もない可能性が潜んでいる。親の代の短所は取り除かれ、新しい短所は最終的に長所になることさえあり得る。こうしたメカニズムによって進化の歯車は回転してきたのである。

すべての性行為は相手と触れ合う。ふたつの個体の生きた遺伝子は接触し、結びつかなければならない。しかし植物にとって、お互いに触れ合って結びつくことには大きな問題が伴う。植物は一カ所につなぎとめられて移動できないが、生き残るためには動かないことが大前提なのだ。それでも、ほとんどの植物は毎年新しい花を忠実に咲かせ、生殖行動の義務の半分を果たしている。ただし、花が最終的に受粉する可能性は小さい。

ほとんどの花の構造はシンプルで、「雄の」部分と「雌の」部分を複数の花びらが取り囲んでいる。外側は雄の部分で、数本の軸の先端に花粉の小さな塊（やく）がくっついている。一方、花の底部では中心に子房が膨らんでいる。開いた花にはいろいろなものが飛び込んでくるが、そのなかで受粉を促すことができるのは、同じ種類の植物の花粉だけだ。それよりは、同じ花の胚珠と花粉が結びつく自家受粉のほうが成功する可能性は高い。自家受粉に成功すると種子が生まれ、そこからおそらく新しい個体が生まれるが、この場合には新しい遺伝子が導入されるわけではない。生物種が生き延びて進化するためには、本物の受粉が定期的に繰り返されなければならず、そのためには何メートルも何十メートルも、いや何キロメートルも離れた場所の花粉が胚珠まで無事に到達しなければならない。

イチジクコバチという、イチジクの花の外では繁殖できない虫がいる。一方、イチジクの花はイチジクコバチの助けを借りなければ受粉できない。花の中で成虫になったイチジクコバチは、体に花粉をつけて外に出てくる。それからほかのイチジクへ飛んでいき、運んできた花粉をイチジクの花につけるので、イチジクは受粉することができるのだ。イチジクコバチとイチジクというふたつの生命体は、このプロセスを九〇〇〇万年近く継続し、恐竜が絶滅した時代も複数の氷期も生き残って進化を遂げてきた。まるで最高のラブストーリーのようにあり得ない話だ。

このような特殊なケースは植物の世界ではきわめて稀で、わざわざ取り上げるほどでもない。生物の世界における共生関係のほほえましい事例として、注目される程度だろう。実際、世界中で生み出される花粉の九九・九パーセント以上は行き着く場所がなく、受粉はまったくおこなわれない。だからわずかな花粉が正しい場所にたどり着くためには、移動手段をえり好みする余裕などない。圧倒的多数の植物は、風、昆虫、げっ歯類、宅配便の箱の片隅など、使えるものは何でも利用する。

モクレン、カエデ、ハナミズキ、ヤナギ、サクラ、リンゴなどの木は、あらゆる種類のハエや甲虫を使って花粉を分散させる。甘い蜜で虫たちをおびきよせるが、ちょっぴり味わう程度しか与えない。昆虫は長距離を移動できるので花粉の運搬役として適任だが、花びらのまわりで過ごす時間が少なければ、それだけ空を飛ぶ時間が増える。北米やヨーロッパの低木の多くに咲く花は、昆虫が乗っかるとその重みで花びらが開くような仕組みで、ミツバチの体に花粉をたっぷり積み込んでから送り返す。

対照的にニレ、カバノキ、オーク、ポプラ、クルミ、マツ、トウヒといった木や草はどれも、風に向かって花粉を放出する。昆虫よりも運ばれる距離は長いが、別の花に直接向かうわけではない。花粉は何キロメートルも風で運ばれたあげく、見境なく大量に落下する。しかしそれでも十分な量が目標に到達するので、カナダの針葉樹林、太平洋岸北西部の広大なセコイアの森、スカンジナビアからシベリアまで広がるトウヒの森など、豊かな森林が世界各地に誕生したのである。

卵を受粉させて種子を生み出すためには、花粉が一粒あれば十分だ。そして、ひとつの種子から木が育っていく。一本の木は、毎年何十万もの花を咲かせ、ひとつの花から何十万もの花粉が生まれる。植物の性行為が成功することは稀だが、いったん成功すれば、それをきっかけに新しい可能性が爆発的に広がっていく。

六 結婚

私は三二歳のとき、人生が一日で変化することを知った。

既婚者の社会的集団のなかで三〇歳をすぎた独身女性は、迷子になった人なつっこい大型犬と同じように憐みの目で見られる。薄汚れて自立心が強い性格からは飼い主不在の現実がわかるが、人間との触れ合いを貪欲に求める態度からは、かつては良い時代があったことがしのばれる。あまりにも汚らしくなければ、ポーチで何か食べさせてやろうかと考えるが、結局はやめてしまう。ほかに行く場所がないのだから、これからずっと家の周りをうろつかれてはたいへんだ。

しかしふさわしい場所、たとえば野外でのカジュアルなピクニックなどでは、迷い犬は好奇の対象であり、財産でさえある。泥だらけで道化のような姿は、しがらみのない自由な生き方を垣間見せてくれる。みんなのペットであると同時に誰も責任を引き受ける必要のない犬は、健全とは言えないままでも友好的な存在で、寂しい運命のわりにはいたって幸せそうだ。独身女性をこのようなイベントに迷い込んだ犬にたとえるなら、三〇歳そこそこの独身男性は、ハンバーガーグリルの責任者にたとえられる。動物好きかどうかはともかく、最初から最後まで確実に犬に付きまとわれる。

私がクリントに出会ったのも、こんなバーベキューの会だった。彼がどんなに努力しても、私を追い出すのは不可能だっただろう。私はこんな美しい男性をこれまで見たことがなかった。一週間後、私は勇気を奮い起こし、ホステス役の女性に彼のｅメールアドレスを尋ね、ディナーに招待した。良い返事を受け取ると電話で場所を説明したが、選んだのはデュポンサークルの近くの超トレンディなレストランだった。自分で利用したことはなかったけれど、豪華なデートには好まれる場所だろうと見当をつけた。それに、ボルティモアよりもワシントンＤ・Ｃのほうがずっとおしゃれな都会であることぐらい、私でもわかる。道順を説明したあと、私はこう言った。「ディナーの料金は私が払うわ。それが条件よ」。私は経済的に自立した人生を貫いてきたので、このときもその方針を曲げるつもりはなかった。

「わかった」と彼は感じよく笑った。「でも、次回は僕が払うからね」。私はその言葉を肯定も否定もしなかったが、幸運の前兆として解釈した。

ディナーでは何も口を通らなかった。すばらしいことが進行しているのだから、それだけに集中していたかった。三時間の食事を終えて外に出ると、無愛想だったウェイターを笑いの種にしながら歩き、つぎに数ブロック先にあるパブに入り、ドリンクには手を付けずに何時間も話に夢中になった。何かを測定することとその模型を作ることとの本質的な違いや、苔とシダについての話に花を咲かせた。意外にもふたりともバークレーの出身で、同じ時期に同じ教科を学んでいたことも判明する。彼の友人やクラスメートの多くを私は知っていたし、彼のほうも偶然、私の友人やクラスメートをたくさん知っていた。しかも、一度ならず同じ教室で同じセミナーの講義を聞いていた。これだけ長いあいだお互いに知り合わなかったほうが不思議なぐらいだ。これからはその埋め合わせをしていかなければならない。

バーが閉店になっても私は帰りたくなかったので、クリントの家に場所を移すことにした。帰る時間になると、「歩いていく？　タクシーにする？」と彼は尋ねて私の顔の表情をうかがい、表通りで手を振ってタクシーを呼んでくれた。私が育った場所では、タクシーは映画のなかで見るものだった。自宅を出るときには靴を履いていても歩く必要のない、洗練された人たちの乗り物としか思えなかった。そんなタクシーのドライバーは人々を未知の世界へと誘う魅力的なガイドで、自分では見つけられない大事な場所に客を忠実に送り届けながら、さまざまな知識を教えてくれる存在だった。タクシーを呼ぶなんて勇ましさとは真逆の行為だが、それが究極の愛情表現になるとは、私には予想外だった。でも彼のさりげない動作に、私は微笑まずにいられなかった。私が誰かに捧げるつもりの愛情は小箱のなかに大事にしまわれてきたが、いったん箱が開かれると愛情は一気にほとばしった。しかも、それは尽きることがなかった。

私たちが愛し合うようになったのは、愛さずにはいられないから。愛するために努力するわけでも、何かを犠牲にするわけでもない。これまでの自分を考えると意外に思うが、でも何て心地よいのだろう。何かがうまくいかないときは無理に頑張っても良い結果に結びつかないものだが、このとき初めて、世の中には簡単に壊せないものがあることを発見した。もちろん、彼がいなくても生きていくことはできる。私には仕事があり、使命があり、自由に使えるお金もある。でも、そんなのはいやだ。絶対にいやだ。そうだ、ふたりでプランを立てよう。彼の強さと私の想像力を共有し、使いきれない長所を有効に活用すればよい。週末は飛行機でコペンハーゲンを訪れ、毎年夏は南フランスで過ごそう。結婚式は意味のわからない外国語で挙げてもらう。そして、馬を飼おう（茶色の雌馬で、名まえは「シュガー」）。それから、アバンギャルドな演劇を鑑賞し、そのあとコーヒーハウスで舞台についてまわりの人たちと話し合おう。子どもは祖母と同じで双子がよい。でも（当然ながら）犬を飼う。いつもタクシーを使い、映画の登場人物のような暮らしをしよう。実際のところ、これらの夢のなかには実現できるものとできないものがある（馬は飼えない）。でも、映画よりすばらしいことは間違いない。だって、終わりがないし、演じているわけではないし、メーキャップも必要ないのだから。

＊　＊　＊

出会ってから数週間のうちに私はクリントを説得し、ワシントンＤ・Ｃでの仕事をやめてボルティモアの私の家に引っ越してもらった。数学の才能にあれだけ恵まれていれば、どこでも仕事にあぶれる心配はないとわかっていたからだ。実際に引っ越してきてまもなく、彼は新たな学究的環境に身を置いて、ジョンズ・ホプキンス大学で地球深部の研究を始めた。私の研究室と同じ建物にある新しい職場で、彼は気が遠くなるほど複雑なコンピューターモデルの作成に何日も取り組んだ。火山の溶岩が煮えたぎっている場所よりさらに何千キロメートルも下った地球深部には、とてつもなく高温・高圧の硬岩が存在すると仮定されているが、それが一〇〇万年間でどのように流動するのか予測することが目的である。クリントが頭のなかだけで地球をどうして研究できるのか、奇妙な方程式をすらすら解いていくだけで、地球のなかの仕組みをどのように想像して観察できるのか、私には理解できなかったし、それは今も変わらない。そんなとき、本人は気づいていないけれども、ボールペンを口にくわえ、口角はいつでもインクで汚れている。

私は科学を現実的にとらえなければならない。自分の手で触れ、操作できることが大前提で、たとえば植物の成長を観察し、死を見届ける。答えはコントロールされた環境で得られなければならない。でも彼は世界を動かして、流れを観察するほうを好む。スリムな長身でカーキズボンを履いている外見も行動も、いかにも科学者にふさわしい。だから科学の世界には常にすんなり受け入れられてきた。でも彼には、やさしくて実直で、愛情にあふれた一面も備わっていることは、私だけしか知らない。私はそれを絶対に手放したりしない。

クリントと私は二〇〇一年の初めに出会い、その年の夏にはノルウェーを旅した。だって、世界でいちばん大好きな場所を案内したかったからだ。ピンク色の花崗岩の丘陵が連なり、岩の割れ目からは紫色の野生の花が可愛らしい姿を覗かせている。キラキラ光るフィヨルドに生息するツノメドリは、まるで管理人のように真面目くさった表情を浮かべている。そして白いカバノキは、一晩中沈まぬ太陽でサーモンピンクに美しく彩られている。オスロに到着すると、私たちは番号札をとって二〇分間列に並び、オスロ市庁舎で結婚の手続きをしたので、この旅行は記念すべきハネムーンになった。

私たちはボルティモアに戻るとビルのもとへ直行し、うれしいニュースで彼を驚かせようとした。それまでビルは私のデートの相手についてコメントしたことがなかったが（そもそもコメントできるほどたくさんの数のデートをこなしていなかったからだが）、クリントが登場してからは様子が変わり、更生した重罪犯が刑務所に近寄りたがらないように、私たちを避けるようになった。ただしクリントは、私が彼の三人の姉妹に慣れるまでに時間がかかるのと同じで、ビルも新しい状況に慣れるまでに時間が必要なだけだと確信していた。

それよりも一カ月ほど前、ビルは数軒先にある老朽化した住宅を購入し、私の屋根裏部屋から引っ越した。ビルが購入したのは四部屋からなるテラスハウスで、完成した当時は美しかったのだろうが、それは遠い昔の話だ。ビルは引っ越しのため、私の家から数日かけて持ち物を運び出し、一階の部屋にすべて放り込んだ。いくつかの重要なアイテム（コーヒーポット、かみそり、スクリュードライバー）は洗濯物の山のとなりにまとめておき、眠るときは洗濯物の山に潜りこみ、目が覚めると這い出してくる習慣が定着した。いずれはこの家を大々的にリノベーションする計画を温めていたようだが、この年の夏のあいだ、ここは麻薬の巣窟のようなあり様で、ドラッグを置いていない点だけが例外だった。

ノルウェーから戻ってきた日の翌日、私たちはビルの家の扉を強く叩き、ドアベルを鳴らした。しばらくしてようやく誰かが足を引きずって歩く音が聞こえ、そのすぐあとロックがガチャンと解除された。扉が開かれて姿を見せたビルは、ほころびたTシャツに履き古した水泳パンツという出で立ちだった。髪の毛はグチャグチャに乱れ、寝ぼけ眼をこすっている。どうやら眠っているところを起こしてしまったようだが、すでに午後三時を回っている。

「しばらく！」と私は、クリントと腕を組んだままあいさつしてから、一気に吉報を伝えた。「ねえ聞いて、私たち結婚したの」

しばらくのあいだビルは私たちをぽかんと見つめ、やがて「じゃあ、プレゼントを買わなくちゃいけないよね？」と尋ねた。

クリントは「いらないよ」、私は「そうよ」と同時に答えた。

ビルを前にして私はクリントと一緒に幸せそのものの表情を浮かべ、「さあ支度をして。これからフォート・マクヘンリーで南北戦争の再演があるのよ。一緒に行きましょう」と誘った。

「一緒に行きたいところだけど、一八一二年の戦争には興味がないんだ。ほかにもやることが山ほどあるしね」とビルは気まずそうに答える。

「そんなこと言うものじゃないわ。戦場に散った英雄たちの名誉をそんな形で汚すなんて失礼でしょう。さあズボンを履いて、もっとアメリカ人らしくしなくちゃ。トヨタに乗っていきましょう」

ビルはなおも私たちを見つめたまま、どちらにするか決めかねているようだ。私は、これまで会った誰よりも強くてやさしい夫を見上げた。私の愛情を獲得した人物なら誰だって、夫に愛される資格を持っている。

「さあビル、一緒に行こう」とクリントは語りかけ、車のキーをビルに預けて「運転を頼むね」と言った。ビルはキーを受け取った。私たちはフォート・マクヘンリーに到着すると、水に浮かぶリンゴを口ですくい取るゲームに興じたり、ディップ・キャンドル【訳注／溶かした蝋に、芯を何度も浸して作るろうそく】に挑戦したり、本物の蹄鉄を作って楽しんだ。それからホットドッグや綿あめを食べ、二人三脚のレースを観戦し、ふれあいコーナーで動物と交流して一日を満喫した。しかもすべての料金は割引。なぜなら、この日はファミリーデーだったから。

七　〈S字曲線〉

農学者や森林管理官はこれまでに何百もの植物種の成長をグラフで示してきた。それは一八七九年にあるドイツ人科学者が、トウモロコシが成長するにつれて重さがどのように変化するかをグラフに記したことがきっかけで、このときは意外にもグラフが緩やかなS字曲線を描いた。農学者たちが鉢植えトウモロコシの重さを毎日測定し続けた結果、最初の一カ月はほとんど重さに変化がない傾向が確認された。ところが二カ月目になると、重さはぐんぐん増え始める。一週間でサイズが二倍になるほどで、三カ月目にはピークに達した。ところがそのあとは重さが減り始め、花が咲いて種子が生まれる頃には、ピーク時の八〇パーセントにまで減少したのである。この科学的発見はどの時代にも共通しており、これまでに何千ものトウモロコシの重さの変遷がグラフに記されてきたが、どれも似たような緩やかなS字を描いている。この仕組みについて正確には解明されていないが、トウモロコシは曲がりくねった成長が本来の姿だとわきまえているようだ。

なかにはまったく異なった成長曲線を描く植物もある。たとえば、小麦の葉っぱの成長を記した曲線は、脈拍曲線と似ている。重さが増える時期が一時的に訪れ、あとは徐々に減少していく。テンサイの成長曲線も増えてから減少するパターンだが、曲線は低くて長い弧を描き、夏至の日が頂点に当たる。一方、迷惑な草の代表格のヨシの場合は、曲線がピラミッドの形をしている。誕生してから重さがピークに達するまでと、そこから減少して枯れるまでのふたつの時期が左右対称になっている。食べものや木材を収穫することが最終的な目標である畑や森林の所有者にとって、これらの曲線は貴重な情報源である。標準的な成長曲線にもとづいて植物の成長段階のおおよその見当をつければ、収穫に適した時期を推測できるし、ひいては賃金の支払い日も決められる。

小さな植物と比べ、木の成長曲線は幅が広いが、一シーズンではなく何百年もかけて成長するのだから無理もない。どの種類の木もユニークな曲線を描く。たとえば、アメリカのモンテレーマツはノルウェーのトウヒの二倍の速度で成長するが、どちらも幹の周囲の寸法が同じぐらいのときに紙の原料として伐採される。そのためノルウェーの製紙会社はアメリカの製紙会社よりも総じて広大な面積の森林を保有し、支払い能力の維持に努めている。

森のなかで、樹齢の同じ木の背丈はまちまちで、動物などほかの生命体の場合よりも違いは大きい。たとえばアメリカでは、いちばん背の高い一〇歳の少年の身長は、いちばん背の低い少年の身長をおよそ二〇パーセント上回る。この割合は五歳にも二〇歳にも当てはまり、同年齢のなかでは、いちばん背の高い人間の身長がいちばん背の低い人間の身長をおよそ二〇パーセント上回るというパターンに例外は見られない。ところがマツ林で樹齢一〇年のマツを比べてみると、最も大きなマツの木の幹は最も小さなマツの木の幹の四倍にも達する。そしてこのパターンは、樹齢二〇年の木にも樹齢五〇年の木にも当てはまる。木が樹齢一〇〇年に成長するために「正しい」方法も「間違った」方法もない。存在するのは機能する方法と機能しない方法のふたつだけだ。

立派な木になるのは長い道のりで、経験を積んだ植物学者でさえサンプルの小枝を観察しただけでは、それが五〇年後にどのような枝に成長するのか正確にはわからない。過去の歩みについて推測するために成長曲線は役立つかもしれないが、それは未来を教えてくれるわけではなく、過去を知る手がかりにすぎない。すでに死んでしまった植物から集めたデータにもとづいて即興で作られたグラフなのだ。曲線の決め手となるデータセットは常に同じではなく、新しい植物が測定されるたびに新しいデータが加えられていく。新しいデータポイントが加わるたびに全体のパターンは微妙に変化して、成長曲線もそれに応じて変わっていく。こうした曲線の将来の形状を数学的に予測するのは不可能で、最近登場した大容量のコンピューターを使っても無理だろう。成長曲線を手がかりにして、木がこれからどのような姿になるのか予測することはできない。どの植物も、十分に成長するまでの道を独自に見つけていくのだ。

成長曲線については植物学の教科書で何ページも割いて紹介されているが、そのなかでも私の学生たちを特に悩ませるのは、緩やかなS字曲線だ。生産性のピークに近づいているときになぜ、植物は重さを大きく減らすのだろう。私はこれについて、繁殖が始まる前触れだと教えている。緑色の植物は成熟段階に達すると、栄養分の一部を回収し、花や種子の創造という新たな目標のために利用しなければならない。親は大きな犠牲を払って新しい世代を誕生させるもので、それはトウモロコシ畑を遠くから眺めただけでも確認することができる。

八　妊娠、出産

妊娠がこれほどたいへんだったとは。息ができないし、座ったり立ったりするのもひと苦労。お腹がつかえて、飛行機の折りたたみトレーを元の位置に戻すことも、うつ伏せで眠ることもできない。私は生まれてからの三四年間、うつ伏せでしか眠った経験がないのに。どの天国のどの神さまが、体重五〇キログラムの女性が一〇キログラム以上の重量をお腹に抱えていられると判断したのだろう。私はレバを連れて、自宅の近辺を何度もぐるぐる散歩するしかなかった。動いているときだけは、赤ん坊はおとなしくしてくれる。ママ、僕はここにいるよと、赤ん坊がふざけてお腹を蹴っ飛ばすというより、拘束服を着せられた男性がもだえ苦しんでいるように感じられる。だから私はひたすら歩き続けるしかない。まるで異教徒が豊穣を祈願して、たったひとりでパレードをおこなっているようだ。私だけでなく赤ん坊だって、こんな苦しい状態を楽しめるはずがない。

躁鬱病患者は幻聴を聞いたり頭を壁に打ち付けたりすることがないよう、デパコート、テグレトール、セロクエル、リチウム、リスパダールなどの薬に毎日頼るが、女性患者が妊娠するといっさい服用できなくなる。妊娠が確認されると、すべての薬を直ちにやめなければならず、（それが新たな引き金となり）、線路に飛び込んで列車に引かれるのを待つ女性もめずらしくない。それは統計からも明らかだ。躁鬱病の女性が妊娠中に深刻な症状を経験する可能性は、妊娠の前後の七倍にも達するという。最初の三カ月間を薬なしで乗り切るよう医者は指示するが、患者にとってそれは残酷な現実である。

妊娠の初期、私は目を覚ますと激しい嘔吐に襲われ、しまいには浴室の床に倒れて何時間もそこに横たわっていた。何もかも吐き出し、疲労困憊して大声を上げ、最後は絶望のあまり頭を壁や床に打ちつけ、とことん自分を痛めつけた。そして子ども時代の習慣に逆戻りして、神さま助けてください、せめて何もかも忘れさせてくださいと祈り続けた。あとで正気に返ると、顔と床のタイルのあいだには鼻水、血液、唾液、涙が溜まっていて、その感触がひんやりと冷たい。でも話はできないし、自分が誰なのかもわからない。やさしい夫は電話の向こうで驚き、あわてて駆けつけて私を助け上げると汚れを洗い落とし、いつもと同じように医者を呼んでくれる。医者は私を病院に収容し、以前に試した治療法をすべてやり直すが、一週間もすれば元に逆戻りしてしまう。この状態が延々と続き、ついに私が全世界のなかで名まえを確認できる存在はクリントと愛犬だけになってしまった。

私は本気で治療に取り組むため入院し、ときにはそれが何週間にもおよび、何も効果がなくなるとベッドに縛りつけられた。電気けいれん療法を何度も繰り返したため、二〇〇二年の記憶はほとんど残っていない。なぜ自分がこんな目に合わなければならないの、お願いだから教えてちょうだいと、私は医者や看護師に何度も懇願したが、誰も答えてくれない。必要な薬を服用しても大丈夫になる日が来るまで、指折り数えて待つ以外になかった。その魔法の瞬間は、妊娠から二六週目に訪れる。ここから第三期に入ると、胎児は十分に発達したものと見なされ、母体の安全を守るためにすべての抗精神病薬の服用が食糧医薬品局によって許可される。

医学的に問題ない時期になったと判断されるとさっそく、私のための薬物投与計画が細かく立てられて、顔の赤みもしだいに収まった。私は重い体を引きずるようにして職場まで出かけ、オフィスの床に眠って昼間の時間を過ごした。講義を試みたけれども心身の衰弱が激しく、病気休暇をとるしかなかった。妊娠八カ月目のある朝、私はラボの建物に正面玄関から入り、フロントオフィスで体を休めながら、一〇キログラム以上も太った体で地下のラボまでたどり着く心の準備を整えた。もちろん自分で化学薬品を扱うわけではないけれど、心地よい音をたてる機械の横に座り、計測器が示す値を調べ、私の承認や励ましがなければどの機器もつぎの作業に移れないと想像するだけで、心は十分に安らいだ。

エレベーターに乗って地下に向かうのも私には一苦労だ。お腹が大きく膨らんだ体を動かす前にコピー機の隣の来客用の椅子に座り、背に寄りかかって独り言をつぶやいた。「これでいいの。これが私の新しい姿なんだから。赤ちゃんはお腹から出てこない。あと一八年したら、私の体には大きな男が住みついているの」。これは決してジョークのつもりではなかったのだが、耳にした秘書たちはおかしそうにクスクス笑った。

そこに学部長のウォルターが入ってきたので、上官に注目された兵士のように無意識にさっと立ち上がった。ホプキンスで一〇〇年の歴史を持つ由緒ある学部で、私は初めて終身在職権を与えられる女性に着々と近づいていた。だから妊娠による弱みを見せてはならないととっさに判断したのである。

ところが不幸にも、あまりにも急いで立ち上がったせいで頭からサッと血の気が引いて、めまいを起こしてしまった。私は思わず椅子に座り込み、両足のあいだに頭を埋めた。こうしていれば、すぐにめまいは収まるのがわかっていたからだ。私は慢性的に低血圧に悩まされており、軽いめまいはめずらしくなかった。しかもこの症状は食事で改善されないので、もはや習慣のようになっていた。ウォルターは困惑した様子で周囲を見回し、浜に打ち上げられたクジラのように力なく横たわっている私に視線を向けてから、オフィスに入って扉を閉めた。誰かが水を勧めてくれたが私はそれを断り、よろめきながらエレベーターに向かったが、漠然とした不安に胸を痛めた。

翌日の午後六時半ごろ、クリントが私のオフィスにやって来た。彼のオフィスは廊下の少し先にある。顔に堅い表情を浮かべているので、誰かが死んだのではないかと思ったが、そうではなかった。彼はドアの枠にもたれたまま、重々しい口調で「いいかい。今日ウォルターが僕のオフィスに来たんだ」と言うと、しばらく話しにくそうにしてから先を続けた。「病気休暇のあいだ、きみはこの建物に入らないでほしい。そう言われた」。

「何ですって」と私は怒りよりも恐ろしさのあまり大声を上げた。「なんでそんなことができるの。私のラボじゃない。私が作ったのよ――」

「その通りだよ……」と夫はため息をついてから「ひどいな」と言ったけれど、その口調は私を慰めるかのように穏やかだった。

「まさか、こんなことってありなの」と言いながら、心の傷はどんどん深くなっていった。「なぜなの？　理由を教えてくれたの」と私は夫を問い詰めながら、これまでの人生で何度となくなぜという質問を権力者にぶつけてきたときのことを思い出した。満足できる答えを受け取った経験は一度もなかった。

「きみは負担になる、守らなくちゃいけないからって言うのさ」とクリントは答えてから、「古い人間なんだよ。そのくらい、わかっていただろう」と言った。

私はわめきちらした。「なによ！　あいつらの半分はオフィスで酔っ払っているじゃない……女子学生を口説いているじゃない……それなのに私が負担ですって？」

「いいかい、これが現実なんだよ。あいつらはお腹の大きな女性を見たくないんだ。そして、この建物に足を踏み入れた妊娠女性はきみが初めてだっただろう。だから対処できない。いたってシンプルさ」と穏やかに語るクリントは、怒り狂う私よりも冷静だった。

言われたことはわかるけれど、でも全面的には納得できない。「あなたから私に言わせようとしたわけ。自分でここに来て、私に直接話せばいいじゃない」

「きみのことがこわいんだと思うよ。臆病者ばかりさ」

私は頭を振り、歯を食いしばって抵抗した。「いやだ、いや、いや！」

「ねえ、ホープ、この件に関して僕たちは何もできない」と落ち着いた口調で語りかけ「あいつは上司なんだよ」と吐き捨てるように言った。夫の顔に浮かぶ痛ましい表情は、三〇年間連れ添った相手と死に別れた年老いたゾウと変わらない。私が自分のラボから、幸せと安らぎの源から締め出されてどんなに傷ついているか、十分にわかっている。こんな大切な時期に家も同然の場所への出入りを禁じられるなんて、これほどつらいことはない。

私は腹立ちまぎれに、空っぽのコーヒーカップをつかむと渾身の力を込めて床に投げつけた。でもカップは粉々に割れるどころか、ころころと気持ちよさそうに転がって横向きの体勢で床に落ち着いた。こんなちっぽけで意味のないものも自由にできないなんて、本当に情けない。私は椅子に座ると頭を両手で抱え、机に突っ伏してすすり泣きを始めた。

「こんなの、もうたくさん」と私は涙ながらに訴えた。クリントはそばに立って私をいたわりながら、重荷を精いっぱい引き受けようとしてくれた。私の興奮がおさまると、ふたりはしばらく無言のときを過ごした。一日の苦労はその日だけで十分だと信じて。

それから二年後にクリントは、ホプキンスへの愛情はあの日を境にすっかり冷め、私を傷つけたやつらを決して許さないと打ち明けてくれた。このときは離れた場所で冷静に振り返ることができるようになっていた。自分がどうして負担になるのか以前は理解できなかったけれど、結局は誰のせいでもない。あれから私たちは立ち直り、愛する者たちを招集し、わずかな所持品を持って、何千キロメートルも離れた場所に移った。そして再びラボをゼロから作り、再びビルが中心になって働いてくれた。私があの日にコーヒーカップを投げつけて泣いたのは、失われるものばかりに集中していたからだ。小さな子宮に隠されている小さなものの存在に気を取られ、将来手に入るはずのものが見えなくなっていたのである。

学部への出入りを禁じられた私は昼間は手持ち無沙汰になったので、午前中に検診の予定を入れた。病院に行くと看護師や技師が体重を測定し、超音波で胎児の様子を確認してからびっくりするニュースを伝えてくれた。一週間前にはわからなかったが、妊娠している期間が実は一週間長いのだそうだ。事情を知らずに「何カ月目に入りましたか」と尋ねた人たちは、「一一カ月です」と私が答えて、一緒に笑い合うことを期待するのだろうが、それはとても無理だ。簡単な計算もできない自分が情けない。

私は幸せの絶頂にいてもおかしくない。将来の母親として買い物をしたり、絵を描いたり、お腹の赤ん坊にやさしく語りかければよい。愛情の果実が熟しつつある事実を喜び、お腹のなかで順調に育つ赤ん坊との時間を楽しめばよい。でも私はそうしなかった。この赤ん坊のせいで人生の一部が失われた現実をいつまでも嘆き悲しんだ。私は期待に胸を膨らませ、お腹のなかの子どもはどんな様子だろうと、謎の正体についてあれこれ想像してもよかったのに、それもしなかった。私は最初から、この子は男の子だと決めつけていた。父親と同じブロンドの髪と青い目をした男の子だ。

この子は父親の名字と強い個性を持つようになるだろう。バイキングの末裔の男女の例に漏れず我慢強いけれど、母親失格の私を嫌うようになってもしかたない。私の人格の一部は言うなれば日陰で成長し、きれいに花開く前に枯れてしまった。でも少なくとも、私はこの子に血液を供給しているのだから、いまはその事実だけに集中しよう。良い血液を送り込むために呼吸法を練習し、ミルクを大量に飲み、スパゲッティをたっぷり食べ、毎日何時間も眠り、病んだ心については考えないようにしよう。今度はいつ精神が不安定になるかなんて、いまは悩む時期ではない。

私は一五歳で妊娠した少女たちと一緒に待合室に座っていた。彼女たちは私よりもずっと大きなトラブルに直面しているはずなのに、それに比べると自分は幸運だと思う感覚は麻痺していた。私は涙が出ないほど悲しく、祈りようがないほど心が空っぽだった。診察室に呼ばれて入ると、女医はイヤリングをしていない。私と同じ。イヤリングをしていない女性はめずらしいのに、こんなところで会うとは奇遇だと、場違いなことを考えてしまった。

「かなり大きいですね。でも順調ですよ」と女医は私のカルテを見ながら説明した。「赤ちゃんの心臓は元気に動いています。お母さんの血糖値は正常だし、あともう一息ですね」と言って、私に真剣な表情を向けてから、パンフレットを手渡して尋ねた。「出産後の避妊についてお考えですか。ご存じかもしれませんが、母乳をあげていても妊娠する可能性はあるんですよ」

私は動揺した。妊娠の最終ステージはとにかく何もかも非現実的だ。知り合いからは、二人目はいつにする予定なのと尋ねられるし、医者は避妊を勧める。赤ん坊をひとり持つこともろくに想像できない女性に二人目を産むつもりか（あるいは産まないつもりか）尋ねるなんて、ずいぶんおかしな話だ。

私はおずおずと尋ねた。「あのお、私に母乳は無理だと思います。仕事があるし。それに、私は薬を飲まなくちゃいけないし。たとえば——」

「大丈夫ですよ」と女医は私の話をさえぎった。「ミルクでも丈夫に育ちます。心配ありません」

赤ん坊の母親としての最初の失敗を呆気なく許してくれたやさしさは、私の心に深く染み込んだ。そしてこの人なら私をいたわり理解してくれると、子どもじみた希望が自然とわいてきた。そもそも私のカルテを持っているのだから、電気けいれん療法や入院生活や薬の投与について、すべて気づいているだろう。でも待てよ。自分はずいぶん罪を犯してきて、いまその罰を受けているのだ。この傷は決して癒されない。それなのにちょっと親切にしてもらっただけで、それを母親の愛情や祖母のやさしさと勘違いするなんて、勘違いもはなはだしい。そう、それは私にもわかる。でも、ひとりで痛みを抱え続けるのは疲れた。この痛みはかつてのように私を驚かせるわけではないが、季節が巡るたびに傷口はうずく。もちろんこの女性は私の医者であり、母親ではない。でも、やっぱり誰かにそばにいてほしい。ああそれなのに、ここの診療時間はきっちり一二分と、どこかでスケジュールが決められている。

つぎの予約を確認すると私は診察室を出たが、途中で化粧室に立ち寄り、嘔吐して体を震わせた。そのあと、鏡を見ると知らない人物が映っていた。とても悲しそうで疲れた様子で、脂じみた女性を気の毒に思ったが、よく考えればそれは私自身だった。

五時を過ぎて建物のなかに誰もいなくなると、私はレバを連れてラボにこっそり侵入した。何も生産的なことができるわけではなかったけれど、学部長の残酷な命令への反抗心から、言うなれば妊婦による座り込みをたったひとりで決行したのだ。七時半になってビルが一日の最初の食事を終えて戻ってきて、暗闇のなかで座っている私の姿を見つけると、私はあわてて顔をこすった。涙を抑えきれないことを知られたくはない。彼は明かりを全部つけると、研究室のプロジェクトについてひと通りきちんと近況を報告してくれた。じっくりと根気強く説明し、すべては順調に進行している証拠を具体的に提供して私を元気づけてくれた。私の分まで仕事を抱えて疲れ切っていたが、彼は地面が硬いほど、しっかり耕すタイプの人間だ。

私のどこがいけないのか、なぜラボを留守にしているのか、ビルは事情を正確に把握していない。それは友人も家族も同じだ。聞いても無駄だとわかっているから、尋ねようとしない。おそらく私の家系は何世代にもわたって変人の血筋を秘かに受け継いできたので、私の遺伝子には秘密主義が刻み込まれているのだろう。

家でおとなしくしていても大丈夫だからねと、ビルはやさしい言葉をかけてくれた。「いい、ここには誰も来ない。だから夜の見張り番はいらない」と言って周囲をそっと見回して「ここにはナイフとかもあるしね」とキャビネットを落ち着きなく手探りするふりをした。こんなおかしな発言で私を笑わせ、ふたりが出会ったころの姿を取り戻してやろうと、ビルは精いっぱいの努力をしてくれた。風船のように膨らんだ体に取り付いた陰気なゾンビをどう退治すればよいのか、ふたりともわからず途方にくれていたが、それでもビルは親友の力になろうと尽くしてくれた。

「ほら、そんな情けない顔をして。豚でも殺してみたらどう？　きみたちノルウェー人はそれで幸せになるんだろう」と言ってビルは私を怒らせようとした。

「うん、それよりお腹がすいた……」

私たちはビルの家まで何とか歩き（私は足を引きずり）、途中で買い込んだドーナッツを食べながら『ザ・ソプラノズ　哀愁のマフィア』の再放送を見た。九時にクリントが迎えにきて、三ブロック先の自宅まで車で帰った。車がタクシーであるかのように、クリントは後ろのドアを開けると私に手を差し伸べてくれた。私は頬を流れる涙を止めることができなかった。

微妙なデータを読み取る気がまえで実験を注意深く観察しているとき、誤解のしようがないほど明確で説得力のある結果が手に入るのは良い兆しだ。破水は出産の兆候だけれどわかりにくいことがあると私は何度も警告されていた。しかし、その夜遅くカウチに座っているとき、体がいつのまにか大量の液体でびしょ濡れになっていた。液体の量はどんどん増えてくる。私は腹をきめて、そろそろ病院に行ったほうがよいみたいとクリントに告げた。

クリントに助け起こされる私の手は震えていた。「大丈夫、これから世界最高の病院に行くんだから」と彼は静かに励ましてくれたので、その言葉で私の気持ちも落ち着いた。いまにも崩れそうな弱い心を奮い立たせ、荷造りをすませると車でダウンタウンに向かった。夜の一〇時半ごろで、窓の外にはボルティモアの公営住宅が何キロメートルも連なっている。長い一日を終えて重い足取りで帰宅する人たちは休息を必要としているが、ほかには何も期待していない。

病院に到着するとたちまち、明るい照明と騒々しい活動に心が和んだ。そして不思議なことに、かつて病院の薬局で働いていたときの安心感がよみがえってきた。忙しく働く職員は誰もが使命感に突き動かされており、みごとに演出された大きな共同作業のなかでは、私の世話などほんの一部にすぎない。何が起きようとも私はひとりではない。私を助けてくれるスタッフは、心の準備が整った意思の強い人間で、常に警戒し、責任を持って行動している。計画は順調だ。みんなが一晩中起きて、この大事業を進めてくれる。私はようやくリラックスした。

産科病棟に向かうエレベーターには高齢の患者が同乗していた。くたびれた様子の若い雑用係に付き添われ、車いすに乗っている。雑用係の女性は膨れ上がったお腹を見て「これからですか」と尋ねた。そして私が答えに詰まって無言で見つめ返すと、頭を振って苦笑いを浮かべた。

受付に到着すると、私を見かけた大柄の女性が近づいてきて、受付係に「私にまかせて。血管は大丈夫みたいね」と私の担当看護師を志願した。私の手の甲は父親とそっくりで、常に血管が浮き出ている。これも良い兆候だ。看護師は私たちを個室に案内し、隅の椅子をクリントに勧めた。彼は言われたとおり、邪魔にならないようベッドの足元に椅子を置いた。

「いいですか、赤ちゃんを産むのはあなたじゃありませんからね」と看護師は、私を浴室に案内しながらクリントのほうを振り向いて説明した。

苦労してトイレを使ったあと、私は患者衣に着替えた。看護師は私をベッドに持ち上げてから、両方の手首をアルコールで拭いた。それから針、電極、クランプ、バンドなどの器具を全部で一〇個、いや二〇個も取り出して、それを私の体のあちこちにいろいろな方法で接続し始めた。その作業が終わるとそれをひとつずつ機械やモニターに差し込んだ。ベッドのまわりに集められた機械からは、これから始まる作業への参加を意思表示しているような雰囲気が漂う。すべてのスイッチが入ると、私は周りを取り囲む電子機器にやさしく見守られている安心感に包まれた。私がこの試練を乗り切るためにはどんなに励ましても十分ではないことを理解して、どの機械も私を落ち着かせるために考えたストーリーを繰り返し聞かせる準備が整っている。

インターンが入ってきて尋ねた。「分娩中の痛みを緩和するための薬を使いますか」

「はい、お願いします」と私は相手と同じ素っ気ない口調で答えたが、実はこれまでの人生でこれほど何かを熱烈に望んだことはなかった。

「それがいいわ」と看護師は小声でつぶやいた。「痛みをわざわざ経験する理由はないもの」。これで、彼女のシフトもずっと楽になるはずだ。

数時間ごとに別の医師が現れたが、教授でもある彼らは医学生を引き連れ、私をケーススタディとして紹介した。私の出産前の検診の結果を要約し、私が服用した薬の名まえを淡々と簡潔に述べた。

まるでそれは、E・Eカミングスの詩を編集者によるカットなしで聞かされているような気分だった。説明が終わると医師は学生の一団に「では、この状況で胎児の状態をどのように推測できるかな」と尋ねたが、学生たちは羊の群れのように押し黙っている。

とうとう看護師が割り込んだ。「いいですか、彼女を見てごらんなさい。赤ちゃんは未熟児ではないし、体重も問題ありませんよ」と言って、あきれた様子で頭を振った。そのとき後ろにひかえている学生のひとりが、私のほうを見ながら大きなあくびをした。あえて隠そうともせずに。

それを見た私は猛烈に腹が立ち、その感情が左側の心電図の数値に反映された。私はたちまち一五年前の自分に戻っていた。大学生だった私は医学部への進学を熱望していたが、お金もそれを手に入れる手段もないことは最初からわかっていた。女性の私はフクロウをつかまえて羽をむしり、それを子どもたちのためにボイルして、赤ん坊のために骨髄を細かく砕き、自分は最後に残ったお湯を飲むだけの、そんな役割を期待されていた。でも私は男勝りで、体に張り付いたヒルを自分で引きはがすことができたし、クモもヘビも不潔な排泄物も暗闇もこわくなかった。そう言えば、奨学金が支払われて本の購入代金が手に入ると、直ちに本屋を訪れ、本当に必要な本を買いそろえるだけでなく、医学関係のテキストもひと通り購入したものだ。

ところが、私には固く閉ざされた重い鉄の扉の内側にいる医学生たちは、神聖な場所への入場を許された栄誉を喜ぶどころか、何もかも無駄にしている。こんなやつらには、私の子宮頸部を測定する資格さえない。怒りは本来の私をちょっぴり目覚めさせたようだ。私は一部始終をビルに報告するために頭のなかで編集作業を進めた。そうだ。「さあ、あんたたち、ちゃんとメモしておきなさい。私のことはテストに出るんだからね」と自分がわめいている場面を挿入しよう。

モノローグは教授の言葉で中断された。「彼女は産後鬱病の大きなリスクを抱えているから、経過観察が必要だな」。愛情と将来への希望から誰もが控えてきた発言を、この教授はいとも簡単に口にしたのだ。私は耳をそばだてて、つぎはどんな発言が飛び出すのか興味津々で待ち構えた。学生たちはめずらしい情報を聞かされ、私への関心を目に見えて高めた。私のいたって正常な様子に困惑しているようなので、教授の指摘の正しさを立証するため幻覚症状を起こしたふりをしてやろうかとも考えた。

私は狼狽の表情を浮かべて部屋を見回し、クリントと視線を合わせた。彼は隅の椅子に足を組んでおとなしく座っている。結婚して強い絆で結ばれたカップル特有のテレパシーで、私たちはこの状況の馬鹿馬鹿しさを認識し合った。するとこの数週間で初めて、私は声を出して笑った。ビープ音を発する機械たちが見守る小さくても頑丈な巣のなかで安全を確保されているのだから、自分はこの数カ月間で最高の状態だという現実を理解することができた。

患者が喜んでも悲しんでも動じない医者は、時計を確認して病室を出て行った。学生たちを引き連れていく様子は、世界中で最も退屈なセレブを最も無能なパパラッチが追いかけている様子を髣髴させた。あの学生たちもこれから長い夜を過ごすのだと思うと、私の怒りは多少和らいだ。そして冷静になってみると、医者になる夢は、医学部で如才ない行動を求められる現実と相容れないことを考えられるようになってきた。それに、この数カ月間の私は決して品行方正だったとは言えないから、他人の無感動を非難できる立場ではない。

つぎに手術室担当の看護師が、ビーチタオルを巻き上げたようなものを持って入ってきて、ふたつのステンレスのトレイ全体にそれを広げていった。それは殺菌された布で、メスやはさみなど、鋭い刃を持つ小さな道具がいろいろと並べられている。看護師は退出し、最初と同じタオルを持って戻ってくると、別のふたつのトレイの上で同じ動作を繰り返した。

「へえ、ナイフがずいぶんたくさん」

看護師は私に視線を向け、作業を続けながら説明してくれた。「この先生は予備のセットをそろえておくのが好きなんだ。落として使えなくなったときのためにね」。刃物が宙を飛び始めたら代わりをすぐに用意できると約束されたら、ほっとしても良いはずだが、私はそんな気持ちになれなかった。でも、看護師が部屋を出ていくまで不安なそぶりはみせなかった。

つぎに、例の母乳を強制しなかった女医がやって来て、私の出産に立ち会うことになったとうれしいニュースで驚かせてくれた。私は「介助チーム」の誰が出産に立ち会うかは当日までわからないと繰り返し忠告されていたから、赤の他人も同然の医師がやって来てもしかたないと覚悟していた。実際、この九カ月間にはいろいろな医師が私の人生を通り過ぎたが、彼らがどんな人物だったか半分すら思い出せない。

「先生で本当によかった」と私は、子どものように全幅の信頼と愛情を表現した。

女医は私のカルテに目を通した。「どう、気分は」

「こわくて」と言ったのは本心からだ。私はいつも、自分は分娩中に命を落とすと決めつけていた。母親になった自分を想像できないこともあるが、母方の祖母は分娩中に死亡したのではないかという疑念が大きく影響していた。私の母も、彼女の兄弟姉妹たちも、自分たちの母親については多くを語らない。わかっているのは、あとに一〇人以上の子どもが残されたことだけ。彼らにしてみれば、過去について語っても結果が変わるわけではないのだ。

女医はカルテから私に視線を移した。「心配ないわ。もしも何かあったら、あなたを四五秒で手術室に移動させる準備ができているのよ」。そう励まされた私は束の間、すぐ近くには別の部屋があって、そこにはこの部屋よりもたくさんの——はるかに先端をゆく——器具が準備されている光景を思い描いて楽しんだ。

つぎに女医はクリントのほうを向いて「奥様のお世話は任せてください。でもご主人に何か起きても、たとえば気を失っても、お構いできませんからそのつもりで」と忠告した。クリントの母親はフィラデルフィアの著名な産科医だったから、彼の子ども時代に難産は食卓での話題にのぼった。だから彼が気を失う危険はないのだが、彼は与えられた役割をシナリオどおり素直に演じた。

女医は私の子宮頸部を診察して「すべて順調ね」と結論してから「特に必要なければ、麻酔がすんでから戻るわ」と言って病室を出ていった。

それから二時間、血圧計のカフが二〇分ごとに私の腕を締め付け、心地よいビープ音によって状態が安定していることを知らせてくれた。やがて陣痛が激しくなり、痛みに襲われるたびに私は小さなうめき声をあげた。

「あなたは文句が少ないね」と看護師は点滴バッグを取り換えながら話しかけた。

私はそれを褒め言葉と受け取り、「だって、わめいても状況は良くならないもの」と答えた。

「そりゃそうだ」と言いながら看護師は、点滴と腕の静脈をつなぐチューブを開いた。

陣痛がいよいよ激しくなってくると、私はクリントのほうを向いて、お願いだから助けてちょうだいと静かに訴えた。そんな私を見つめる顔に浮かんだ穏やかで親しみのこもった表情は、遭難者を雪から掘り起こしたセントバーナード犬が、レスキュー隊がまもなく到着するから、それまで氷をしゃぶって待っていれば大丈夫だと励ましているようだった。

何時間にも感じられるほど時間が経過してから、上品な感じの医師が従者のような人を引き連れて現れ、麻酔医だと自己紹介した。麻酔医は私の背中の下の部分の脊椎を確認しながら「ロピバカインの治療を受けたことはあるの？」と甲高い声で話しかけてくる。普通の人間にそんなことがわかると思っているのだろうか。

一瞬の沈黙のあと、看護師が私に代わって答えた。「おそらくそう思いますよ。カルテが分厚いですし」。それを誰もがあたりまえのように無視している様子からすると、彼女のおせっかいな発言はこの病院で知らぬ人がいないのかもしれない。

私は看護師のほうを見て、痛みに声を震わせながら「いつでも覚悟はできていますから」と大胆な発言をした。入院中に患者がおかしなことを話しても、医者は絶対に笑わない。医学部の方針として、患者が自分の状態について面白おかしく伝えても、医者は冷静な態度を崩してはいけないと決められているのだろうか。でも相手があまり真面目くさっていると、こちらは疲れてしまう。

いま私の脊髄に針がぐさりと差し込まれていく。どうなっているのだろうか。数時間前に看護師から静脈注射のポートを埋め込まれたときと同様、一部始終をこの目でじっくり観察できればよかったのにと残念だった。

しばらくすると「よし、うまくいった」と、おそらく針を刺しこんだインターンに医師が話しかける声が聞こえた。

「ああ、よかった」と私は安堵した。腿がしびれてきて、まもなく腰から下の感覚が失われた。痛みが消えたわけではないが、痛みのボリュームがずいぶん下がった。

まもなく女医が戻ってきて、モニターの使い方を教えてくれた。モニターを見ながら陣痛がいよいよ最高潮に達したと判断したら、思いきりいきんで、意識できない部分に意識的に筋肉を集中させるのだ。彼女の監督のもとで私は実践してみたが、およそ三時間経過しても成果は出ない。

「いいわ、やり方を変えましょう」と女医は明るく言った。「あなたはどこか雪国の生まれじゃない」

「そうです、そうなんです」と夫が私の代わりに答えた。

「OK。じゃあ、車が溝にはまった状態がわかるわね。車体を揺さぶっては後ろから押して、発進するまでそれを繰り返すでしょう」

「ミネソタでは、車を駐車するときにそうします」と私はあえぎながら答えた。このとき女医が見せてくれた笑顔に、深い安堵を覚えた。一〇〇ドル紙幣のように、心のポケットに大切にしまい込みたいほどすばらしい笑顔だった。

「OK。今度はそれでいくわよ。私たちが三回揺さぶったら、あなたは一回いきむ」。私たちはそれをしばらく試した。

「さあ、赤ちゃん。きれいな頭ね。お顔も見せてちょうだい」と、年配の看護師が私の膝を叩きながら呼びかけた。私はモニターに描かれる弧に体の動きをシンクロさせ、強くいきんだ。ところがそのあと、女医の態度が変化した。

女医は冷静さを保っているが、見るからに緊張した表情になって、アシスト役の看護師に話している。「首にへその緒が巻きついているわ。吸引分娩にしましょう」。三人は私の足のそばに器具の入ったトレイを準備した。その行動はスムーズで迅速だった。女医は真剣な表情で私の目を覗き込み、「これは痛いわよ」と宣告したので、私はうなずいて大丈夫ですと意思表示した。そう言えば、先生も私もイヤリングをしていないと一瞬思い出した後、何もかも真っ白になった。

女医は吸引器具の吸着カップを私の息子の頭に取り付けてから、前かがみになって体重をかけ、渾身の力をこめて私たち親子を引き離そうとした。限りない可能性を秘めた世界にはずいぶん不完全なものがあるのだと知った私は困惑のあまり大声でわめき、それが自分の耳に入ってきた。でも視界が回復すると、それは生まれたばかりの赤ん坊の泣き声だった。私はずっと前からその声を知っていて、すでに聞き分けることができた。

息子がこの世に生まれた。チームの半分は赤ん坊の世話に、もう半分は私の世話に専念した。血だらけだけれど、母子ともに健康だ。もう何もする必要はない。隣に寝かされている赤ん坊を眺めながら、満ち足りた気分で横たわっているぜいたくが許される。私たち親子の汚れをふき取り、清潔にして、体のあらゆる部分を何度も確認するために、病院じゅうのスタッフがせっせと働いているように感じられる。細かい情報はすべてカルテに記録され、コンピューターに入力されていく。この大切なデータは失われることも忘れられることも絶対に許されないのだから。

私の出血が止まると、チームのスタッフは私のお腹を押して、もはや無用になった胎盤をどっさり取り出した。一方、赤ん坊のチームは体を洗って清潔な布にくるみ、私がキスするための準備を整えてくれた。「さあ、あなたの赤ちゃんですよ。四キログラムの立派な赤ちゃんですよ」と報告する若い看護師は微笑みを浮かべていた。

私は微笑みを返し、「もっと強くならなきゃ」と言った。

「女性はみんな強いの」と女医は、私の女性器を注意深く観察しながら言った。いまは引き裂かれた部分を継ぎ合わせ、ずたずたの傷口を手早く縫合する作業に専念している。

クリントは私の隣に立っている。ようやく彼にも赤ん坊を抱いてキスする順番がやって来た。私は息子の顔を眺めた。私の顔の要素を十分に受け継いでいるから、何を考えているか正確に理解できる。この世に生まれ、ようやく人生のスタートを切ったことを素直に喜んでいるのだ。クリントから私の腕に戻された赤ん坊は、すやすや眠り始めた。この日から数カ月間、私はこの美しい顔をうっとり見つめながら何時間も過ごすことになる。女医が九〇分以上かけて私の傷口を縫合しているあいだ、赤ん坊は満ち足りた表情で眠り続けていた。ようやく後始末が終わると、家族三人だけで過ごすことが許されたが、その前にもう一度血圧が測定された。私の腕をハグしたカフは元気なビープ音で息子の誕生を祝い、再会を静かに約束した。照明が落とされ、私たち親子は横に並び、何時間もぐっすり眠った。

そのあとは、長く幸せな夢のような日々が続いた。私はベッドに横になり、やることと言えば、自分は精神病患者ではないと定期的に証言するぐらいだった。医者の世界だけしか知らない何らかの理由で、私が置かれたような状況では今日が何曜日か、選挙で選ばれたこの国の最高指導者は誰か、六時間ごとに尋ねて患者の状態を確認する習慣になっていた。私は自分が正常であることを示すため「今日は火曜日！　ブッシュがホワイトハウスで過ごすには絶好の日ね」と、白衣を着ている人物が通りかかるとかならず話しかけた。

入院して二日目、息子を取り上げてくれた女医は私の傷跡を確認し、順調に回復しているわと報告してくれた。傷口に新しいガーゼを当てられ、ベッドに戻された私は、ストロベリーモルトを強く吸い始めたが、気管に入って強くむせた。ところがそのとき、何かゼリー状のものが体のなかで剥がれ、外に飛び出してきた。両足のあいだにはディナープレート大の血の塊が見えて、シーツにじわじわと染み込んでいく。

「あのお、私はこんなに出血して大丈夫なんですか」

「あなたは体に脂肪がつかなかったでしょう。体重が増えたのは羊水や細胞組織のせいで、どちらも不要になったの。全部が体から出るまでには時間がかかるのよ」と女医は説明した。

看護師が寝巻を取り換えてくれているあいだ、女医は「心配しないで。みんなが見守っているのよ」と励ましてくれた。彼女が病室からいなくなったあと私は、祖母が先生の姿を借りて語りかけてきたのだと思わずにはいられなかった。

こうして私はベッドに横たわりながら、不要なものが体から出尽くすまで待ち続けた。ジクジクと出血は収まらず、形のない塊が何日も体の外に出てきたが、それと一緒に、長年抱え込んできた罪の意識や後悔や恐怖が洗い流されるように感じられた。眠っているあいだは、私よりも強い人たちが不要なものをそっと取り除き、適切に処理してくれた。そして起きているあいだ、私は赤ん坊を腕に抱いて、こんなに美しく完璧な子どもの母親になった幸せに浸った。この感動は、かつてエノキの種子にオパールが含まれていることを発見したときの経験に匹敵する【p.97参照】。息子には、はなまる満点をあげたい。

それからさらに一週間入院しているあいだに、季節は雨の多い四月から新緑のまぶしい五月に移り、私たち親子の生活に新しいパターンができあがった。クリントが赤ん坊を世話しているあいだ、私は原稿を校正し、質量分析計に遠隔操作でログオンし、誰かの論文に落第点をつけ、グラフを描いて仕事に取り組んだ。このルーティンは、その後数年間続くことになる。育児はふたりで分担し、相手に引き渡すときは微笑みと愛情を忘れず、親と配偶者と研究者という三つの役割を同時にこなした。ところでビルは病院を訪れて私を驚かせたばかりか、一一年間で初めてハグしてくれた。そしてうれしいことに、我が家の愛すべきおじさんの役割を喜んで引き受けてくれた。

入院生活が延長され、さまざまな検査がおこなわれた結果、私は難産のすえに健康な子どもを生んだことが証明された。病院での最後の夜、私はベッドで眠れないまま考え事にふけり、そんなときの常として大切な事実に気づいた。問題が解決できないように思えるのは本当に解決できないからではなく、型通りには解決できないからなのだ。だから私は、この子の母親にはならない決心をした。父親になるのだ。父親の役割ならわかるし、自分にとって違和感がない。そんな自分がおかしな発想の持ち主だとは考えない。私が息子を愛し、息子もそんな私を愛し、それでうまくいきさえすれば十分ではないか。

でも、おそらくこの実験は一〇〇万年以上続けられてきたもので、私ごときが台無しにすることはできない。私が見つめているこの美しい赤ん坊は、自分よりもっと大きな別のものに私をつなぎとめてくれるかもしれない。この子の成長を見守り、必要なものを与え、私の愛情を当然のごとく受け止めてもらうのは、私の人生の大きな特権のひとつになる予感がする。大丈夫、私にだってできる。みんなが助けてくれるし、十分なお金にも愛情にも恵まれている。仕事もあるし、必要なら薬を飲めばよい。涙とともに種子を蒔く人は、喜びの歌とともに刈り入れると聖書にもあるではないか。そう、きっと私にも母親が務まるはずだ。

九　〈親から子へ〉

生きている細胞はすべて、基本的には水の入った小さな袋のような存在だ。この視点に立つと生命（生命活動）は、水の入った何兆個もの袋を新しく組み立てたり組み立て直したりする作業の連続にすぎない。この作業にとって厄介な問題のひとつが、十分な水が不足していることだ。すべての細胞が成長できるために十分な水は存在しない。地球の表面に暮らすすべての生物は、すべての水の一パーセントのさらに一〇〇〇分の一パーセントの水を巡る、終わりのない戦いに召集されたようなものだ。

なかでも木は最も不利な立場に立たされている。必要な水を求めてあちこち歩き回れないうえに、図体が大きいため、機動性のある動物よりも大量の水を必要とする。インターステート10号線でアメリカをマイアミからロサンゼルスまで、ルイジアナやテキサスやアリゾナを通過しながら車を走らせると三日間かかるが、そのあいだに植物生物学で最も重要な事実を確実に学ぶ。ある場所に存在する緑の量は、年間降水量に正比例するのだ。

地球全体の水の量をオリンピックプールにたとえるなら、地面に根を張る植物が獲得できる水の量は、ソーダ水のボトル一本にも満たない。それでも木は大量の水を必要としており、一握りの葉っぱを作り出すためにも一ガロン以上の水が欠かせない。そう指摘されると、木が土壌に根を広げて積極的に水分を吸収している場面を想像したくなるだろう。しかし現実はまったく異なる。木の根っこはいたって受動的である。水は昼間には根っこに流れ込み、夜になると流れ出ていく。月によって引き起こされる潮の満ち引きのように忠実にパターンは繰り返されるのだ。根っこの組織はスポンジに似ていると言ってもよい。たとえば、こぼれたミルクの上に乾燥したスポンジを置けば、じわじわと膨らんで液体を吸い込む。つぎに液体を十分に吸い込んだスポンジを乾いたセメントの上に置けば、液体はすぐに流れ出し、歩道に濡れたシミができる。それと同じで土壌を掘り進んでいけば、岩盤に近づくほど土は湿り気を帯びる。

十分に成長した木は、地面に真っ直ぐ伸びた主根からほとんどの水分を吸収する。地表に近い部分の根っこは横に成長して木を網の目状の構造で支え、木が倒れる事態を防ぐ。これらの浅い根っこは乾いた土壌に水分を提供する役目を引き受けており、太陽が沈んでいるあいだや木の葉が水分を積極的に放出していないときは特にその活動が盛んになる。成熟したモミジの木は、地下深くから吸い上げた水分を夜どおし浅い部分の根っこからじわじわ放出し、水を分配し直しているのだ。大きな木の近くに生息している小さな植物は、このようにリサイクルされた水に必要量の半分以上を依存していることが確認されている。

苗木の生活は特に厳しい。一年目の誕生日を迎えた木の九五パーセントは、二年目の誕生日まで生きられない。平均的な木の種子は遠くまで移動しない。たとえば、モミジの苗木のほとんどは、親木から三メートル圏内に根を張っている。したがって、モミジの苗木は光を確保するためにほかの複数の苗木と戦うだけでなく、何年にもわたって栄養分を上手に取り入れてきた親木の陰で暮らさなければならない。

しかし、モミジの木は子どもたちに対し、ひとつだけ親にふさわしい寛大さを示す。毎晩地面の下では、何よりも貴重な資源、すなわち水が、強い木から弱い木へと移動していくので、苗木は命拾いができる。この水だけで苗木にとって必要なものがすべて手に入るわけではないが、それでも多少の助けになるのは事実だ。これから一〇〇年後、同じ場所にまだモミジの木が存在しているためには、手に入るものは何でも確保しておかなければならない。親は子どものために人生を完璧な形で準備できるわけではないが、それでもできるかぎりのものを提供するための努力は惜しまない。

十 アイルランドの教訓

木は実際に子ども時代を記憶していることが、この一〇年間で判明した。ノルウェーの科学者たちは、寒い場所と暖かい場所で育った「兄弟同士の」トウヒ（要するに、遺伝子の半分が同じ）から生じた種子を何千個も集めて同じ条件のもとで発芽させ、無事に発芽したものを同じ森に植えて、大人に成長するまでの経過を観察した。

秋が訪れるとどのトウヒの木も同じように、初霜に備えて「つぼみの部分」の成長を止める。実験がおこなわれる森のなかでは遺伝子を共有する何百本もの木が、苗木から大人の木へと並んで成長していく。ところが、寒い気候のもとで誕生した木は暖かい気候のもとで誕生した木に比べ、つぼみが成長を止める時期が確実に二、三週間早く、長くて寒い冬を予想していることがわかる。ノルウェーでの研究の対象になった木はどれも同じ環境に置かれたが、つぼみの成長を早く止める木は種子の時代の寒さを記憶していた。そんなノスタルジアは役に立たないにもかかわらず。

記憶の仕組みは正確にはわからないが、そこでは複雑な生物学的反応や相互作用がいくつも組み合わされていると考えられている。実際、人間の記憶の仕組みもまだ正確には解明されていない。現時点ではやはり、複雑な生物学的反応や相互作用がいくつも組み合わされた結果だと推測される程度だ。

息子が幼稚園に通い始めた年、私たちはノルウェーに一年間滞在した。私はフルブライト奨学生となり、木の記憶の仕組みを解明する研究者グループへの参加を認められた。特定の気候のもとで子ども時代を過ごしたトウヒの木が、大人になって異なった気候条件の場所に移されると、過去の記憶がどのように影響するのかを理解するのが研究の目的である。人間の心のなかで記憶が形成される仕組みでさえ、正確に解明する作業は科学的に困難を伴う。ましてや、人間よりも寿命が二倍以上も長い生命体の記憶について理解するのはとてつもなく難しい。

今回の実験では、植物と動物の最も基本的な違いを利用した。植物の組織のほとんどは冗長性をもち柔軟性に富んでいる点に注目したのだ。必要になれば根っこは幹になるし、その逆もあり得る。そしてひとつの胚が細胞分裂すると複数のコピーが生まれ、どれも同じ遺伝子の青写真にもとづいて設計される。いまでは増殖技術が進歩したおかげで、「子ども時代に経験した極度の栄養失調を、木は記憶しているのか」といった疑問に答えられるようになった。ある苗木を何年間も栄養失調の状態に置く一方、一卵性双生児のように遺伝子がまったく同じほかの苗木には栄養をたっぷり与えて比較すればよい。決定的な答えを見つけるためには、このような実験が唯一の方法である。人間を実験対象にすると大きな反発を招き、倫理的にも明らかに問題があるが、植物が相手なら正当化される。

実験を開始するにあたっては、トウヒの種子を一〇〇個準備する。ゴマよりも小さな粒をひとつずつ数え、集めた種子を滅菌水のなかに数時間浸す。壁の送風口からは滅菌水に向かって、無菌状態の空気が静かな音を立てて流れてくる。その前に椅子を置いて座っていると、ほんの一瞬、二〇年前の記憶が懐かしくよみがえってきた。病院のなかで同じような無菌フードの前に座り、未来に向けて試行錯誤を繰り返している少女の姿を思い浮かべた。「前にあるものはすべて清潔、後ろにあるものはすべて汚い」と私は繰り返しつぶやいた。実験道具と壁のあいだには何も置いてはいけない。私は手順にしたがって道具を並べた。

私が使っている種子は、一世代ちかく昔にスカンジナビアの森で集められた。いたって平凡な木から生まれたもので、その木については一九五〇年に読みにくい筆跡のノルウェー語で何ページにもわたって記述されている。ムックブーツを履いた気難しい表情のブロンドの男たちは、採取した種子を私が研究材料に使うことに満足してくれるだろうか。いや、それはないだろう。暗い部屋の窓に姿が映っているのは、脂っぽい髪の毛を後ろでしっかり束ね、にきび面がいつまでもきれいにならない女性なのだから。

私はすぐ右側にあるブンセンバーナーに着火すると、炎をきっちり二・五センチメートル（一インチ）に調節した。送風口から流れてくる空気によって炎が揺らめき、空気がきれいに殺菌されたことを確認すると、右の肘をおろし、アルコール消毒綿を左側に置くが、無意識のうちにどちらも炎から遠ざける。つぎに今度は左手に持ったピンセットで種子をひとつつまみあげ、所定の位置に置いて、顕微鏡で覗きながら固定しようとするが、手はなかなか器用に動いてくれない。これじゃあ、コーヒー絶ちをしなくちゃいけないなと、その日だけで三度目の誓いを立てる。ようやく終わると、今度は右手に持ったメスで種子を広く浅く切り裂いて種皮をはがし、するとようやく胚が姿を現す。

メスを押し付けて種皮をほぐしてから、ピンセットを胚の下に入れてグイッとつまみ出す。胚は小さくて肉眼では見えないが、胚をつまみ取ったはずのピンセットを、ゼラチン培養液をたっぷり入れたシャーレに浸す。これは前日のうちに準備しておいたものだ。それから蓋を閉めて、紫色のテープで密閉する。火曜日は紫色のテープと決められていた。蓋には、胚を混入した部分に丸く印をつけて、成長や感染の状態を確認する範囲を狭める。そして丸い印の下には、黒ペンで長いコードを記した。そこには年代、培養液、親木、シードロットに関する情報が含まれている。自分のイニシャルを記さないのは、仲間内ではお互いの筆跡をとっくに理解しているからだ。ちょうど私が、すでにこの世を去り、会ったこともないノルウェー人森林学者の筆跡をそれぞれ見分けられるのと同じだ。私のラボ仲間は、コードに数字の7が含まれるとき、縦の部分に横線を加えない。そしてみんなは、私のアメリカ式のやり方をからかった。正確を期するため、私は書いたコードを二度チェックして、毎回小声で読み上げる。すべてのプロセスが終わるまでの所要時間は二分から三分。このプロセスを一〇〇個の種子すべてで繰り返す。

地球の表面には毎年、一エーカーにつき何百万個もの種子が落ちてくるが、成長を始めるのは全体の五パーセントにも満たない。そのなかで、一年目の誕生日を迎えられるのは五パーセントである。この厳しい現実を考えるならば、木の研究おいては苗木を成長させることが最初にして最も重要な実験になる。実際これは、ほぼ勝ち目のない戦いと言ってもよい。したがって、森の研究の開始にあたって苗木を初めて植える作業は、諦観の域に達したストイックな研究者が苦労の末に勝ち取った勝利なのだ。

こうした独特の知的試練を味わうのだから、木の実験に取り組む人種はユニークなキャラクターの持ち主が集まる。科学に対して宗教のような情熱を抱き、マゾ的とも言えるほど我慢強い人たちが選ばれる。原子物理学者は新しい粒子の観察や光の速度についての派手な発言で注目され賞賛されるが、木の研究者はそのような栄光を追い求めず、そもそも縁がない。私は胚の成長のサブステージについて学びながら彼らの考え方についても学んだが、どちらにも魅力を感じた。小さな苗木を夜のあいだに植えておけば、翌日の朝露で清められる。その成長を敬虔な気持ちで測定し続ければ、私たちの後継者となる二〇〇年後の未来の科学者に伝える知識が生み出されるはずだ。

私はシャーレをまとめ、地下室の先にあるウォークイン式の恒温培養器まで運んだ。温度を摂氏二五度ぴったりに設定し、暗い場所で保管する。恒温培養器は湿度の高い霊廟のようで、本当なのか気のせいなのかわからないが、かすかにカビの臭いが漂う。どの胚もここで、ほかの何千もの種子から取り出されたゼラチン液のベッドで大事に育てられる。私が種皮の制約を取り除いてやった胎児たちは、この培養液にだまされてぐんぐん成長していくだろう。

二〇日後にはびっくりするほど大きくなり、本来の――すなわち、菌が発生して胚よりも先に栄養分を奪い取らない場合の――何倍にも成長しているはずだ。そうしたら健康な胚を選んでていねいに分割し、肥料と成長ホルモンをたっぷり混ぜたゼラチン液に各ピースを移植する。作業を慎重に進めて幸運に恵まれれば、顕微鏡で観察しながらひとつの胚を一二個に分割することができる。ちなみに今日では、二週間かけて培養された完璧な状態の胚を選りすぐって五〇個に分割し、傷ついた細胞質の回復を待つ。順調に回復すれば、やがて一方の先端からは緑色のものが、もう一方からは根っこのようなものが成長してくることが期待できる。各ピースは有害な菌類の影響を受けずに人工光線のもとで一カ月を過ごして光合成を強制される。

料理家のジュリア・チャイルドは、完成したスフレを取り出したオーブンに、未調理のものを代わりに入れる。それと同じように、私も、解剖に使った芽を補うために、分割した胚から健康に育った芽をライトチェンバーから一〇〇個選び出す。選ばれた小さな芽は、卵のカートンで作ったポットに押し込まれる。アイスキャンディーの棒を使って土に穴を開け、別のキャンディー棒で芽を移植していく。作業のあいだにはときおり、サンプルのなかから変わったものを見つける。たとえば、緑色の風変わりな渦巻きに気づけば、一〇分かけてじっくり観察し、単調な時間が一日、一週間、あるいは一カ月続くなかでの貴重な瞬間を心行くまで楽しむ。

この特殊な葉っぱについては記録を残すべきなのだろうが、いまではやめてしまった。かつてはどんな風変わりな点も几帳面に記したものだが、時間が経過するにつれてその習慣は薄れた。できれば自分だけの秘密にとどめておきたい。発芽したダイコンの子葉は、左右対象の完璧なハート形をしている。私は二〇年にわたってダイコンを何百個も育てているあいだに、ふたつの変種に遭遇した。どちらも三枚目の葉っぱが完璧に存在していた。葉っぱが二枚しかないはずの場所に、なぜか三枚目の葉っぱがくっついている。私はこのふたつのダイコンについてよく考え、ときには夢にまで見る。なぜこんなものを目撃したのだろう。ときには疑問を持つことも、報酬を受け取るうえで大切な責任だと思う。

一日が終わると、一〇〇本の小さな芽を格子状に並べる。写真を撮るあいだは、よくないとは知りながら退屈なポップミュージックをラジオで四五分間流し続ける（音楽を聞いているとラベルを間違える恐れがある）。きれいに並べられた芽は緑色の服を着たおもちゃの兵隊のようで、私は第一次世界大戦に召集された一七歳の若い兵士たちが、事情もわからず戦地に派遣される喜びに胸を躍らせている場面を想像した。このあと芽は温室に移され、そこで三年間比較的快適な生活をおくり、少し大きな世界が必要になるたび丁寧に移殖される。

　そのなかから苗木まで生き残ったものは最終的に森に移植され、そこから実験が始まる。大人になるまで成長する確率は一〇〇〇本のうちわずか一本なので、細心の注意が必要とされる。それでも自然界と比べ、成功する見込みは何倍も大きい。三〇年が過ぎれば、おそらく目の前の苗木の一本が成長して種子を作り、今日の私たちが抱えている問題に答えを提供してくれるだろう。ただし、大学が寮や託児所やファーストフードコートを建設するために森の木を伐採しなければの話だ。

　夜の一一時半にビルに電話をすると、二回の呼び出し音で声が聞こえた。「西部戦線は異状なし」と言えば、それで話は通じる。海の向こうは朝で、私は彼を起こしてしまった。

「了解、すぐ行く。そうそう、キャンディー棒はちゃんと浸した？」

「えっ、何のこと？」と私はとぼける。

「あれだよ、例のキャンディー棒を今回は漂白液にきちんと浸した？」

「もちろん」と私は嘘をつくが、ビルは鼻を鳴らして不信感を隠さない。

「本当だって。ちゃんとやったわよ。胚を浸した液を飲んでみたんだから」

「いい？　菌に汚染されて一年後も後始末に追われるようじゃ、何もかも台無しだからね」

「大丈夫。いまはふたりともきれいに漂白された身分だから心配ないわよ」。私たちは声を立てて笑った。

＊　＊　＊

私たちが笑ったのは、それがジョークだったからだ。海の向こう側にいるビルは、実際にはすぐ来てくれるわけではない。

息子が生まれてから数年間のうちに、私は科学者としての負担から解放された。理由はいまだによくわからないが、なぜか驚くような展開が続いた。実験やアイデアを紹介する方法を変えたわけではないのだが、周囲の見る目が変わった。私はＮＳＦ（全米科学財団）だけでなく、エネルギー省や国立衛生研究所からも契約を勝ち取った。メロン財団やシーバー財団といった個人寄贈者は、私が支援に値する人間だと判断してくれた。このような資金援助のおかげでラボの経済事情が改善したわけではないが、私は初めて新しい器具を購入し、こわれた部品を交換し、出張のときはきれいなホテルで眠ることができるようになった。そして何より、ビルの給料を一カ月ごとではなく、一年単位で計画できるようになったのである。

生き残りについて悩むストレスから解放されると、以前の忍耐力が戻ってきて、教えることの喜びを再発見した。心が自由に解放され、豊かな愛情に恵まれたおかげで、私はかつてないほど精力的に活動した。植物の成長についてのアイデアを長い論文にまとめ、いくつもの章に編成して細かい情報を記した。こうしてアイデアを正確に伝えるようになると、今度は賞の対象になった。最初は米国地質学会から若手科学者賞、つぎに米国地球物理学連合からマセルウェイン・メダルを受賞して、おかげで二〇〇六年には終身在職権のことで悩む必要がなくなった。勢いづいた私は大胆になり、ノルウェーでおこなわれているトウヒの実験への参加を申請したのだ。苗木を自分の手で植えて、木の記憶力について解明してみたかった。

私がノルウェーに滞在しているあいだは、あとに残ったビルがラボを運営してくれた。魅力的な人柄と数学の稀に見る才能に恵まれたクリントは、数年間のうちにすばらしい仕事をいくつもオファーされていた。結局そのひとつを受け入れ、私と一緒にオスロへ移り、息子はノルウェーの幼稚園に入園した。

ノルウェー東部の白く輝くフィヨルドを眺めていると、私の心は常にやすらいだ。ここでは、私を冷淡でよそよそしい人間だと思う人は誰もいない。ありのままの私を受け入れてくれる。私はノルウェー語を話すのが大好きになった。ノルウェー語は簡潔で、単語のカウントのしかたが独特で、意味全体がたったひとつの母音の話し方で変化する。雪の降る真っ暗な夜が続く冬も、まるでパステル画のような情景が消えることのない夏も、どちらもすばらしい。トウヒの棘のある葉っぱが敷き詰められた地面を歩き、ベリーを拾い、魚やポテトを食べ、それが一週間毎日続く生活は最高だった。

この一年間、私はノルウェーの何もかもが大好きになった。ひとつだけ、ビルがいないのは寂しかったけれど、いまは離れているべきだということを、ふたりとも理解していた。どちらも齢を重ね、私には家族があった。社会的慣習や置かれた状況を考えれば、私たちは同僚としてふるまうべきだろう。もはや一二歳の二卵性双生児というわけにはいかない。

＊　＊　＊

ノルウェーで暮らし始め、一年間の予定が半分経過した頃、私はビルに携帯メールを送って伝えた。「あなたのことを考えているの」

私はそれまで三週間、「元気を出してね」というメッセージを添えて、同じようなメールを毎日のように送り続けてきたが、今回もまた、送信済みトレイのなかに返信のないメールとして保存されてしまった。

ビルからは一カ月以上も便りがない。行方不明になったわけではないが、何だか自分のほうが行方不明になった気分だ。実は四週間前、朝起きるとつぎのようなeメールが入っていた。「今日、オヤジが亡くなったという知らせがあった。これからカリフォルニアに行ってくる。その前に、質量分析計はシャットダウンしておく」。そこですぐ、「あなたのことを考えているの」というメッセージをいろいろな文章と一緒に何度も繰り返し送り始め、最終的には一日一回に落ち着いたが、返事はいっさいなかった。

お父さんが死んでから何週間たってもビルとは音信不通の状態が続き、返信のないメールが増えていくトレイを見るたび、心に大きな穴がぽっかり空いた気分だった。ふだんと変わらず働いていても、壁をぼんやり眺めている時間が増えていく。そして、自分はなぜ学問に取り組んでいるのだろうと初めて疑問を抱き、ひとりで研究を続けても意味はないという事実にようやく思い至った。

ビルから便りがなくても、彼のことは十分にわかっているから、仕事を忠実にこなしているという確信はあった。夜の七時から朝の七時まで、誰にも会わず誰とも話さず仕事に集中しているはずだ。偏頭痛に悩まされて「落ち込んだとき」にはこれがお決まりのパターンで、そんなときは症状が静まるまで、研究室の全員が腫れ物に触るように扱った。

でも今回は落ち込んだ状態がいつまでも続くので、カリフォルニアで喪に服した一週間に何があったのか想像せずにはいられなかった。愛する人との別れはつらい。夕闇が訪れて昼間の緊張感が和らいでいくと、そのあとは深い悲しみが訪れ、それを忘れるためにはひたすら眠るしかない。翌日、重い目を開けると苦悩の一日が再び始まる。そんな現実を突きつけられると心は沈み、何を食べても味がしない。誰でも愛する人の死に直面すれば、同じ思いを経験する。そしてそんなときは、周囲がどんなに努力しても、傷ついた心を癒してあげることはできない。

毎日メールを送り続けても返事は一度も来ないので、ついにこんなeメールを送った。「ねえ、ふたりで一緒にフィールドへ行きましょう。アイルランドよ。いつもアイルランドが大好きだったじゃない。あなたのチケットは買っておいたから、ＰＤＦで添付しておく。お父さまは素敵な方だった。お母さまにはやさしくて誠実だったし、子どもたちにとっては良き父親で、毎晩のように家族団欒を楽しんだでしょう。お酒は飲まないし、暴力もふるわない。そんなすばらしい生き方をあなたに教え、あなたは本当に多くのことを学んだわね。親からこれほどたくさん学んだ人はあまりいない、いえ、めったにいないでしょう。でも、もう十分じゃないかしら。あなたのほうが先に現地に到着するはずだから、私の名まえでレンタカーを手配して待っていてね」

ほかにも伝えたいことは山ほどあったけれど、これ以上は書かなかった。ビルがお父さんにとってどんなに大切な存在だったのか、いくらでも教えてあげたい。ビルは末っ子として愛された。遅くなってから授かった息子の成長は、自分の子ども時代が再現される貴重な機会を最後にもう一度与えてくれた。お父さんの人生が幸せに幕を閉じたのも、かつて経験した大虐殺をジョークとして笑いとばせたのも、息子がそばにいるだけで慰めになったからだ。息子の肉体そのものが、不正や殺人行為を乗り越えたすえの勝利の象徴だったのである。ビルはお父さんの心の拠りどころであり誇りであり、この強くて頑丈な少年を世界は決して傷つけることができない。どんな境遇に突き落とされても、賢くしなやかに生き続けられる。お父さんと同じように、苦しみを乗り越えて生きられるのだと理解してもらいたかったけれど、どのように伝えたらよいかわからない。だから手短に要件だけ伝え、「送信ボタン」を押して荷造りをした。

いよいよアイルランドに出発し、シャノン空港で飛行機を降りるとビルが出迎えてくれた。傍らには道具を詰め込んだ三つの大きなダッフルバッグがあって、どれもダクトテープが巻かれている。「こんなにたくさん、家出でもしたの」と私は笑顔で語りかけた。「今回の調査ではどんなサンプルを採取するつもり。海底でも漁るの？」

「何が何だかわからなかったんだよ。eメールにはひと言も指示がなかったじゃない。大都会ってわけじゃないから、何が手に入るかわからない。だから全部持ってきたんだ」。そう説明するビルの様子はふだんよりも静かな印象を受けた。疲れた雰囲気は漂っているが、それ以外は元気そうだ。「大丈夫、彼はこの試練を乗り越える。ふたりで乗り越えるんだ」と私は誓った。

プランと言っても、大筋しか決めていなかった。まず空港のショップに行き、販売されているキャンディーを全種類買い求め、ふたつの袋に詰めてもらってから「これが食糧だからね」と説明した。つぎにレンタカーのデスクに向かうと、担当者からおふたりは結婚していますかと尋ねられた。「まあ、そんなところかな。何か影響があるんですか」と訊き返すと、追加ドライバーの料金が配偶者の場合は適用されないと教えられた。「じゃあ、結婚しています。確か結婚していたみたい。ねえ、あなた」と言いながらビルを肘で突いた。あきれて顔が青ざめ、吐き気をこらえている様子だ。よし、これでいい。

つぎに担当者から、自動車保険に加入していますかと尋ねられた。私が「はい」と答えると、追加保険をご希望ですかと尋ねられたので、機械的に「はい」と答えた。すると今度は、完全補償型にしますか、自動車とそれに――と尋ねるので、最後まで言わないうちに「全部お願いします」と答えた。

担当者はいぶかしげな視線を私に向けて、「出血するほど高いですよ、いいですか」と念を押した。ほんの少し前には、一日に五ドル節約するために夫婦を装うこともためらわなかったのだから当然だろう。

「ほかのものに比べたら、そんな高いわけじゃありませんから」と訳のわからない答えで相手を混乱させ、書類の束の必要箇所に署名をして契約をすませた。

そこでようやく担当者は車をレンタルする準備が整い、最後の点検に入った。「では、もう一度確認させていただきます。ガソリンは前払い、洗車も前払い、車両は保険に加入、ドライバーはふたりとも保険に加入。対物賠償保険にも加入。何か発生したら――」

「放っておきます」と私は担当者の言葉を引き継いだ。「そのまま放っておきますから」

「わかりました」と担当者は言いながらも、不安げな様子で私にキーを渡した。

「出血するほど高いですよ、だってさ」と、車を探しながら、ビルは事務員の言葉を真似した。「ここではなぜ、何もかも血を流しているのかな」

聖母マリアの月経血やキリストの傷から流れる血に願いをかける習慣が中世にはあったものの、徐々に衰退していったことを私は大学の講義で学んでいたので、ビルに歴史的背景を説明した。大学の中世文学の講義も、意外なところで役立つものだ。私が運転を始めてしばらくすると、ようやくふたりのあいだに心地よい沈黙が定着し、不慣れな左側通行でも、通り過ぎていく異国の風景を楽しむ余裕が生まれた。アイルランドはすでに何度も訪れていた。西海岸沿いに石炭が何層にも積み重なって形成された絶壁は、化石を見分ける方法を学生に教えるためには絶好の場所だ。いつもと違い、今回は私がハンドルを握った。私が強い人間になって、すべてを取り仕切るつもりだ。

「リムリックは迂回しないで直進しようと思うけれど、それでいい？」とビルに尋ねると、肩をすくめて賛成の意思表示をした。そこで国道一八号線を降りてエニス・ロードに迂回して、シャノンブリッジをめざして南に向かった。

「ウエッ！」と突然ビルが吐き気を催したような音を立てて、大きな黒いかたまりを窓からシャノン川に吐き出した。「何だよこれ、口のなかが気持ち悪くなった」と言って指差した黒いキャンディーは、刺激の強いゼラチン状のリコリスを砂糖ではなく塩でくるんだ代物だった。ビルは「ちぇっ！」と、最近ふたりのあいだではよく使われる言葉で不満を表現した。

「だんだんおいしく感じる味よ」と私はクスクス笑いながらビルの不快そうな顔に向かって言った。ビルは笑わなかったが目を輝かせた。一瞬、惨めな気持ちが消えたようだ。「ねえ、残りのキャンディーを警官だか巡査だかわからないけど、あの男に投げつけてもらいたい？」と言いながら、私は窓を開けた。

「やめて。あとで僕が食べるからさ」とビルは言って、シートに沈み込んだ。やがてオコンネル・アベニューで北に進路をとり、ミルク・マーケット地区に向かった。「それより、ここで何をしているのさ」と尋ねる口調は冷静だった。

「レプラコーン【訳注／アイルランドの伝承に登場する妖精】を探しているの」と私は憂いに沈んだ様子で答えた。「だから、目をしっかり開けていてね」。「ストライド・エイブリン」「シースライド」「クレール」など、紛らわしいストリート名ばかりで道がわからなくなったが、別にかまわない。何かを探しているのではなく、何かが起きるのを待っていたのだから。

道がしだいに狭くなってもそのまま車を走らせ、どんどん小さな路地へと入っていった。ジョンスゲイト・アームズ、パーマーソトーン・アームズなど、似たような名まえの場所をいくつか通り過ぎたので、運転しながらビルのほうを向き、「アームズ」って何かしらねと声に出して尋ねようとしたとき、「バン！」と大きな音がして、車に大きな衝撃が走った。

私は急ブレーキをかけた。この静かな界隈で誰かが野球のバットで車の窓を殴りつけたのだろうか。震えの止まらない手でハンドルを握ったまま右側を向いたが、ビルの頭のシルエットしか見えない。助手席側の窓はクモの巣のようにひび割れて、それがまるで後光のように頭を取り囲んでいる。ふたりとも茫然自失の状態で運転席側のドアから這い出した。ビルは何が起きたのか確認するため、車の反対側まで足を引きずりながら回り込んだ。その間、私は縁石に座ったまま、何とか気持ちを静めようとした。

「どうしよう、いままでにも事故はあったけれど、今回は笑えないわね」

車が右ハンドルなので距離感がうまくつかめず、私は縁石ぎりぎりに運転していた。そして最後は街灯に寄りすぎて、ぶつかったときに助手席側のミラーがきれいにもぎ取られ、それが窓を直撃して粉々に砕いたのだ。

「ちょっとあんた、たいへんなことやらかしたな」と、近くのバーからエプロン姿の男が飛び出してきて、車を見るなりあきれた。ガラスが割れる音を聞いて、ほかにも数人の野次馬が押しかけてくる。エプロン姿の男は車に向かって口笛を吹き、「これは修理代がかかるな」と感想を漏らした。ここでビルが助け舟を出してくれた。「僕たちはアメリカ人で、僕らのプランでは放っておけばいいんです」

「でも、クレア州なんかに何の用事があるのさ」と背が低く陽気で、アイルランド人の典型といったタイプの野次馬が尋ねた。

ビルはこの男を頭の先からつま先までじろじろ見てから「あなたを探しにきたんだと思います」と答えた。そして男から離れるとこわれたミラーを拾い上げ、車のトランクに無造作に放り投げた。つぎにダッフルバッグのひとつの中身をあさり、透明で太巻きの荷造り用テープを引っ張り出した。

パブから飛び出してきた年配の男性がビルに言った。「気温があと五度高かったら、あんたたいへんだったな。窓を開けていたから頭はちょん切られていたさ！」そう言うと自分の発言にご満悦で、みんなと一緒におかしそうに笑う。「この女に殺されるところだったな。そんな顔をしているよ……」

と男はあきれたように言って、私のほうに近づいた。

「本当ですよ。でも困ったな、僕たち、今朝結婚したばかりなんですよ」

それを聞いた野次馬たちは大喜びで、一杯飲んでいきなと熱心に誘ってくれたが、動揺も困惑も激しい私はそれどころではなかった。ビルはこわれた窓ガラスの修繕に取りかかり、外側からも内側からもひび割れにテープを丁寧に貼り付けていった。私は彼の指示にしたがって、言われた長さにテープを切って渡した。そのうち私は冷静さを取り戻し、ビルもかつての姿に近づいたようだった。まるでヤコブとヨハネの兄弟【訳注／イエス・キリストの一二使徒】がキリストから声がかかるのを待ちながら、父親と一緒にボートに乗って網を修繕しているみたいだ。決して元通りにはならないけれど、私たちはすべてをつなぎ合わせようと努力を続けた。

ようやく最後の仕上げがすむと、「運転を代わる?」と私はきまり悪そうに尋ねた。

「いや、いい。きみの運転は問題ないよ」と言うと、ビルは応急処置を施した窓を片手で押さえながら器用に車に乗り込んだ。「でも、町はもういいや。緑を見たい」

国道二一号線を南西に走っていると、五年前の最初の訪問で受けたアイルランドの印象がよみがえった。ここは世界でいちばん緑豊かな場所だ。緑が飽和状態なので、緑色ではないものが注意を惹く。道路、壁、海岸線、そして羊さえ、緑と鮮やかな対照をなすよう戦略的に配置されているようだ。ライトグリーン、ダークグリーン、イエローグリーン、グリーンイエロー、ブルーグリーン、グレイグリーン、グリーングリーンなど、緑色の色調は数限りなく存在している。アイルランドでは、地上最古の優れた生命体の数が人間よりも多く、その豊かな環境で幸せな気分を存分に味わうことができる。ディングルの泥炭湿原のなかに立っていると、自分のような人間やほかの霊長類が海岸を歩き回る以前、アイルランドはどんな様子だったのかと思わずにはいられない。宇宙から眺めると、青い海のなかで艶やかなエメラルドのように輝いているのだろうか。海で大量のプランクトンが光るのと同じ現象が陸でも起きているのだろうか。

私たちは常宿にしている朝食付き民宿のフェニックスに到着し、経営者のローナとビリーからいつもと同じく温かい出迎えを受けた。「リムリックにはとんでもない人間がいるものだね」とふたりはあきれた様子で言ったが、それが自分たちのことなのかは定かではなかった。

「お茶でもどうぞ。ゆっくり疲れを取ってちょうだい。元気がないと活動できないものね」とローナが声をかけてくれた。私たちは座ってお茶を飲み、ソーダブレッドにバターとクロスグリのジャムを塗って食べた。それからゆっくりと窓の外を眺め、気分が盛り上がるのを待った。

「さてと、僕のブーツは濡れていないよ」とビルがようやく口を開いた。

キューを出された私は、「よし！」と応じ、出発の準備を整えた。この頃には、フィールドトリップでは暗黙の習慣が定着していた。高台まで車で上り、車を駐車してからできるかぎり高い地点まで歩き、そこからできるだけ遠くまで見渡し、アイデアがわいてくるのを待つのだ。世界最高のプランを立てても、正しい場所から見下ろすともっと良いものに変更されてしまう。それがわかったので、予め細かく計画するのはやめて、てっぺんから眺めて初めて見えるものを信用することにしたのだ。

ビルは地平線にじっと目を凝らしているが、広い空間で開放的な気分を味わっているときの静かで満ち足りた雰囲気ではない。深い悲しみを抱えて地球を半周してきたような、重苦しい表情を浮かべている。私たちは並んで座り、遠くを眺めた。

ついに私は口を開いた。「お父さまがもういらっしゃらないなんて信じられないわ」と、ビルの喪失感に対する最初の反応をさりげなく語った。

「僕だってそうだよ。驚いたな。九七歳まで生きてきたのに、呆気なく死ぬんだから」。ビルのお父さんはあと三年で一〇〇歳の誕生日を迎えられたのだから、朝冷たくなっている姿に誰もがショックを受けた。

「あんな死に方をするなんて考えもしなかったけれど、結局は寿命だったんだな」とビルは言った。確かに九五歳を過ぎると、いつまでも生き続けるのではないかと周囲の人間はつい信じてしまう。死ぬ直前まで、ビルのお父さんは自宅のスタジオで働き、映画製作者としての六〇年のキャリアのあいだに残してきた大量のフィルム映像の編集に根気強く取り組んできた。

「死因は？　脳卒中、それとも心臓発作？」

「知らない、老人はいいんだよ。九七歳の老人の遺体は検視の対象にもならない」

「私は、お父さまが天国に入っていく様子を思い描けるわ。大きな問題への答えをすべて手に入れて、この世にはなぜたくさんの苦しみがあるのか、そもそもなぜ私たちは存在するのかといった疑問をひと通り解消すると、どこか奥まった場所をまっすぐめざすの。そして錆びついた金網ロールを広げ、古いハンガーを支柱代わりに地面に突き刺してから張り巡らせて、その一角にトマトを植えるのよ」

「大丈夫、おやじのことは心配していない。もういなくなったんだ。そんな難しい話じゃないよ。

気分がふさいでいる原因は自分なんだ」とビルは言うと、私から離れて南の方角に視線を向けた。「親に死なれて初めて、自分がこの世界でひとりぼっちだという事実がよくわかったんだよ」

私はひざまずいた。数メートル離れた場所ではビルが立ったまま背中を丸めている。言いたいことは山ほどあった。あなたは今も将来も、ひとりじゃない。友だちがついているでしょう。血のつながりよりも強い絆で結ばれていて、熱い友情は決して衰えることも消滅することもない。私が生きているあいだ、あなたはお腹を空かせないし、寒い思いもしないし、母親のいない寂しさを味わう必要もない。二本の手がそろっていなくても、住所がなくても肺が汚れていても、社会的常識や陽気な性質が欠如していても、あなたはかけがえのない大切な存在なのよ。ふたりにどんな未来が訪れようとも、私は真っ先に地面に穴を掘って、あなたが変人のままでも安全に暮らせるスペースを確保してあげる。

そして、あなたにまとわりつく死神をこの手でもぎ取って、元の場所に追い返してやりたい。あなたはたっぷり傷つけられたのだから、もう十分なはず。そろそろ満足してもらわないと。こうして思いのたけをぶつけたかったけれど、声に出してどう表現したらよいかわからない。結局、鼻水をすすり、ひそかに心のなかで考えた。

それから両手を伸ばして苔の上で軽くこすると、スポンジのように柔らかい地面の感触があまりにも快適で驚いた。そう言えば、ひざが沈みこんで水が浸み出し、体にじわじわ広がっていた。私は再び手を伸ばし、苔を両手にいっぱい掴み取ると、それをもみほぐして「くしゃくしゃにした」。苔の残骸からいくつも突き出ているものは、目を近づけると小さな羽のように見える。てっぺんはケリーグリーン（明るい黄緑色）、下の部分はレモングリーンで、縁に沿ってかすかに赤い筋が何本か走っている。私は上空の雲を眺めながら、どんなに弱くても太陽光線は色素を残すものだなと考えた。

雨足が強まり、霧雨が本降りに変わった。立ち上がると、足から悪寒が走って骨の髄まで冷えた。ウールの長い肌着の下で水が足を伝って落ち、ソックスを上から濡らす。この場所にいるかぎり、きれいに乾いた衣服を身に着けることは期待できない。泥地でずぶ濡れになると寒くて足取りも重くなるけれど、周囲の植物は人間に対する優越感に浸っているように見える。うっとうしい天気を耐えているというより、こうした天気のもとで繁殖している。

「こんな天気が好きだなんて、あきれた」と私は目の前の苔に毒づいてから、小山のようにこんもり茂った苔を足で直接踏みつけた。訳もなく不満を鬱積させた短気な子どものように。踏みつけられると柔軟性に優れた苔は沈み、きれいな透き通った水が地面から浸み出してくる。そして私が足を離すと、ブーツで踏みつけた痕跡をいっさい残さず、元のままの姿を再び現す。私はため息をついて「あなたの勝ちよ」と認めた。負けたままでは悔しいので、苔をもう一度踏みつけるが結果は変わらない。今度は蹴飛ばしてみるが、やはり同じだ。

「リバーダンス【訳注／アイリッシュ・ダンスやアイルランド音楽を中心にした舞台作品】にでも挑戦しているの」と興味をそそられたビルが振り返り、穏やかな視線を向けた。

「ねえ、二五ミリリットルの小瓶は持ってきた？」

「三〇〇個だけね。大事なものはグレイのダッフルバッグに隠してある」

「ねえ……こんなに高い場所でも、まるまると幸せそうに育っている」

私が何を話題にしているのか察したビルは、すぐに苔を拾い上げた。「……川床近くの低い場所のほうが、水は手に入りやすいのにね」

「これは生きたシャムワウ（万能クロス）だわ」と言いながら私は足を何度も踏み鳴らし、苔が凝縮されると水が大量に浸み出てくるところを見せた。

「でも低い場所に移したらどうなんだろうね」とビルは地平線に目を凝らしながら尋ねた。どうやら私たちはこの日の、いや、おそらく今回の旅行の課題を見つけたようだ。

世間一般の通念では、植物は景観のなかに居場所を確保すると、水や太陽や春など、あらゆるものがそこに降り注ぐのを待ち続け、受け取るとようやく成長を始める。もしも植物が世間で思われているような受動的な物質で、水が植物の多孔質基体を通過して流れていくならば、水のたまる低い場所のほうが青々としていてもおかしくない。でも、標高が高い場所の地面を苔が積極的に湿らせているとしたらどうか。丘を流れていく水を食い止め、自分にとって快適な湿気の多い環境を創造しているとしたらどうだろう。

たとえば湿気とは縁のない場所に苔が移動してきて、標高が高くて乾燥した場所を自分好みの湿気の多い状態に変えて、以前からは想像できない緑豊かな環境に進化させたとしたらどうだろう。景観が植物のための舞台を整えたのではなく、植物が自ら舞台を準備して、どんどん緑豊かな環境が進化したとは考えられないだろうか。苔はいくら踏みつけられても無傷で、決して干からびないのだろうか。ひょっとして私たちは今回、人間よりも強くて安定性に優れたものに遭遇したのだろうか。

「葉っぱの炭素同位体を確認すれば、水の状態がわかるはずよ。高い場所と低い場所で、苔に含まれる水分の値を直接比較できるじゃない」と私は自分の仮説をかいつまんで話してから、リュックのなかをゴソゴソ探して、アサートンらが執筆した『Mosses and Liverworts of Britain and Ireland』（イギリスとアイルランドの蘚類ならびに苔類）を取り出した。この八〇〇ページの大著には、イギリスとアイルランドに生息するおよそ八〇〇種のコケ植物が分類され、目立つ特徴が記されている。私は降りしきる雨から本を守るように前かがみになって、ページを開いて読み始めた。

序文によれば、苔の葉っぱは拡大して観察しなければならない。一枚の葉っぱは爪切りで切り落とした爪と同じくらいの大きさしかなくて、種による違いを見分けるためには最低でも一〇倍から二〇倍に拡大する必要がある。「虫眼鏡はあったわよね」と私はビルに尋ねてから、「アサートンたちが言うには、苔は湿っているときがいちばん確認しやすいそうよ」と伝えた。

「わかった」とビルは言ってから、指なし手袋が含んだ水分を搾り取った〔「指のある手袋にお金をかけるような無駄はしたくない」と、前の年にＲＥＩ（レクリエーショナル・イクイップメント【訳注／アウトドア用品の専門店】）で購入したときに彼から説明された〕。

さっそくふたりとも地面に膝をついて、近くに繁殖している苔を点検する作業を始めた。二時間後、どうやら *Brachythecium*（タニゴケ）を発見することができた。間近で見ると、柔らかい毛足の長さが目を惹く（「二〇倍に拡大すると、セサミストリートの皮肉屋オスカーの縮れ毛に似ている」とビルは、ていねいな文字でフィールドノートに記録した）。どの種に該当するかというところまでは確信がなかったので〔たとえば *rutabulum*（ハネゴケ）は有力候補だったが〕、当分は *Brachythecium oscarpubes*（オスカータニゴケ）という線で落ち着いた。

ミズゴケ属の仲間を見つけるのは難しくない。最初に現れる葉っぱは赤い色が特徴的なので簡単に見分けられるが、私たちの人生のなかでそれを研究しつくすことはできない。綿毛のようにフワフワした *Polytrichum commune*（ウマスギゴケ）を研究対象に含めるかどうか時間をかけて話し合ったが（「すごくかわいいじゃない」と私は科学的に論じた）、最終的には *Brachythecium*（タニゴケ）と *Sphagnum*（ミズゴケ）に限定した。このふたつの属は、低地でも見つけられるからだ。

ビルはあらゆることを細かく書き留めていく。「いくつ必要かな」と口に出して、炭素同位体の組成を質量分析計で三回に分けて分析するためにはどれだけの量を確保すべきか考えながら、必要とされる小瓶の数を頭のなかで計算していった。そして手元にある小瓶の数を急いで確認して、「一五〇個もあれば十分だな」と自分で結論を出した。

「暗くなるまでにサンプルを採取して、仕事の成果を確認しましょう」と言って私は、現在地を正確に地形図に記し、それをＧＰＳと照らし合わせた。つぎに日付、場所、種、植物の名まえ、採取責任者の名まえに関する情報を記録したラベルコードを作成してから、ピンセットを取り出して作業に取りかかった。「これまでの研究結果や文献から判断するかぎり、個体変動はかなり高いみたい。だからたくさん持ち帰るほど、この場所の平均値に近いものが得られるわね」と私は考えた。

「場所ごとにアイソトープの平均値なるものが存在するならね」とビルは、私たちの研究の最終的な障害について指摘した。

Sphagnum のサンプルを二〇個集めた頃には作業が順調に進み始めた。採集する組織について私が提案すると、その指示通りの特徴を確認できる個体をビルが集める。つぎに私がそれを、スケール

カードを背景にして写真に取り、ビルは気づいた点をすべて書き出していく。それから私がサンプルを取り上げ、瓶に入れて蓋をすると、ビルがラベルを貼って順番に並べる。このプロセスが終了すると、正確を期するため念には念を入れて、私はラベルのコードを読み直し、ビルはフィールドノートの記述と照らし合わせていく。

すべてのサンプルをいちいち写真撮影する必要はないと私は思ったが、ビルの好きなようにさせた。かつては、似たような葉っぱばかり撮影した膨大な量のフィルムの現像に何年もの歳月と何千ドルもの費用をかけたものだが、デジタル時代になってどちらも少なくなったのだから許容範囲だ。

苔でふかふかした地面にふたりともかがみ込んで作業を続けたが、すぐ近くにいるので頭同士がときどきぶつかる。「ねえ聞いて、ずいぶん気分がよくなってきた」とビルは話しかけ、大きくひとつ深呼吸すると「頭のあちこちに傷口が開いていたのに、嘘みたいだ」と感想を言った。

私たちは影が長く伸びて夕闇が訪れる時間まで作業を続けた。それからサンプルを詰めた小瓶を集め、ジップロックに小分けしてから、慎重にラベルを貼った。車で宿まで戻ると、ずぶ濡れの服を一枚ずつ脱いでから火のそばに座り、長いアンダーウエアの姿のままで夜更けまで体を温めた。

このルーティンをほかにも七カ所で繰り返し、高いところで四カ所、低いところで四カ所のサンプルが集められた。荷物をまとめてアイルランドを出るときには、手書きのラベルを貼った小瓶が一〇〇〇個以上もできあがった。どれにも一枚の葉っぱが収められているが、ひとつひとつ種類が確認され、特徴が記され、写真が撮影され、カタログが作成されている。

「きみたちがそんなに苔を好きだったなんて知らなかったよ。これからもっと増やしておくから、いつでも戻っておいで」とビリーは言って、朝の四時半に出発する私たちを大きくハグして送り出してくれた。帰りのフライトは午前中の予定で、車は飛行場をめざして走り始めた。

今回はビルがハンドルを握った。私はまだ暗い道を長時間運転する相棒につき合えず悪いと思いつつ、ときどきうたた寝をして窓に頭をぶつけた。空港内のレンタカー駐車場に到着すると、ちぎれた助手席側のサイドミラーをトランクから回収し、そこにキーをテープで貼りつけてから、営業時間外の回収ボックスに放り込んだ。それからターミナルまでバスで移動すると、バッグをチェックインして、搭乗券をプリントアウトしてから、セキュリティのチェックに向かった。

苔のサンプルは、手荷物のリュックに詰めてあった。私たちはだいぶ以前から、よほどの事情がないかぎりはサンプルを大きな荷物と一緒にチェックインしない方針を決めていた。飛行機会社が荷物を紛失する可能性はきわめて低いが、それでもサンプルにかぎってはリスクを避けたかったからだ。エックス線によるチェックを受けるリュックをコンベヤーベルトに乗せると、なかでガラスの小瓶が音を立てた。自分たちはおとなしく靴を脱ぎ、チェックポイントを無事に越えたものの、向こう側では警備員が待ち構えていた。

「これは持ち出し許可が必要ですね」と女性警備員はリュックを開けて、ごみ圧縮機からごみの塊を取り出すような仕草でサンプルをいじっている。

許可が必要だなんて、意外だった。許可なんて取っていないし、ノルウェーに持ち運ぶためにそんなものが必要なのだろうか。ビルのことばかり心配しないで、予め出発前に確認しておくべきだった。信じてもらえそうな嘘でも、おかしなストーリーでも、何でもいいからサンプルを返してもらう口実はないかと、私は必死で知恵を絞った。

制服を着た人間から質問されたとき、ビルはいつでも正直に話すが、このときの対応も冷静で、「危険な植物ではないので、許可は必要ありません。僕たちは科学者で、これは研究のために集めたものです」と説明した。

警備員はジップロックをひとつ開き、手を入れて小瓶を調べていくが、途中でふたつが袋から飛び出し、地面に落ちた。それにはかまわず、警備員はひとつの小瓶をつまみあげ、光にかざしてから振った。つぎに栓を開き、上下をさかさまにしてみる。まるで赤ちゃんを振り回している場面を目撃しているようだ。私は両手を伸ばし、女性特有の思いやりに無言で訴えかけようと努めた。無事に返してもらったら赤ん坊のように抱っこして、元の場所にそっと戻し、静かに寝かしつけてあげたい。

「だめですね。生物サンプルは許可なく国外に持ち出せません」と警備員は甲高い声で言うと、全部かき集めてごみ回収箱にいっぺんに放り投げてしまった。搭乗直前に捨てられたアイテムが、ごみ箱には山積みにされている。水の入ったボトル、ヘアスプレー、スイスアーミーナイフ、マッチ、蓋の開いたアップルソースの容器。そこに大量のガラスの小瓶が仲間入りした。そのひとつひとつには手書きで細かい情報が記され、貴重な緑色の標本が収められている。私たちの六〇時間におよぶ労働も、そしておそらく科学の重要な疑問への回答も、大量の小瓶と一緒に葬られてしまった。ビルはカメラを取り出し、回収箱のなかを覗き込んで写真を取ってから、その場を離れた。

そのあとビルの出発ゲートまでふたりとも重い足取りで歩いた。あと一時間でビルはアメリカに帰国する飛行機に乗っているが、私のノルウェーまでのフライトはもっと時間が遅い。ふたりでビルの出発時間を待っているあいだ、彼はアドレス帳を開いてI－800という数を走り書きした。それから時計をチェックすると、「僕は東部標準時の午前九時にニューアークに到着する。到着したらすぐ農務省に問い合わせて、植物をアイルランドから持ち出すための許可には何が必要か確認してみるから」と説明してくれた。

私は敗北感に打ちひしがれていた。「せっかく集めたサンプルなのに、許可を取らなかったせいで手放してしまった。許可を申請する手間を省いた結果がこのざまだ。自分はいつになったら学習するのだろう」と。

後悔にさいなまれる私にビルは意味ありげな視線を向けて、心のなかでの自虐的なモノローグをさえぎるかのように語りかけた。「ねえ、すべてが失われたわけじゃない。全部書き留めておいただろう。もう一度やり直せばいいさ。それに、今回はたくさんの収穫があったんだよ」。私がうなずくと、それからまもなくビルのフライトの搭乗のアナウンスが聞こえた。このとき私は、手放したくない大切なものから引き離される悲しみを、一日で二度目に味わった。

ビルの飛行機が予定よりも遅く離陸する様子を眺めながら、自分の人生にとって大切なものほど、あっけなく失われてしまうものだとしんみり考えた。それからアイルランド南西部の植生図を取り出し、それを地形図と並べ、たくさんの苔を集めるために、今度は計画的にしなければと肝に銘じた。

＊　＊　＊

以後ビルは、このときの旅行を「目覚め」、私は「ハネムーン」と呼び、一年に最低でも一度は旅行のクライマックスを再現することにした。具体的には、ラボに新人が入ってくると、空の小瓶のラベル作りの仕事を最初に任せた。しかも何百本も。計画が進行中の大がかりなコレクションにとってこれは必要な準備なのだと説明し、ギリシャ文字やバラバラの数字が長く連なるコードを作成し、小瓶のひとつひとつにそれをペンで記し、順番どおりに並べていく方法を懇切丁寧に教えた。

新人が一日の仕事を着実にこなすと、私たちはサミットを開き、そこではビルか私の一方がグッド・コップ（良い警官）を、もう一方がバッド・コップ（悪い警官）を演じる（役割は日によって交換される）。ミーティングでは最初、この仕事にどんな印象を持ったか、このような作業に耐えられるかどうか新人に尋ねる。それから徐々に、これから始めるサンプルのコレクションについての話題に移り、目的の背景にある論理的根拠について話し合う。

提案中のコレクションが仮説の証明に役立つかという点に関し、バッド・コップはしだいに悲観的になっていく。一方、グッド・コップは当初相手の意見に抵抗を示し、新人が何時間もかけて準備した努力が無駄になることを考えてほしいと、バッド・コップに訴える。それでもバッド・コップは、このアプローチからは良い回答が得られないという現実を無視できず、ついにグッド・コップも、作業を一からやり直すのもしかたがないと認める。するとバッド・コップは顔色ひとつ変えず小瓶をひとまとめにして、研究室の汚物容器に一気に放り込んでしまう。ふたりのコップは訳知り顔で視線を交わし、バッド・コップは不満げに立ち去って、あとに残ったグッド・コップは新人の反応を観察する。

新人が自分の費やした時間に何らかの価値を見出していれば気の毒このうえない。何時間もかけた努力が無駄になるのは特につらい点で、それを認識すれば苦しみはさらに深まるだろう。この大きな試練に対処する方法はふたつある。いったんすべてをきれいに忘れてから帰宅して、その夜は気分転換をして翌朝は新たな気持ちで研究室を訪れ、一からやり直すのがひとつ。そしてもうひとつは、すぐに同じ作業を再開し、全身全霊を打ち込み、真相を究明するために前の晩よりも長く働き、問題にこだわり続ける方法である。妥当な結論に至る道は最初のほうだが、重要な発見に至る道は二番目のほうだ。

ある年、バッド・コップを演じた私は老眼鏡を置き忘れたので、まだ混乱状態のラボに予定より早く戻った。すると新人のジョシュが、ごみ箱から小瓶をせっせと回収している。使用済みの手袋など、ほかのごみとていねいに選り分けながら。何をしているのと尋ねると、彼はこう説明した。「小瓶も中身もすべて無駄にして、申し訳ありませんでした。でもキャップを開けて中身を取り出せば、ほかに何か用途があるんじゃないかと思って」。新人が作業を黙々と続けているあいだ、私はビルと視線を交わし、ふたりとも笑みを浮かべた。そう、私たちはまたひとり、確実な勝者を確認したのだ。

十一　母として

ほとんどの人と同じで私の息子にも、子ども時代の思い出として際立つ特別な木がある。それはフォックステールパーム（*Wodyetia bifurcata*）で、常夏のハワイでは一年中、風に心地よくそよいでいる。我が家の裏口からわずか数メートルの場所に立っていて、息子は午後になると毎日、この木を野球のバットで思いきり叩いておよそ一五分間を過ごす。

これは長年の習慣だけれど、いつもバットだったわけではない。低い場所につけられた幹の傷あとは、息子の成長の軌跡をたどりながらしだいに高い場所に移っていく。四歳のときには大型ハンマーを手に握り、雷神のトールになった気分で、小さな体に渾身の力を込めて何度も何度も幹を叩いた。そのつぎは古いゴルフクラブの時期が続き、犬はそのまわりを遠巻きにした。最近では野球に夢中なので、冒頭のようなほほえましい展開になったのである。今では「スイングを強化する」ため、一日に一〇〇回かならず木を相手にバッティング練習にいそしむ。木製バットと椰子の木というのは木の組み合わせとして斬新なアプローチで、そこにどのような均衡が発生しているのか私には興味深いが、あえて邪魔するつもりはない。

息子は椰子の木を傷つけているわけではない。息子が叩いた木の樹冠を隣の木の樹冠と比べてみると、どちらも同じように、てっぺんには健康な葉っぱが青々と茂っていることがわかる。いつも同じように花や実をつけるし、その様子は周囲の椰子の木と変わらず、むしろ元気なほどだ。息子はほかの生き物を打ちのめすことにはまったく興味を示さない。だからこれは木を殴打するというより騒音を立てる儀式のようなもので、生きたドラムを叩く音は私たち家族の生活のリズムになった。毎日キッチンのテーブルに向かって座っていると、息子が椰子の木にバットを打ちつける音が聞こえてくる。

二〇〇八年、私たちはハワイに移住した。すばらしい天気や豊かな植生に惹かれたというより、ハワイ大学がビルに対し、一年のうち八・六カ月分の給料を「無期限に」支給すると約束してくれたからだ（しかも書面で！）。それでも毎年、一四週間分の給料を政府との契約で勝ち取らなければならないが、幸運にも、余計なことに気を取られない環境が提供されたのである。

私はハワイに移ってから、椰子の木は実際には木でないことを学んだ。木とは構造が違う。幹のなかの木質部が外側に成長するわけでも、新しい組織がリング状に追加されていくわけでもない。多孔質の組織があちこちに散らばっていて、秩序とは無縁の混乱状態になっている。このように型にはまらない構造のおかげで、椰子の木には柔軟性が備わり、息子の趣味にみごとに適応するだけでなく、この島特有のそよ風が定期的に激しいハリケーンに変わっても軽く受け流せるのだ。

椰子の木は何千種もあるが、そのすべてが *Arecaceae*（ヤシ）科に属している。ヤシ科はおよそ一億年前、植物のなかで最初に「単子葉植物」として進化した。単子葉植物の子葉は一枚の葉身で、先に誕生した「双子葉植物」のように二枚の葉っぱが発芽するわけではない。息子の椰子の「木」（フォックステールパーム）の子葉は周囲の芝生の葉っぱとそっくりのブレード状で、近くにあるアメリカネムの子葉とは似ていない。

　最古の単子葉植物はほどなく草へと進化を遂げた。砂漠になるには湿気がやや多すぎ、森になるにはやや乾燥しすぎている場所に草は広がり、最終的に地球の広大な面積が草原に覆われた。やがて人間による品種改良のおかげもあって、草は穀物に進化した。今日では、わずか三種の単子葉類――コメ、トウモロコシ、小麦――が、七〇億人分の生命を維持する究極の栄養源となっている。

　息子は私と同じではなく、別の人間だ。生まれつき陽気で自信にあふれ、感情が安定しているところを父親から受け継いでいる。神経質でくよくよ思い悩むタイプの私とは違う。息子から見た世界はレーシングカーで、それをうまく乗りこなしながら生きようとするが、私はいつも車にひかれないように神経を集中させている。息子は少なくとも今のところ、自分の存在に満足して疑問を抱かないが、私はいつまでたっても今の自分と折り合いがつけられない。

　私は背が高くも低くもなく、美人でも不細工でもない。髪の色はブロンドでもブルネットでもなく、最近は白髪が混じり始めた。目の色はグリーンでもブラウンでもなく、要するにすべてが淡い色調だと言ってもよい。性格は直情的かつ攻撃的で、女性らしいという自己評価はできないが、そのくせ男性よりも劣った存在だという妄想をいつまでも捨てきれない。

　私たちは親子でもこんなに違うのだから、息子とのつき合い方について理解するまでに長い時間がかかった。いまだに答えを探している。私が何年もがむしゃらに働いてきたのは、本当に価値のあるものが天から降り注いでくるような幸運は自分にあり得ないからで、そんな人生は驚き以外の何物でもないと思い込んできた。だから、もっと強くしてくださいと祈ったものだが、今では感謝の祈りを捧げている。

　息子にキスをするたび、願いを叶えられなかった心の傷は癒される。実際、これは私にとって唯一の癒しになっている。息子が生まれる前、はたして自分はこの子を愛せるだろうかと深く悩んだ。しかし今は、この大きな愛情を息子は理解できないのではないかと心配している。母親の愛情を理解してもらいたいけれど、無力な私は愛情を十分に表現できない。自分では気づかぬうちに何かの訪れを待ち続けていた私に、最後に授けられたのが息子だった。子どもなんて自分にはあり得ないと思っていたけれど、実は必然的な存在だった。こんな私にも、母親になるチャンスが与えられたのだ。そして実際に母親になってみると、理想像に対する変なこだわりから解放され、自分にも立派に務まるという自信が生まれた。

　本当に人生とはおかしなものだ。息子がお腹のなかで育っているあいだ、私は二人分の呼吸をした。今では小さな学校の学芸会に出かけ、観客席に座りながら、舞台上のおおぜいの子どもたちのなかから息子を探し出し、そこに視線を釘づけにする。そして彼が一節歌い終わるたびに大きく息を吸い込む。大きな愛情の力で、遠くからでも酸素を送り込んでやりたいと願いながら。息子の成長に合わせ、私は毎日少しずつ彼を手放していかなければならない。子育てとは本質的に、長い時間をかけて徐々に進行する子離れの苦しみだと私は悟った。すべての母親が息子に抱く愛情に比べれば、自分が母親として感じる至上の喜びなど取るに足らないのではないか。そうでも思わないと心は慰められない。

　では、娘ならどうか。同じような感情を抱くと思いたいが、娘のいない私にはわからない。実際、私にとっても母にとっても、娘というのは難しい存在だった。おそらく私の家系の場合、繰り返すべきでないサイクルを断ち切るために、一世代は間隔を空ける必要があるのだろう。だから今は孫娘に望みをかけている。どうも私は、愛情への欲求があきれるほど早すぎるようだ。でも私の予測では、孫娘を見る前に死んでしまう可能性は少なくない。血統が途絶えたり、枝分かれしたりする可能性だってある。きっとそれが自分に定められた運命なのだろう。

でも、こんな晴れた日にハワイにいると、ボトルにメッセージを入れて残しておきたい誘惑を抑えられない。誰かがそれを記憶してくれないだろうか。いつか誰かが私の孫娘を見つけ、伝えてくれないだろうか。あの日あなたの父方のお祖母さんは、ペンを手に持ち、キッチンの窓から外を眺めていた。汚れたお皿も窓台に積もったほこりも目に入らないほど、考え事に熱中していた。そして最後にようやく、誕生の数十年前からまだ見ぬ孫娘を愛する決心をした。あなたのお祖母さんは日光が差し込む部屋に座り、木を叩きつける音を聞きながら、まだ見ぬ孫娘のことを夢見ていたと、どうか伝えてもらいたい。

十二　すばらしい日常

ラボに到着して、ビルの顔の表情からふたつのことがわかった。彼は徹夜をしていて、しかも今日はすばらしい一日になりそうだ。

「どこに行っていたんだよ。もう七時半じゃない」。ラボにいるビルから「朝のあいさつ」をされるときのパターンは、この二〇年間ほぼ変わらない。車のなかで生活していたときには、アトランタで太陽が昇ると車内の暑さに耐えきれず、早朝からラボに駆け込んだものだ。今では午前一〇時前にラボにいるのは、前の晩に何かすごい発見があって、立ち去り難いからだ。しかもこの日、彼は出勤前の私に電話をかけてきた。

「弱者に睡眠は必要なの！」と私は大声を張り上げてから、「何があったの」と聞いた。

「C－6さ。あのチビがまたやらかしている」

ビルは成長実験の経過について説明してくれた。このときは、八〇本のダイコンの成長を二一日間、光と湿度を正確にコントロールした状態の静かなチャンバーで観察していた。私たちは今回、目に見える範囲で興味深い現象が確認されるとは想定しておらず、実際のところ、目に見えない部分で何かを測定するつもりで実験を始めた。ところが皮肉にも、C－6はそんな私たちの予想を裏切り続けた。

どの植物も、目に見えるのは組織全体の半分程度にすぎない。土の下で生きている根っこは、地上で青々と茂る葉っぱと何の共通点もない。心臓と肺と同じぐらい違いは大きく、まったく異なった目的に適応している。地上にある植物の組織は大気から光と気体を取り込み、葉っぱのなかで糖質に変換させる。地下の組織は、糖質からさらにたんぱく質を作り出すために、水やそこに溶け込んでいる豊かな栄養分を吸収する。土の表面を境に、緑色の茎は根っこに姿を変えていくが、このインターフェースのどこかで重要な決断が下される。では、植物の活動が地上と地下のどちらでも成功したら、そこから獲得された戦利品で何をすべきなのか。糖質、でんぷん、油、たんぱく質のどれも生成可能だが、そのなかのどれに特化すればよいのか。

新しい資源を獲得すると、植物は四つの活動のうちのひとつを始める。成長、修復、防御、再生の四つだ。あるいは、手に入れたものをあとから活用するため、無期限に保存する選択肢もあって、この場合は四つの行動のひとつを選ぶ決断は延期される。このようにさまざまなシナリオが可能な状況で、何が植物の決断をコントロールするのだろう。実は、新しい資源をどのように生かすべきか人間が決断するときと、同じものの多くがここでも決断を左右している。たとえば、遺伝子は人間の可能性を制約するし、環境も行動に影響する。生まれつきの倹約家もいれば、生まれつきのギャンブル好きもいるし、新しい投資プランを立てるときは出生率が検討の対象にもなるだろう。

植物にとって大気中の気体、特に二酸化炭素は、成長のために欠かせない資源だ。化石燃料が大量に燃焼されたおかげで、地球の大気中の二酸化炭素レベルはこの五〇年ほどで劇的に増加し、植物の経済はあぶく銭と手軽な信用供与であふれ返った状態になってしまった。二酸化炭素は光合成にとって貨幣のような存在だが、この植物にとって最も基本的な資源が、この数十年間であり余るほどに増えてしまった。そこで今回のダイコンの実験では、つぎのような疑問の回答を手に入れたいと考えた。「大気中の二酸化炭素量の増加は、世界中の作物が地上と地下でおこなっている投資活動のバランスにどのような影響をもたらしているのか」。

何カ月も前、ビルは安いビデオカメラにコンピューターを取りつけ、チャンバーのなかで研究対象の植物が成長する様子をフィルムで撮影し始めた。そして「これをチェックしてよ」と、モーニングコールを受けて駆けつけた私を促した。

ビデオは、植物を二〇秒に一度コマ撮りしたもので、前日の成長の様子が四分間に短縮されている。最初のうちスクリーンが暗くぼんやりとしているのは、人工光がスイッチオンになる予定の時間よりも早いからだ。つぎにいきなりイメージが照らし出され、小さな植物の入った一六個のポットが姿を現す。茎も葉っぱも、グニャリとしてリラックスした状態だ。やがてフィルムが進んで光が十分に当たると、すべての植物が驚いたように目をさまし、光に向かって葉っぱをピンと真っ直ぐに持ち上げる。

チャンバーの隅のあたりに、ひときわ目立つ苗がある。ねじれて身をよじりながら、上にも外側にも広がり、近くの苗の葉っぱを押しのけ、隣の苗の茎を上から大きな葉っぱで無遠慮に押さえつけている。「C－6」というラベルが貼られたこの苗は、チャンバー内のほかのすべての苗と種類も大きさもまったく同じ種子として生命を始めた。ところがなぜか成長するあいだの行動がほかの苗とは異なり、このときもビデオを見ながら、観察結果を受け入れざるを得なかった。ここまで数日間、夜になるとC－6の場所を移動させ、まわりに別の苗を置き、大きさの測定や比較を際限なく繰り返し、何度もビデオ撮影をおこなった。その結果、C－6とほかの苗の唯一の違いは日の出のあとの動きであることを突き止めた。ほかの苗は滑らかな優雅な動きで光に向かって伸びていくのに、C－6は小さな葉っぱを思い切りぐいとねじる。まるで、支えてくれる土から体を引き抜こうとしているようだ。

「自分のことが嫌いなんだな」とビルは感想を述べた。

「私はこの子を好きよ。根性があるじゃない」

「うん、でも愛着を持たないでよ」

ビルがダウンロードをおこない、つぎの実験のためにビデオカメラをリセットしているあいだ、私は同じビデオを七回、いや八回見直して、二分もすると「お仕置き」をしてやりたい誘惑に抵抗できなくなった。ふたりにとって、これは秘かな喜びになっていた。

「どうせすぐに小さくガッツポーズをするんじゃないの」と私が言うと

「そうだね」とビルが乗ってくれた。

成長促進ランプのスイッチがオンになる音が背後で聞こえ、チャンバーのなかでの新しい一日の到来を告げた。そうだ、今日はこれから、夕べやり残した書類を仕上げなければいけない。ああ困った。

「よしっ、困らせてやろうじゃない。C－6には水をやらず、光をずっと当てるの。チャンバーの中心、それもうんと大きな苗の隣に置いて、ビデオ撮影を続けるのよ」

「もちろん、それがせめてもの思いやりだからね」

学生や博士研究員が集まってくると、ラボ全体が混乱して騒々しくなった。後ろの部屋からはにぎやかな声が聞こえ、誰かが「くそーっ」と大声で腹立たしげに騒いでいる。ビルと私は苦笑いを交わした。

「このラボはオイルをきちんと差した機械みたいね。そろそろ帰って疲れた体を休めたらどう」

ビルは椅子に寄りかかり、「いや、こいつの変化を見守りたい」と言った。

C－6は正式な研究の一部ではなかったが、すべてを様変わりさせた。学問を追求する旅路で私は丘を越えたすえ、新しい領土を発見したのだ。この植物は新しい言語を使い、古いルールを無視していることを私たちは直観的に理解した。もはやC－6を「彼」と呼ぶだけでは満足できず、「ツイスト・アンド・シャウト」という本格的な名まえまでつけた（後には「TS－C－6」という名まえに逆戻りしたが）。朝は真っ先にあいさつし、与えられた苦しみを耐え忍ぶ能力を見るにつけ、病的な満足感がこみあげてきた。しかし結局は長寿をまっとうできず、ビルのひどい偏頭痛の犠牲者に名を連ねてしまった。彼が痛む頭を抱え、机の下に胎児のような姿勢で一〇時間もうずくまっているあいだ、どの植物も水や肥料を与えられず、撮影もされなかった。私はC－6を惜しげもなくごみ箱に投げ捨てた。

私たちを魅了したC－6の観察は正式な科学的実験の一環ではなかったから、結果を「詳しく記述した」わけではない。しかしそれでも、ディキシーカップ（使い捨て紙コップ）のなかで成長を続けた小さな植物は、私がボロボロになるまで読んだ教科書に書かれているどんな記述よりも、私の発想に変化を引き起こした。C－6は行動を起こした、と結論しないわけにはいかない。しかも行動をプログラムされていたからではなく、本人にしかわからない理由が動機になっている。彼は「腕」を「体」の一方から他方へと移動させることができる。ただしその速度は、私が腕を動かすときの二万二〇〇〇分の一というゆっくりしたものだ。彼の時計と私の時計は永遠にかみ合わず、ふたりの間には越えられない谷が横たわっている事実を思い知らされる。私は何でもやってみるタイプだが、彼は消極的で何もしないタイプに思える。でもきっと彼から見れば、私は訳もなく動き回っているだけで、原子のなかを飛び回る電子のように見えるのではないか。生きている証と言うには、あまりにもでたらめな動きをしている。

私は後ずさり、ビルや無邪気な学生たちに笑顔を向けた。新しい発想を手に入れた喜びで、まるで渋滞を抜け出した通勤者のように心は軽やかになった。私の魂は糧を与えられた。少なくとも、目の前にある今日一日の仕事には幸せな気分で取り組める。それだけでも、科学的成果としては十分ではないか。

数時間後、私はビルをランチ休憩に誘った。私のおごりだが、途中でホールフーズ・マーケットに立ち寄って用事をすませなければならない。「実は僕もなんだ」とビルは言った。「手に効くホメオパシーの薬を探したいんだ」

ふたりで私の車に乗り込み、島をドライブした。ホールフーズのなかに実際に入った経験のないビルは、ドアを開けたとたんに魅了されてしまった。プラスチックパッケージが並ぶコーナーに直行したが、なかにはゴルフボール大の六つのケーパー【訳注／つぼみの酢漬け】が入っているものもある。値段はおよそ一三ドル。彼はそれをひとつ取り上げると私に近づけて尋ねた。「金持ちって、本当にこんなものを食べるの？」

「あたりまえじゃない」と私は商品を一瞥もせずに答えた。「こういうものには目がないのよ」

私は七つの異なったタイプのウィートグラス・ジュースからどれを選ぼうかと悩んだすえ、いちばん濃い緑色の商品を選んだが、いつのまにかビルがいなくなっている。それでもケーパーはカートに入っていた。ようやく見つけたときは冷蔵品コーナーにいて、ボウルに入った柔らかいフランス産チーズに驚嘆していた。このとき、ランチのプランが自然と浮かんだ。「これを全部買っちゃおう」

「えっ、本気なの」と疑わしげに目を細めているが、体は期待で緊張している。

「もちろん。今日はミューチュアルファンドの投資家の気分で豪勢に食べるの」

私はビルよりも収入が多いことにしばしば罪悪感を覚える。なぜなら、ラボに関して私たちはふたりで一人前なのだから。それに、私は衝動買いが好きだけれど、ビルがいればそれを衝動ではなく、気前よさとして正当化することもできる。

「レジの隣にも、ずいぶんいろんなものが置いてあるんだよね」とビルは、ドミニカ共和国産ココアを低温圧縮したことがラベル表示されているオーガニック・チョコレートバーやアサイベリーに目を向けながら感想を述べた。「ああよかった、もう少しで買いそこねるところだった」と話す口には何かを頬張っている。

全部で二〇〇ドル分のランチをビルは自ら車に積み込み、手伝おうとする私を寄せ付けなかった。店を出る前、彼は「厚紙」のレジ袋を四つ購入しようかと真剣に考え、商品のまわりをうろうろしていた。助手席に乗り込み、私がエンジンをかけると「これはいいね」と言って、二つ目のランブータン風味のチョコレートバーの包みをはがす準備に取りかかった。

二時間後、私たちはラボに落ち着いて、「ロックフェラー・ホットポケット」をいただいた。これはスプーン一杯のキャビアをハモンイベリコのスライスで巻いたもので、レンジで一〇秒間加熱した。「いけない」と私は時計を確認してあわてた。「もう行かなくちゃ。夜には戻るから」

ビルは、くさび形に切り分けたカマンベールチーズを持った手を振って、バゲットを頬張った口をもぐもぐ動かしながら「じゃあ」と別れのあいさつをした。

私は車に飛び乗り、大急ぎで息子の学校に向かい、ちょうど下校時間に間に合った。そしてリュックから水着とタオルを取り出してやると、いつものようにビーチに直行した。道中、三年生はどんな具合かと尋ねると、息子はただ肩をすくめた。やがてカピオラニパークの真向かいの定番のスポットに車を止めた。

公園には大きなベンガルボダイジュの木が茂っている。つる草のようなものを見つけて立ち止まり、ぶら下がって遊んでいる息子を私は見守った。実はこれはつる草ではなく、地面に定着しなかった根っこが幹に絡みついて枝からぶら下がったものだ。ビーチに到着すると靴の上にタオルをかぶせ、ふたりで海に入ってモンクアザラシのように浅瀬でダイビングしたり泳ぎ回ったり、しばらく楽しい時間を過ごした。

やがて海から砂浜に戻り、私は体に傷ができていないか確認した。そして「モンクアザラシの赤ちゃんは、お話の本で読むよりも腕白坊主なのよね」と、中年になって凝りやすくなった首をマッサージしながら物思いにふけった。「あんなに泳ぎが上手なのに、移動するときは親の助けが必要だなんて、何だかすごく不思議」

息子は砂を掘り返している。そして「このなかには小さくて見えないけれど、本当に生き物が入っているの？」と言いながら、ひと握りの濡れた砂を浅瀬に放り投げた。

「そうよ。小さな生き物はどこにでもいるの」

「どのくらいたくさん？」と不思議そうに尋ねる。

「すごくいっぱい。多すぎて数えられないほど」

息子はちょっと考えてからこう言った。「僕ね、先生に言ったんだ。小さな動物は体のなかに磁石があるから、それで相手を引き付けるんじゃないかって。でも、先生はそう思わないって」

私は直ちに過剰反応し、息子の弁護にまわった。「それは先生が間違っているわ。ちゃんと発見した人もいるのよ。ママは知っているもの」と言いながら、しだいに興奮してきた。

それを見た息子は、厄介な法廷弁護士に先制攻撃をかける判事のように、巧みに話題を変えた。

「でも、どうでもいいんだ、そんなこと。だって僕はメジャーリーグの選手になるんだからね」

「あなたが出場する試合は全部見に行くわ、約束よ」と言ってから、私はいつもの質問を繰り返した。「無料チケットをもらえるかしら」

息子はちょっと考えてから「全部は無理だけどね」と最後に答えた。

そろそろ六時になる。私は立ち上がってタオルの砂をはたいて落とし、荷物をまとめて帰り支度をした。

「今日のデザートは何?」

「あなたの好物のハロウィーンキャンディー。あたりまえじゃない」

それを聞くと息子は笑顔になって、私の腕をげんこつでパンチした。

家に戻り、私が夕食を準備しているあいだ、息子は愛犬のココとじゃれ合って遊んだ。ココはレバの後継者で、レバと同じ雌のチェサピーク・ベイ・レトリバー犬だ。レバは一五年ちかく生きて、死んだときは家族全員が悲しみに打ちひしがれたが、ココが来てから、同じ品種は最高の資質を共有するものだという事実を学んだ。

丈夫で働き者のココは、雨のなかに飛び出すことを厭わず、家族が何かをしていればどうやって助けてあげようかと常に頭を絞る。自分の寝床よりも硬いセメントの上に寝そべるほうがお気に入りだ。そして、私たちが食事の時間を思い出す前にお腹が空くと、どこにいても戻ってきて、ドライブウェーの砂利の上で食べたそうな様子をする。それから、私が海にココナッツの実を放り投げて、さあ取ってきてと命令すると、二メートル以上の波のなかにも果敢に飛び込んでいく。これは私たち家族にとって、週末の楽しみになっている。家族で旅行に出かけるときはビル叔父さんの家で留守番し、彼のお気に入りのマンゴーの木を脅かすネズミ退治に真剣に取り組む。

食事の準備が整うと、クリントがちょうど良い頃合いに帰宅して、家族全員で食卓を囲んだ。食後はみんなでココを連れて、ゆっくり時間をかけて界隈を散歩する。息子は九時きっかりに何とかベッドに入ったのだが、その前に、歯磨きの準備をしているとき、私は小瓶に入れたウィートグラス・ジュースを手渡した。

「さあ、先にこれを飲むのよ。お利口さんかな」

息子は目を見開き、「やったあ」と喜んでから、苦味を我慢して飲みほした。

息子からは何週間も前から、僕がトラみたいに強くなる薬を作ってとお願いされていた。「ママのラボで作ってよ。植物があるじゃない」と具体的に指図されていた。

ベッドに寝かしつけたとき、何か重大な話があるときの子ども特有の表情が、息子の顔に浮かんでいた。「ねえ、ビルと一緒にツリーハウスの基地を作るんだ」

「へえ、どうやって？」と私は純粋に興味をそそられた。

「これから設計するんだ。うんとたくさん。最初は模型を作る」

私は調子に乗って尋ねた。「完成したら入ってもいい？」

「だめだよ」と息子は私の願いをはねつけてから考え直し、「古くなったら考えてもいいかな」と言って、それから目を閉じて今度はこう尋ねた。「ねえ、まだトラになっていない？」

私は頭の先からつま先までゆっくりと息子の体に視線を走らせてから答えた。「まだね」

「なんで」

「時間がかかるのよ」

「なぜ時間がかかるの」

「それはママにもわからないわ。でもね、好きなものになるまでには時間がかかるのよ」

息子はもっと問いたげな視線を私に向けたが、現実を知るよりも正しいと信じ込むほうが幸せなときも多いのだと理解したようだ。

「でも、絶対に効くよね」

「大丈夫。前に効いたんだから」

「それって誰？」

「ハドロコディウムっていう小さな哺乳類よ。今から二億年ちかく昔の生き物で、ほとんどいつも恐竜から隠れて暮らしていたの。気をつけないと、踏みつけられてぺちゃんこになるでしょう。ねえ、あなたがまだうんと小さかったとき、住んでいた家の前にモクレンの木があったのを覚えている？」

「うちの前にあったあの木はね、いちばん最初の花の孫の、そのまた孫の、さらにそのまた孫の、うんとうんと遠い子孫だけれど、花の姿は大昔と変わらないわ。最初のご先祖が誕生したのは、ハドロコディウムが地球上のあちこちを歩き回っていた時代。ある日、一頭のハドロコディウムがそのご先祖の葉っぱを食べたの。あれを食べれば恐竜みたいに強くなるって、お母さんから言われて。でも、恐竜ではなくてトラになったの。一億五〇〇〇万年の時間をかけて、たくさんの試行錯誤を繰り返したけれど、最後に彼女はトラになることができたわけ」

息子は急に目が覚めた。「『彼女』？　『男』って言ったじゃないか。トラは男だよ」

「トラが女の子じゃいけない？」

息子は当然だという様子で「女のわけないよ」と言ってから、「今晩はラボに行くの」と尋ねた。

「うん、行くけれど、あなたが目を覚ますまでには戻るわ」と約束した。「パパはすぐそばにいるし、眠っているあいだはココが見張ってくれるじゃない。この家にいるのは、あなたのことを大好きな人たちばかりよ」と私は、就寝前の習慣になった言葉をこの夜も繰り返した。

息子は壁のほうを向いた。もう眠いから、これ以上はお話しできないという合図だ。私はキッチンに行って、インスタントコーヒーを二杯準備してから時計を確認した。一〇時半までにはラボに到着できるだろう。これから出かけるとメールで伝えるために携帯を開くと、ビルから二通のメールが入っていた。最初のメールの件名は「イペカック【訳注／催吐剤】を頼む」、一時間後に送られてきたほうの件名は「あと、もう少し食料を頼む」だった。

私はコーヒーをひとつクリントのもとへ運んで、「そろそろ出かけるわ」と伝えた。何ページにもわたって手書きされた方程式を導く作業に夫は集中して取り組んでいるが、私にはまったく理解できないことをふたりとも十分承知している。だから「私に手伝えることがあったら教えてね」と話しかけると笑顔を向けた。

「ちょうどよかった。今日ちょうど計算した数字について、きみの意見を聞きたいと思っていたんだ」

「あらうれしい」と私は、財布のなかに入れたキーを探しながら、視線を上げずに答えた。「新しいんだ。きみはまだ見たことがないよ」

「見なくてもわかるわ。いけないのはY軸ね」と言って、私は片手を振った。

すると夫は再び笑いながら「これは地図なんだ」と説明した。

「じゃあ、色が間違っているんだわ。ねえ、自分の学問では失敗するけど、あなたの学問を台無しにする時間はないの。モンキージャングルは不眠不休なの」

「そうだったね、ありがとう」と、私がキスをすると夫はやさしく語りかけた。

息子の部屋に戻り、眠っているところを確認してから、額にキスをして微笑んだ。起きているときには、母親にキスをさせない年齢にすでに達していた。主の祈りを暗唱しているうちに、私の心は満たされた。それからベッドの足元に横たわっているココを撫でてやり、頭をぎゅっと抱きしめて「この子を守ってくれるわね」とささやきかけた。するとココは、チェサピーク犬特有の憂いを含んだ大きな目を向けて、私の質問に対して無言で大丈夫と答えてくれた。

夫にもう一度キスしてからリュックを背負い、外に出て車庫を開けた。そして自転車を取り出すと夜空を眺めた。暖かい熱帯の空の向こうには、おそろしく寒い宇宙が広がっている。夜空に瞬く星は遠い昔に想像できないほど熱い火の玉から発せられた光で、その火の玉は銀河のはるかかなたでいまだに燃え続けている。私はヘルメットをかぶり、ラボに向かった。これから朝が来るまでは家庭を忘れ、もうひとりの自分、科学者としての仕事に集中するのだ。

十三 〈生命の維持〉

植物を扱うときは、始まりと終わりを区別しにくいことが多い。植物を半分に切り分けてみれば、ほぼ例外なく、どちらからも根っこが伸びて何年も生き続ける。切り倒された木の幹は、そのあと何年も元の姿に成長しようと努力を続ける。幹の内部には休眠芽が連なっており、その数は外から肉眼で確認できる芽の二倍に達するときもあり、それがいつでも行動を起こそうと待ち構えているのだ。芽は茎に、茎は小枝になり、幸運に恵まれた小枝は大枝になり、良い枝は何十年も生き残り、最後は緑豊かな樹冠ができあがる。そして美しい緑に惹かれ、誰かが切り倒そうとする。

動物は全体がひとつとして機能するが、植物は違う。モジュール式組立品のような構造で、複数のパーツの合計が全体を形作る。さらに木は、全部のパーツをそっくり捨てて新しいものと交換できるし、平均で何世紀にもおよぶ生涯のあいだに、そうせざるを得ない場面を繰り返し経験する。そして最終的に、生き続けることがあまりにも負担になった時点で生涯を終える。太陽が姿を現しているとき、葉っぱはいつでも忙しい。水を分解し、大気を補給し、混乱状態のなかから糖質を作り出し、それを茎に送り込む。茎に到達した糖質は、根っこから水と一緒に引き込まれた栄養分との出会いを果たす。植物はこれらの宝物のいっさいを新しい木の成長に注ぎ込み、幹や枝を強化するために利用する。

しかし、木はほかにもたくさんのことを要求される。古い葉っぱを新しいものと取り換え、感染症に対する薬を製造し、花や種子を作り出さなければならない。しかもそのすべてが同じ原料を使うので、無駄遣いは許されない。上からも下からも原料を探し求める。ただし、木が地上や地下から探してくる原料は限られており、根っこや枝がどんどん伸び続ければ、成長を支えるために必要な栄養分の量は増えて、十分に行き渡らなくなってしまう。限界を超えれば、結局はすべてが失われる。だから木を生きながらえさせるためには、定期的に剪定しなければならない。マージ・ピアシー【訳注／アメリカの小説家・詩人】が指摘したように、生命も愛情もどちらもバターのようなもので、長持ちしない。どちらも毎日手をかけて新たにしてやらなければならない。

十四　軌跡

植物の成長に関する実験の終わりには、何とも言えぬ悲しみが伴う。実験では *Arabidopsis thaliana*（シロイヌナズナ）という慎み深い小さな植物がよく使われ、十分に成長すると、茎をつかんで全体をぐいと引き抜く。というのも、このシロイヌナズナは、科学者がゲノム全体を解読した数少ない植物のひとつなのだ。この植物のひとつの細胞内のＤＮＡのらせんをほどいて引き延ばせば、つぎつぎと鎖を形成する一億二五〇〇万個のたんぱく質の化学式を正確に確認することができる。

細胞内できっちり束に巻かれたたんぱく質がほどかれると、鎖の長さはおよそ五センチメートルに達する。植物のどの細胞のなかにも、このようなたんぱく質の束が少なくともひとつは存在しており、科学者はその化学式の解明に努めてきた。正直に言うと、私はこれについてあまり考えたくない。とにかくデータが多すぎて、圧倒されてしまう。科学者はキャリアの最後ではなく、最初に圧倒されるものだが、私は違う。たくさん知れば知るほど、たくさんの情報の重みに耐えかねていく。

人生で初めて、私は疲れを感じるようになった。長い週末に四八時間ぶっ続けで研究に取り組んでいた頃をなつかしく思い出す。新しいデータが得られると、疲れた心は元気を取り戻して活気づき、あれこれ想像を巡らせた。そしてそこから、定期的に新しいアイデアが浮かんできたものだ。いまでもアイデアを思いつくけれど、それは以前よりも豊かで深みのある内容で、動いているときではなく、座っているあいだに自然に浮かんでくる。しかもこうして得られたアイデアは、実際に正しさが証明される可能性が高い。だから私は毎朝、何か緑色のものをつまみ上げて観察し、そのあと種子をもう少したくさん植えることにしている。この作業なら手慣れたものだ。

昨年の春、ビルと私は温室でおこなった農業関係の大がかりな実験の後始末をしていた。この実験では温室内の気体レベルを今後数百年間に予測される大気のレベルに調整し、サツマイモを栽培した。具体的には、二酸化炭素排出量に関して社会が何の対策も講じなかった場合に想定されるレベルだ。二酸化炭素の量が増えるほどサツマイモは大きく成長したが、これは意外な結果ではない。ところが驚いたことに、大きく成長したサツマイモはどんなに肥料を与えても栄養分が少なく、たんぱく質の含有量も減少した。これは悪いニュースだ。というのも、飢えに苦しむ世界の最貧国は、たんぱく質の摂取量の多くをサツマイモに頼っているからだ。未来のサツマイモが大きくなれば、それだけおおぜいの人たちに食糧が行き渡るが、皮肉にも栄養分は減少する。この問題はどのように解決すればよいのだろう。

収穫作業は数日前、おおぜいの学生で編成されたチームを動員しておこなわれた。ほぼ三日間連続の作業では、頭脳明晰かつ驚異的な体力の持ち主の、マットという若者が常にリーダーを務めた。マットはまもなく卒業する予定だったが、この実験のあいだに大きく成長し、リーダーとしても専門家としても立派に行動する姿に私は目を細めた。混乱状態のなかで二〇人の学生たちの先頭に立ち、各自に有意義な活動を割り当てたうえで、何日間もぶっ続けでアドバイスを与え、品質管理も怠らない。その様子は、まるで植物たちに戦争を挑むかのようで、地面に雑然と放り出された葉っぱや根っこは、彼の勝利のしるしだった。ビルと私は余計な手出しをせず、傍観者としての特権を十分に味わった。学生たちの卒業が近づいたら、最終的にこのような状態でなければ困る。

でもすべての作業が終了した今は、全員が自宅で休んでいる。残っているのは私たちだけ。まるで、大学生になった息子が家を出たあと、子ども部屋を覗くときのような気分だ。そこには、生まれてから過ごしてきた日々の痕跡が混乱状態のまま残されている。それは本人にとってもはや重要ではないけれど、母親にとってはいまだに宝物だ。温室の空気にはポットの土の匂いが充満している。マットはすべてのサツマイモを土から掘り起こし、写真を取って測定し、ひとつひとつ記録を残した。温室にはまぶしすぎるほどの光が差し込んで、何もかもぼんやりかすんで見える。そろそろ家に戻って休むべきかなと思ったが、あと数時間ここに残っていても不都合はない。もう少し、とどまることにした。

携帯電話の着信音が鳴った。カレンダーを確認して大事な予定を思い出した。三年間先延ばしにしてきたマンモグラフィーをまた忘れるところだった。しかもすでに一度、予定を変更している。「しまった、二度も変更はできない」

温室の扉が開き、ビルが入ってきた。

「人間の腫瘍を切り取ってみたらどうかな。このへんにカッターナイフがなかった？」

「ドリルのほうがいいんじゃない」と言ってから少し間を置いて、「それより、すごい情報があるよ」と続けた。

ビルは冷めて硬くなったピザの切れ端を一生懸命噛んでいる。夜中に注文して処分されたたくさんの箱のなかから見つけてきたものだ。二〇年たっても、ビルはちっとも変わらない。

ビルは何か別のことを考えていて、私のほうを見ながらこう切り出した。「ねえ、僕が外にいるあいだに五年は老けたんじゃないの。魔女みたいにひどいよ」

「失礼ね、クビにするから。人事課の魔女たちに相談するからね」

「あいにく、あの魔女たちは土曜日に働かないんだ。それより、外においでよ」と言って、扉のほうに私を招いた。

大学の研究所にはたくさんの温室があって、私たちはそのひとつを使用していた。研究所が寄り添うように並んでいる谷のそばには小川が流れ、最後は海に注いでいる。どの温室も体育館ほどの大きさで、巨大なステンレスの骨組がブラインドクロスで覆われているだけの簡単な造りだ。実際、ハワイ諸島自体が温室のような存在だと言ってもよい。植物が成長するためのすばらしい条件が一年中整っており、毎日降る雨は嵐というより、日課の水やりという表現のほうがふさわしい。

ビルが指差しているところに目を向けた。木が密生している山々の頭上に、明るい色のリボンのような虹が、空にきれいな弧を描いて広がっている。くっきりとした輪郭が美しさを際立たせているが、そのうえさらに、まわりを二つ目の虹に囲まれている。こちらのほうが幅は広く、色がぼやけているので、強烈な印象を放つ最初の虹が穏やかな後光に囲まれている構図になっている。

「うわあ、ダブルレインボーだ」と私は感嘆の声をあげた。

「そうさ、ダブルレインボーだよ」

「そんなにしょっちゅう見られるわけじゃないわよね」と私は驚いた自分を正当化しようと努めた。

「そうだね、二番目の虹は誰にも見えない。でも、いつもあるんだ。見ようとしないだけでさ。大きな虹は、自分がひとりぼっちだと思っているだろうね」

私はビルに真剣なまなざしを向けて「今日はずいぶん真面目ね」と言ってから、本来の自分にふさわしく冷静に解説した。「いい、ふたつの虹は、実はひとつなのよ。一筋の光が悪天候のなかを移動するとき、ふたつの別のものに見えてしまうの」

ビルは一瞬黙ってから、「虹ってやつは自分勝手だから、図に乗るんだな」と明るい調子で言った。それはないと思うが。

私たちは引き返し、古い納屋から折り畳み式の椅子を二脚持ち出して、温室のなかに戻った。巨大なスペースの向こう側は混乱している。隅のほうには汚れた植木鉢が積み重ねられているが、そのなかのひとつは、汚れた大きな巻尺を保管するバケツとして使われていた。土がこんもり盛られている場所があって、私たちはその隣に持ち込んだ椅子を置いて座った。靴を脱いだ足を土のなかに入れると、ひんやりと湿った感触が伝わってくる。温室の反対側では、誰かの実験が進行している。これはいつ果てるとも知らない。私たちがここにやって来る前に始められたもので、私が退官したあとも続けられているのだろう。

「あれ、いいじゃない」と私は、何列にも連なるおびただしい数のランを指差した。「いい香り」

「そうだね。でも、ハワイに落ち着くなんて、夢にも思わなかったよ」

私はビルのことを心配している。彼のここまでの歩みを振り返ってみると、もっと別の生き方があったのではないかと悩んでしまう。この長い年月を私と一緒に過ごしていなければ、妻や子どもに恵まれたのではないだろうか。アルメニア人は長寿で一〇〇歳まで生きられるから、まだ五〇歳にもならない自分はデートを始めるのに早すぎると、私には説明してくれる。それでも、彼の未来について心配せずにはいられない。誰かとの出会いがあっても、相手がビルにふさわしくない女性かもしれない。そんな私の心配をビルはいつも笑いとばすが、「昔は車で暮らしていたから女も寄ってこなかったけれど、今は金目当てに近づいてくるんだ」と不満げに言う。

実際、現在のビルの暮らしはちっとも悪くない。彼の家は、ホノルルを見晴らす丘の上に立っている。庭には美しい花が咲き乱れ、そのなかでも丹精込めたマンゴーの木は大切な宝物だ。しかも彼は、ボルティモアの家を売り払ったときにかなりの現金を手に入れた。購入したときは幽霊屋敷のように荒れ果て、パイプは腐り、電気は手抜き工事され、土台は崩れそうだったが、それをすべて修理したのだ。深夜にひとりで作業を続け、完成した豪華な住宅は、大学に隣接した資産価値のある不動産に変身していった。

人々はいまだに私たち、ビルと私の関係を不思議に思う。兄弟、ソウルメイト、同志、仲間、それとも共犯者？　私たちはほとんど一緒に食事をとり、会計は一緒で、お互いに何でも話し合う。一緒に旅行に出かけ、一緒に働き、お互いの話を補えるし、相手のためには命の危険も顧みない。私は幸せな結婚をして家族に恵まれたけれど、ビルは確実にそのための前提条件になっている。手放したくない弟、荷物の一部のような存在だ。私と出会う人たちはいまだに、ふたりの関係にラベルを貼りたいようだ。でも、実験材料のサツマイモと同じで、私には答えがわからない。「私たち」でいるのは、それが自然だからだ。

私は手を伸ばしてじょうろを取り上げ、足を突っ込んでいる土に水をかけた。ふたりでつま先を小刻みに動かすと、土はねばねばした美しい泥に姿を変えた。それから椅子の背にもたれていたが、しばらくしてビルが沈黙を破った。「ところで、これからどうするの。二〇一六年までは大丈夫なんだよね」

ビルはラボの財源について話題にしている。実際、二〇一六年の夏までは資金繰りに問題ない。連邦政府との契約もいくつか継続している。でもそのあとは、ラボは閉鎖される可能性もある。環境科学の研究への資金提供は毎年先細りなのだ。私には終身在職権があるけれど、ビルにはない。これは教授にしか与えられない。私が知っているなかでも最高に優秀で勤勉な科学者が長期間の仕事を保証されず、その大きな原因が自分だと思うと、本当に申し訳ない。資金を打ち切られたら、辞表を突き付けてみようか。でもそうすれば、結局はふたりとも放り出されるだろう。科学研究者としての私たちの地位は決して安泰ではない。

「ほら、元気を出してよ」とビルが私の顔の前でパチンと手を叩いた。「つぎに何をする？　何でも好きなことができるじゃない！」。彼は両手をこすり合わせ、腿を叩いて立ち上がった。そうだ、いつだってビルは正しい。ああ、信仰の薄い者たちよ。私たちはチームとして、こんなに一生懸命働いている。どこの誰よりも安泰で当然ではないか。私たちは神の加護を受ける野のユリのようでいよう。ただし、大忙しで働き、種子を蒔き、収穫をするユリだけれども。

私は立ち上がり、前に踏み出した。「さて、何が手元にあるかな」と言ってあたりを見回し、あちこちに散乱している道具を確認した。「よし、全部を大きくひとまとめにして、しばらくじっと観察してみようか。そうすれば、何か浮かんでくるかも」

ビルはうなずき、温室の反対側まで歩いていった。そしてまだ使える植物育成用照明を隠し場所から持ち出してきて、私が別の場所から引っ張り出した延長コードのかたまりの横にそっと並べた。それからふたりがかりで、マイター鋸、カットされていない数枚のツーバイフォー、パーティクルボードの切れ端で作った樽を移動してきた。つぎに私は道具箱をあれこれ持ってきて、めだつように並べた。そのうちのひとつは、海の底から引き揚げた宝箱のように蓋を開けたままにしておく。ビルは園芸用の土の入った袋をいくつか引きずってきて、そのひとつひとつの隣に肥料の袋を置いた。

そのあと私は何種類もの種子の袋をきれいに並べていたが、ふと見上げると、ビルが金網を引きずって来る。おそらく隅で何年も放置されていたのだろう、金網は錆びついている。私は鼻をしかめ「私たちだってこれは無理よ」と言った。

「さあ、今だ」というビルのかけ声で、つぎの行動を開始した。ランの実験がおこなわれている場所に忍び込み、緩んでいるホースとこわれたクランプをぐいと引き寄せると、エプロン代わりのTシャツに押し込み、備品の山のところまで運んだ。

「あれはいただこう」。ふたつのランの間に高価なコードレスの動力ドリルが置かれているのをビルは目ざとく見つけた。お互いの目と目で意思を確認すると、ビルはそれをさっと拾い上げた。すでに私たちは、動力ドリルを少なくとも五つ持っていた。しかも、お金を出していくつでも購入できる余裕があることは、ビルも承知している。このドリルの持ち主が誰であろうと、私たちのほうがはるかにたくさんの助成金を受けているはずだ。モラルの面から見ても、理性的に事実を判断しても、このドリルを盗むべき理由はない。ただひとつだけ動機があった。ここには持ち主がいなかったのだ。「何か言われても知らないから」と私はドリルを収めながら言った。「でも、いけないけれど、良いものがそろったわね」。ビルは椅子の背にもたれてペプシの缶を開けた。私は山と積まれた備品の周囲を歩き、クリスマスツリーを飾るようにランの花をところどころに刺してみた。

結局、そのドリルはこわれていた。まったく動かないし、修理することもできなかった。でも、それはいまでもまだラボのどこかに置いてある。ビルも私も、それを元の場所に戻そうとか、捨ててしまおうとは考えない。私はどんな道具でも役立たずとは思わないし、必要ないものだと認めたくない。科学がどれだけ私を十分に養ってくれても、科学に対する貪欲な姿勢は決して衰えることがない。

こうして温室のなかで時間を過ごした日、ビルと私は将来の希望や目標について語り合った。植物には何ができるか、何をさせてやることができるか、意見を交換し始めたが、ほどなくこのブレインストーミングには、当然の流れとして過去についての話題も含まれるようになり、本書のストーリーの数々についても話し合うようになった。気がついてみると、私たちのストーリーはおよそ二〇年の長きにわたっていた。

この二〇年のあいだに、私たちは合わせて三つの学位を取得し、六つの職場で働き、四カ国で暮らし、そのほかに一六カ国を訪れ、五回の入院を経験し、八台の車を所有し、四万キロメートル以上の距離を走破した。そして一匹の犬の最期を看取り、炭素安定同位体をおよそ六万五〇〇〇回も測定した。科学者として認められるために、この測定はとりわけ重要な目標だった。測定をおこなう前には、どんな値になるか知っているのは神か悪魔ぐらいで、どちらにとってもたいした関心事ではなかっただろう。でもいまでは、図書館カードを持っていれば誰でもこれらの値を知ることができる。というのも、私たちは全部で四〇のジャーナル誌に掲載された七〇編の論文のなかで値を公表したからだ。根も葉もない推測から新しい情報を創造していくのはワクワクする作業で、この結果は進歩として評価してもよいだろう。長い研究の道を歩みながら、私たちは子どもから卒業したわけではないが、何とか大人に成長した。温室での語らいは、私たちのこれまでの軌跡を明らかにしてくれた。

長い沈黙のあと、ビルは真顔でつぎのように言って私を驚かせた。「本にまとめてね。いつか僕のために頼むよ」

私が執筆していることをビルは知っている。創作した詩のメモ書きを車のダッシュボードの小物入れに何枚も詰め込んでいることに気づいているし、ハードディスク・ドライブに nextstory.doc というタイトルでファイルをたくさん保存しており、シソーラスで何時間も調べものをするのが大好きで、伝えたい内容にぴったりの表現を見つけると大喜びすることを知っている。それから、私がほとんどの本を最低でも二回は読んで、著者に長い手紙を送り、ときには返事を受け取ることも知っている。そう、私が執筆という作業をどんなに必要としているか、ビルはよくわかっている。でもこの日まで、ふたりのストーリーについて書く許可はもらえなかった。私は大きくうなずき、ベストを尽くそうと心に誓った。

私が科学に秀でているとしたら、それは人の話を聞くのが得意ではないからだ。これまで私はいろいろなことを言われてきた。頭がいい、だまされやすい、がむしゃらだ、努力がほとんど結果に結びつかない。女性だからやりたいことができないのはあたりまえだ、このくらいで満足しろ。長生きするだろうね、いや、このペースでは燃え尽きて早死にするだろう。やっぱり女性だからね、いや、ずいぶん男勝りだ。感受性が強すぎる、いや、冷たい人間だ。本当にいろいろな評価を受けてきた。でも、私にこんなことを言うのは、私ほど現在を理解できず未来を予測できない人たちばかりだ。むしろ、これだけ指摘されると腹が据わる。私は一人の女性科学者であるが、私がどんな人間であるかは誰も知らない。だからやりたいようにすればよいのだ。同僚からのアドバイスは受けないし、私からも与えない。追い詰められたときは、ふたつの教訓を思い出せばよい。この仕事をあまり深刻に受け止めるな。でも必要なときは本気で取り組め。

知っておくべき事柄を、私はすべて知っているわけではない。でも、何が必要かについては知っているつもりだ。私は「愛している」と言葉で伝える術を知らないが、それを表現する方法は知っている。私を愛してくれる人たちも同じだ。

科学は仕事であって、それ以上でもそれ以下でもない。だから私たちは、新しい一日が始まり、一週間が過ぎ、一カ月が過ぎても働き続ける。太陽は森や緑の世界にも私の体にも等しく降り注ぎ、そのぬくもりを感じられるが、自分が植物でないことは十分に理解している。むしろ私はアリのような存在だろう。何かに追い立てられるように枯れた針葉を見つけては、それをひとつずつ運んで森を横断し、うず高く積まれた枯れ葉の山に加えていく。こうしてできあがった山は見上げるように大きく、私が十分に想像できるのは小さな隅っこだけだ。

科学者としての私はアリのような存在だ。まだまだ不十分で知名度もないけれど、見かけよりは強く、自分よりもはるかに大きなものの一部である。私たちは力を合わせ、孫のまた孫が心の底から感動できるものを作り上げる一方、祖父のまた祖父が提供してくれた素朴な教えに日々助言を求める。科学という集合体を構成するごく小さな生き物である私は、数えきれないほど多くの夜に暗闇でぽつんと座り、ろうそくに火を灯し、痛みにうずく心で自分とは異質の世界を観察する。長年の探求によって発見した貴重な秘密を胸に温めている人たちの例に漏れず、私もそんな大事な秘密を誰かに打ち明けてみたい。

エピローグ

植物は、私たち人間と同じではない。重要な点で根本的に異なる。私が植物と動物の違いのカタログ作成に取り組んでも、地平線は私の歩みよりも速く遠ざかっていく。自分が何十年も植物を研究してきたのは、結局のところ、植物を真に理解することはできないという現実を思い知らされるためだったのだろう。深い溝で隔てられているのだから、人間が植物の立場になることなど不可能でしかない。でも、それがわかってようやく、植物の世界で何が進行しているのか正確に認識するための第一歩が記される。

私たちの世界は静かに崩壊が進んでいる。四億年も地球に存在してきた生命体である植物は、人類の文明によって三つのものに集約されてしまった。食べもの、薬、木材の三つだ。この三つの量や効能や種類を増やすことに取りつかれた人類は、何百万年ものあいだに天災が引き起こした被害も太刀打ちできないほど、植物の生態系を大きく損なってしまった。道路は興奮状態の真菌類のようにどんどん伸び続け、その両側には溝が何キロメートルにもわたって掘り起こされている。それはまるで、進歩の名のもとに絶滅に追いやられた何百万種もの植物の墓を急ごしらえしたような印象を受ける。現在の地球はドクター・スース【訳注／アメリカの絵本作家】の本の内容がほぼ実現した状態だと言ってもよい。一九九〇年から毎年、八〇億以上の切り株が新たに生み出されている。このペースで健康な木を伐り続けていくと、今から六〇〇年もたたないうちに地球上のすべての木が切り株になってしまう。今日展開している大きな悲劇について胸を痛めている人間がいた証拠を残すことが、科学者としての私の使命である。

地球上に存在する複数の言語において、「緑色（green）」という形容詞は「成長する（grow）」という動詞を語源としている。自由連想法【訳注／ある言葉を与えられたとき、心に浮かぶままに自由な考えを連想していく発想法】の実験の被験者は、「緑色」という単語から自然、安らぎ、平和、明瞭さといったコンセプトを連想する。さらに、緑をちょっと目にするだけでも、単純な作業に独創性が持ち込まれ、中身が大きく改善されることも調査から明らかになっている。宇宙から眺める地球は、毎年緑が少しずつ減っている。気分がすぐれない日には、私は悲観的になってしまう。生きているあいだに地球が抱える問題は悪化する一方にしか思えず、恐怖が執拗につきまとう。私たちがいなくなったあと、子孫は瓦礫の山のなかで立ち尽くしているのだろうか。今の私たちよりもさらにひどい飢えや病気に苦しみ、戦争に疲れ果て、緑に心を慰められるささやかな喜びも奪われてしまうのだろうか。でも調子の良い日には、自分が問題解決のために何かできそうな気分になってくる。

毎年、あなたの名のもとで少なくとも一本の木が切り倒されている。ここで私からあなたに個人的なお願いをしたい。もしも土地を持っていたら、今年のうちに一本の木を植えてほしい。もしも家を借りている敷地に庭があるなら、そこに一本の木を植えて、大家さんが気づくかどうか確かめてほしい。もしも気づいてくれたら、この木はずっとここにあったと説明し、木を植えるなんて、環境への配慮が行き届いているとほめてあげよう。そして相手がまんざらでもなさそうなら、さらにもう一本別の木を植えてみよう。金網を巻いて周囲の環境から守ってやり、小さな幹にはかわいらしい巣箱をひもで吊るし、いつまでも生き続けられる準備を整えてやり、あとは最善の結果を期待するのだ。

庭に植えて成長を期待できる木は一〇〇〇種類以上あるが、これは北米に限っての話だ。成長が早くて美しい花を咲かせる果樹には魅力を感じるかもしれないが、果樹は十分に成長したあとでも、風がちょっと強く吹くだけで倒れる可能性がある。悪質な植木屋はマメナシの木を一、二本購入するように強く勧めるだろう。一年で成長して実をつけるのだから、得したようで幸せな気分になるかもしれない。しかし残念ながら、マメナシは枝の付け根の部分の弱さが有名で、大きな嵐に一度襲われるだけで枝は真っ二つに折れてしまう。木を選ぶときは、頭も目もじっくり使って観察しなければならない。木はあなたの結婚相手のようなものだ。パートナーであって、装飾品ではない。

では、オークの木はどうか。オークには二〇〇種以上あるから、あなたの庭の片隅に適応できるものが一種類はあるはずだ。ニューイングランドではピンオークがよく育つ。常緑低木のヒイラギに囲まれたなかで、先端のとがった葉っぱは見栄えがする。一方、トルコナラはミシシッピの湿地のなかで成長し、葉っぱは新生児の肌のように柔らかい。そしてライブオークは、カリフォルニア中部の高温の丘陵地帯で丈夫に育ち、ダークグリーンの葉っぱは周囲の黄金色の草と鮮やかな対照を成している。ちなみに私なら将来への投資として、バーオークを選ぶ。成長はいちばん遅いけれど、どの種類よりも強い。この木はドングリも重装備で、土壌との厳しい戦いの準備に余念がない。

木に関しては、お金の心配はいっさい必要ない。一部の州や自治体の機関は植林プログラムを始め、苗木を無料や値引き価格で提供している。たとえばニューヨーク市では五つの区全体で、市民が一〇〇万本の新しい木を植えて育てることを目標にしており、その一環としてニューヨーク回復プロジェクトのもとで苗木が提供されている。あるいはコロラド州の森林サービスでは、一エーカー以上の土地を持つ地元住民に種苗を提供している。そしてどの州立大学も、拡張ユニットという大がかりな活動を最低でもひとつは実施している。この活動では資格を持つ専門家を十分に確保して、市民園芸家や木のオーナー、自然愛好家など、あらゆるタイプの人たちにアドバイスを与えている。スタッフは園芸に関心のある市民を訪れ、木やコンポスト、あるいは始末に負えなくなったツタウルシについて無料で相談に乗ってくれる。

苗木が地面に根づいたら、毎日観察しよう。最初の三年間は木にとって大切な時期に当たる。敵対的な世界のなかで、あなたは木にとって唯一の友人だということを忘れないでほしい。もしもあなたが木を植えた土地の所有者ならば、預金口座を開設して毎年五ドルずつ貯金しよう。そうすれば、二〇年から三〇年たって木が病気になったとき(確実になるだろう)、樹医に診察を頼めるので切り倒さなくてすむ。木が手術を受けるために貯金を切り崩し、そのあと積み立てを再開するたび、木の人生はあなたと同じだということを思い出してほしい。最初の一〇年間は、木の生涯のなかで最も活発な時期に当たる。ではそれは、あなた自身の人生とどのように重なり合うだろうか。あなたの子どもを半年ごとに木のところへ連れていって、前に立たせて身長を測って樹皮に水平にしるしを刻んでみよう。小さな子どもが成長して家を離れ、広い世界に羽ばたいていったあと、あなたの心は一抹の寂しさを感じるかもしれない。でもそのとき、子どもたちの成長の軌跡が刻まれている木を見れば、木の成長とともに子どもたちは長くて満ち足りた時間を過ごしたのだという事実が思い出され、深く慰められるはずだ。

そしてついでに、あなたの木にビルの名まえを彫ってもらえないだろうか。彼は、この本を絶対に読まない、意味がないからと、何度も私に語っている。かりに興味がわけば、私の助けなど借りなくても簡単に思い出せるとも言う。私は返す言葉がないけれど、ビルの痕跡をどこかに残しておきたい。風に飛ばされたままではいやだ。どこかに落ち着かせるためには、木の一部として残すのが最善の手段だろう。私の名まえはラボの備品の多くに刻まれている。だからビルの名まえを木に刻みつけてほしい。

ここまでくれば、木はあなたの一部に、あなたは木の一部になるだろう。木を毎月測定することも、自分自身の成長曲線を記すこともできる。毎日自分の木を眺め、行動を観察し、木の視点から世界を見られるようになる。想像力を限界まで伸ばしてみよう。木は何をしようとしているのだろう。何を望んでいるのか。何を心配しているのか。想像するだけでなく、声に出して言ってみよう。友人や隣人に木の話をしよう。自分は正しいかどうか振り返り、つぎの日に再び木を訪れ、考え直してみよう。写真を取り、葉っぱを数えよう。そしてもう一度想像してそれを声に出すだけでなく、書き留めてみよう。コーヒーショップで出会った男性や上司に話してみてはどうか。

翌日も、そのまた翌日も、同じことをいつまでも続けよう。木について話し続け、つぎつぎと明らかになるストーリーをみんなと共有し続けよう。みんながあきれた表情を見せて、あなたは頭がおかしいと穏やかに指摘されたら、笑顔で感謝しよう。科学者にとって、それは最高のほめ言葉なのだから。

謝辞

本書『ラボ・ガール』の執筆は、私の人生で最高に楽しい仕事だった。私を助け、支えてくれた人たちに心からの感謝を述べたい。ノプフ社のみなさま、特に担当編集者のロビン・デッサーにはたいへんお世話になった。彼女の細かい配慮があればこそ、この本も著者の私も完成度が高まった。ティナ・ベネットは、私にとってエージェント以上の存在である。ストーリーの寄せ集めと本はどのように違うのか、私は彼女から教えられた。その貴重な教えは、作家としての私の最大の財産になっている。そして、私がこの物語のスタイルを長年模索しているあいだ、スベトラナ・カッツは私のライフラインになってくれた。彼女の揺るぎない姿勢のおかげで、私は信念を貫き通した。ところで、これから世に出ようとしているライターにとって、書いたものを最初に読んで励ましてくれた著名な作家の存在は言葉で表現できないほどありがたい。私にとっては、エイドリアン・ニコル・ルブランがそんな作家だった。それから、私を子ども時代から知っている人たちの友情にも感謝しなければならない。コニー・ルーマン、あなたは私が必要とするとき私の目となり、何よりも深い安らぎを与えてくれた。そして最後にヘザー・シュミットとダン・ショアとアンディ・エルビー。あなたたちが原稿の一部を読んでは戻ってきて、もっと読みたいと常に力づけてくれたことは、私にとって大きな励みになった。本当にありがとう。

後注

植物をテーマにした本はどれも、終わりのないストーリーである。読者のみなさんと共有した事実のひとつひとつに対し、私が解決できない厄介な謎が最低でもふたつは存在している。たとえば、成長した木は自分の苗木を認識できるのだろうか。ほかの惑星にも植物は生命として存在しているのだろうか。花が初めて誕生したとき、恐竜はくしゃみをしたのだろうか。これらの質問への回答は将来まで待たなければならない。しかしここで、私が本書の内容の一部をどのように解き明かして紹介したのか、もう少し詳しい情報を補足しておきたい。

本書『ラボ・ガール』に登場する植物についての情報の多くは、私がおこなった計算にもとづいている。これらの計算は私が二〇年以上にわたって学生を指導してきたあいだに、事実が学生たちの「心に刻み込まれる」ことに配慮して習慣にしてきたものだ。たとえば、第I部の第九章には以下のような文章がある。「アメリカだけでも、この二〇年間に使われた木材を全部つなぎ合わせると、地球と火星を結ぶ歩道橋ができあがっておつりがくるほどだ」。これは米国商務省が報告した材木の消費量に関する統計（一九九五年から二〇一〇年のあいだに八〇五〇億ボードフィートが使われた）と、NASAが報告した地球と火星のあいだの平均距離〔一億四〇〇〇マイル、すなわち七三九〇億フィート（二億二五〇〇万キロメートル）に匹敵する〕を単純に比較して得られたものだ。本書で同様の事実や統計を利用する際には、ほかには以下の場所にアクセスした。アメリカ合衆国国勢調査局、米国林野局、米国農務省、全米保健医療統計センター、国連食糧農業機構。

『ラボ・ガール』で計算を確実におこなうのは、もちろん単純な作業ではなかった。植物の属性に関する測定値はどれも、種《しゅ》によって大きく異なるからだ。たとえば第I部の第三章では、発芽を待っている種子が実際に成長する割合について紹介しているが、ここでは自分が落葉樹の森にいるところを想像し、足で踏みしめる地面の下だけでもおよそ五〇〇個の種子が眠っていると考えた。もしも代わりに草原を歩いているところを思い描いていたら、足の下の種子の数は五〇〇〇個以上になっただろう。木がばらまく種子に比べ、草の種子ははるかに小さく、両者の違いは大きい。そこで『ラボ・ガール』を執筆中にいま述べたような選択を迫られるときには、結果が控えめな傾向のシナリオを選んだ。したがって読者のみなさんは、植物に関する本書の主張に強い印象を受けて驚かされたとしても、数字は過大には評価されていない。「判断に誤りがある」とすれば、それは過小評価である。

第II部の第五章には、「控えめで目立たない木」に関する計算が登場するが、これは実在する木で、私にとっては馴染み深くて大切な存在だ。小さなククイノキ（*Aleurites moluccanus*）で、外見も機能も一般的なカエデと非常によく似ている。この小さなククイノキは、ハワイ大学の私のラボの外にある中庭に生えている木のひとつだ。私は何年ものあいだ地球生物学という講座を受け持ってきたが、毎回講義が終わると、学生たちと一緒に外に出て、この木を訪れてはその日の生きた教材として取り上げることにしている。そしてこの講座の予習の一環として、私たちはさまざまな特質（高さ、葉っぱの密度、炭素含有量など）を測定し、あとからそれにもとづいて、木が毎年成長する季節に必要とする水や糖質や栄養分の量を計算していく。その情報は本書の一六一頁から一六二頁にかけて紹介されている。

また、第II部の第五章には、「キュリオシティ・ドリヴン・リサーチ」に対するアメリカ連邦政府からの助成金についても記されているが、ここでは二〇一三年度の会計データが使われている。複数の政府機関の最新の完全なデータセットが、最高の形で反映されていると考えたからだ。ただし、私が分析にどの年を利用するかはたいして重要な問題ではない。というのも、米国科学財団に連邦政府から提供される助成金の総額は、一〇年以上ほとんど増加していないからだ。同様に、本書の一六五頁には「国防関連以外の研究に配分されるアメリカ政府の年間予算はずっと据え置かれている」と記されているが、これはアメリカ科学振興協会の編纂したデータにもとづいている。それによれば一九八三年から毎年、科学研究への支出の合計は合衆国連邦予算全体の三パーセントで変化がないという。

植物の研究に関して、幸運にも私はきわめて独創的で多作の研究者がそろった分野で働くことができた。同僚たちの研究について読む時間は充実している。そのなかでも「トップスリー」にランクされるストーリーについては、本書でも紹介した。オリジナルの実験を手がけた科学者について、ここで紹介させてもらいたい。

本書の二二三頁から二二五頁にかけて登場するシトカ・ヤナギの実験については、一九八三年にD・F・ローズ博士によって発表された。それから二〇年以上が経過した二〇〇四年、今度はG・アリムラと共著者らが、ひとつの植物のなかで生成された揮発性有機化合物が地上からの危険信号として送られ、別の植物のなかの遺伝子発現に影響をおよぼす可能性を指摘して、ヤナギの木がお互いにコミュニケーションを交わすメカニズムを明らかにした。

科学者が「水圧リフト」と呼ぶ現象、すなわち水が「強い木から弱い木へと」移動していく現象について本書の三〇八頁に記されているが、これはドーソンが（一九九三年に）サトウカエデ（*Acer sacchum*）のなかで最初に見つけたものだ。

三一〇頁には、オウシュウトウヒ（*Picea abies*）が「種子の時代の寒さを記憶している」という記述があるが、これはクヴァーレンとジョンセンによる実験（二〇〇八年）で明らかにされた。このときは、異なった温度のもとで胚を培養してから、成長した苗木を今度は同じ温室で何年も育てた結果を比較している。

最後に、身の回りの緑の植物についてもっと知りたい読者のためには、P・A・トーマスの『Trees: Their Natural History（木――自然の歴史）』（二〇〇〇年）を入手することをお勧めしたい。これはわかりやすく書かれた入門書で、興味深い情報が満載されている。そして、森林破壊や地球の変化全般についてもっと知りたい人には、バイタル・サインズのシリーズを啓発的な教材として紹介したい。これはワールドウォッチ（www.worldwatch.org）が毎年発行しているものだ。ワールドウォッチは一九七四年に独立した研究所として設立された非政府機関で、さまざまな機関から毎年集められたデータが明らかにする変化や傾向や世界的なパターンについて分析している。データ入手先の機関は、合衆国エネルギー情報局、国際エネルギー機関、世界保健機構、世界銀行、国連開発計画、国連食糧農業機構など、ほかにもさまざまである。

訳者あとがき

今回は、とびきり素敵な女性科学者の自伝です。本書『ラボ・ガール』の主人公のホープ・ヤーレンは、植物の研究者で、現在はオスロ大学のラボで研究の日々を過ごしています。自身の専門分野では女性として初めて若手研究者賞を受賞し、『ポピュラーサイエンス』誌から「優れた若手科学者一〇人」のひとりに選ばれ（二〇〇五年）、『タイム』誌が発表する「世界で最も影響力のある一〇〇人」のひとりに選ばれ（二〇一六年）、キャリアを着実に積み重ねています。さぞかし頭の良い女性なのだろうな、という印象を受けるのは当然でしょう。

もちろん頭の良い女性なのですが、現在の地位を手に入れるまでにはいくつもの障害を乗り越えてきました。そんな少女時代からの歩みが涙あり笑いありの感動的な描写で綴られているのが、本書『ラボ・ガール』です。男社会で若い女性が認められるのは本当にたいへんなことで、そのための努力を惜しまない情熱には圧倒されます。ラボでは常にノーメークで通し、若いときは徹夜も厭わず、身を削るようにして働きます。なぜそこまでの努力ができるのかと言えば、ホープにとって、ラボは本当の自分でいられる場所だったからです。父親が研究者だった影響で、彼女は幼いときから父親と一緒にラボに通い、実験道具に囲まれて育ったので、科学に興味を持つのは自然な成り行きでした。しかも母親は優秀な頭脳の持ち主だったにもかかわらず、女性であるがためにキャリアをあきらめた経験を持っていました。ホープはそんな両親の影響を受けて、「自分は絶対にラボを持つんだ」という強い決意のもと、がむしゃらに勉強して優秀な成績を収め、研究者の世界への一歩を踏み出したのです。

でも、本当にたいへんなのはそこから。ラボを持つのは一大事業で、ひとりの手には負えません。ところがホープの前に、ビルという強力なパートナーが現れます。本書を読むかぎり、彼女のキャリアはビルとの二人三脚といっても間違いありません。かなりの変人だけれども頭脳明晰なビルの支えがなければ、ホープはラボを運営することも、すばらしい研究成果を残すこともできなかったかもしれません。ふたりは固い絆で結ばれています。一日の時間の多くをふたりで一緒に過ごし、以心伝心で通じ合い、喜びも苦しみも分かち合い……周囲から恋人同士と思われてもおかしくありません。実はホープは幸せな家庭に恵まれていますが、ビルが夫なのでしょうか？　答えは、読んでからのお楽しみにしておきます。

本書ではホープの波乱万丈の半生のストーリーの合間に、植物に関する興味深い逸話がいくつも紹介されています（各章のタイトルは日本語版のために加えたものです）。木はお互いにどのようにコミュニケーションをとるのか、子ども時代を記憶しているのか、どのように子孫を残すのか、過酷な環境をいかにして生き延びるのか。植物は地面に根を張って動けないけれども、生きるためにさまざまな工夫を凝らしていることがよくわかります。ホープは研究対象を外から客観的に観察するのではなく、対等の関係で触れ合うことを大事にしていますが、そんな植物への深い愛情が作品全体を通して感じられます。

本書はページ数が多く、しかも女性科学者の自伝なので、小難しくて退屈ではないかと思われる方もいらっしゃるでしょう。でも、そんなことはありません。ホープは科学者であると同時に、優れた文才にも恵まれ、読み始めたら一気に引き込まれてしまいます。彼女は典型的な猪突猛進タイプで、それゆえ失敗も多く、思わず笑ってしまう場面も少なくありません。優秀な科学者ではあっても、親しみやすい人柄が魅力的です。フィールドトリップの場面を読むと、楽しかったゼミ旅行を思い出す読者も多いことでしょう。

一方でホープは、自分の専門である基礎研究が直面している厳しい現状についての記述も忘れません。防衛関連など世間から注目されやすい研究と比べると、地味な基礎研究は予算の配分が微々たるものにすぎません。制約を受けながらのラボの運営がいかに厳しいものか、切々と訴えています。なかでも特に、研究の裏方に徹し続けるビルが、すばらしい功績を認められないことには強い憤りを隠そうとしません。

日本では現在、女性の労働力をいかに確保するかが社会問題になっています。働きたくても日々の制約が多く、かなわないケースも多いようです。本書にも、ホープが女性であるがゆえ、つらい境遇に追い込まれる場面が何回も登場します。それでも彼女は周囲の人たちに支えられながら、何事にも全力でぶつかり、着実に成功を掴み取っていきます。女性にかぎらず男性も、『ラボ・ガール』の著者からパワーを分けてもらえるのではないでしょうか。ちなみに本書は二〇一六年、全米批評家協会賞の自伝の部で賞を受賞しました。

最後になりましたが、本書を翻訳するきっかけをくださった化学同人の加藤貴広さん、編集を担当してくださった後藤南さんに感謝申し上げます。

二〇一七年七月

小坂　恵理

参考文献

Arimura, G., D. P. Huber, and J. Bohlmann. 2004. Forest tent caterpillars (*Malacosoma disstria*) induce local and systemic diurnal emissions of terpenoid volatiles in hybrid poplar (*Populus trichocarpa* × *deltoides*): cDNA cloning, functional characterization, and patterns of gene expression of (−)-germacrene D synthase, PtdTPS1. *Plant Journal* 37 (4): 603–16.

Dawson, T. E. 1993. Hydraulic lift and water use by plants: Implications for water balance, performance and plant-plant interactions. *Oecologia* 95 (4):565–74.

Kvaalen, H., and Ø. Johnsen. 2008. Timing of bud set in *Picea abies* is regulated by a memory of temperature during zygotic and somatic embryogenesis. *New Phytologist* 177 (1): 49–59.

Rhoades, D. F. 1983. Responses of alder and willow to attack by tent caterpillars and webworms: Evidence for pheromonal sensitivity of willows. In *Plant resistance to insects*, ed. P. A. Hedin, 55–68. Washington, D.C.: American Chemical Society.

Thomas, P. A. 2000. *Trees*: *Their natural history*. Cambridge and New York: Cambridge University Press.

■著 者　ホープ・ヤーレン（Hope Jahren）

1996年にカリフォルニア大学バークレー校で博士課程を修了して以来、地球生物学分野で研究を続けている。ジョージア工科大学で教育者・研究者としてのキャリアを始め、後にジョンズ・ホプキンス大学に移った。フルブライト賞を三度受賞。また、地球科学の若手研究者に贈られるメダルをふたつの分野で受賞し、これは女性として初めての快挙である。2005年に『ポピュラーサイエンス』誌で「傑出した10人」の若手科学者に、2016年には『タイム』誌の「最も影響を与えた100人」に選ばれた。原書刊行時はハワイ大学教授。現在はノルウェーのオスロ大学教授。ウェブサイト：hopejahrensurecanwrite.com ならびに jahrenlab.com

■訳 者　小坂 恵理（こさか えり）

翻訳家。慶應義塾大学文学部英米文学科卒業。訳書に、『人類が変えた地球』（化学同人）、『政府の隠れ資産』（東洋経済新報社）、『人は記憶で動く』（CCCメディアハウス）、『平均思考は捨てなさい』（早川書房）など多数ある。

ラボ・ガール
植物と研究を愛した女性科学者の物語

2017年7月30日　第1刷　発行

訳　者　小坂　恵理
発行者　曽根　良介
発行所　（株）化学同人

検印廃止

〒600-8074 京都市下京区仏光寺通柳馬場西入ル
編集部　TEL 075-352-3711　FAX 075-352-0371
営業部　TEL 075-352-3373　FAX 075-351-8301
振　替　01010-7-5702
E-mail　webmaster@kagakudojin.co.jp
URL　http://www.kagakudojin.co.jp

印刷・製本　（株）シナノパブリッシングプレス

ISBN978-4-7598-1936-6